普通高等教育“十三五”规划教材
中国轻工业联合会“十三五”规划教材

系统仿真与应用

党宏社　编著

電子工業出版社
Publishing House of Electronics Industry
北京 • BEIJING

内 容 简 介

本书以帮助学生掌握仿真的方法和技术为目标，以信息系统的分析为背景，借鉴国外的有关做法，按照讲清概念、熟悉工具、学会使用的原则，重点阐述如何利用 MATLAB 工具分析问题，通过案例示范和多层次的项目训练，培养学生分析和解决问题的能力。全书分为 5 章，即系统仿真概述、MATLAB 应用基础、系统模型的建立与表示、系统的仿真分析和系统仿真实训。仿真实训的介绍涉及电路分析、信号分析和系统分析等，不局限于某一专业，着力介绍系统仿真的基本方法和技术。本教材既可以独立存在，也可以作为其他课程的仿真教材或辅助教材。

本书可作为电子信息类或电气信息类各专业的本科生教材，也可供有关技术人员参考。

图书在版编目（CIP）数据

系统仿真与应用/党宏社编著. —北京：电子工业出版社，2018.8
ISBN 978-7-121-34723-8

Ⅰ. ①系… Ⅱ. ①党… Ⅲ. ①系统仿真－高等学校－教材 Ⅳ. ①TP391.9

中国版本图书馆 CIP 数据核字（2018）第 155976 号

策划编辑：赵玉山
责任编辑：赵玉山
印　　刷：北京七彩京通数码快印有限公司
装　　订：北京七彩京通数码快印有限公司
出版发行：电子工业出版社
　　　　　北京市海淀区万寿路 173 信箱　邮编 100036
开　　本：787×1 092　1/16　印张：18　字数：460 千字
版　　次：2018 年 8 月第 1 版
印　　次：2022 年 6 月第 3 次印刷
定　　价：45.00 元

凡所购买电子工业出版社图书有缺损问题，请向购买书店调换。若书店售缺，请与本社发行部联系，联系及邮购电话：（010）88254888，88258888。

质量投诉请发邮件至 zlts@phei.com.cn，盗版侵权举报请发邮件至 dbqq@phei.com.cn。

本书咨询联系方式：（010）88254556，zhaoys@phei.com.cn。

前 言

仿真实验作为一种科学研究手段和实物实验的补充，具有不受设备和环境条件的限制，不受时间与地点限制，不需要另外增加投资等特点而受到了人们越来越多的重视。

本书是在作者多年前出版的《控制系统仿真》和《信号与系统实验（MATLAB 版）》（西安电子科技大学出版社，2007 年）的基础上，根据作者近年来的教学实践与体会，以及目前大学教育的现状，重新修改、补充和完善而成的。

本书也是作者所承担的教育部首批新工科项目“面向中国制造 2025 具有轻工特色的自动化专业改造升级路径探索与实践”的成果之一，目前已经入选了中国轻工业联合会“十三五”规划教材。

在教材内容的处理与安排上主要考虑了如下几点：

1．按照“讲清概念、掌握工具、学会使用”的原则，简化理论内容，增加系统建模与系统分析的实例；

2．引入问题导向、项目式训练等方式，通过章前提示、章后小结、项目扩展和小结与体会等环节，着力培养学生独立思考和交流的能力；

3．对仿真工具的介绍，打破常规，以会用工具解决问题为核心，按照数据流的走向分模块介绍，使学生的关注点始终在工具的使用，而不是只学习了一门计算机语言。

4．课堂举例与项目训练相结合，从理论问题的求解到实际问题的分析，给出了大量的仿真示例；项目内容按照从简单到复杂的结构，从验证、模仿到设计三个层次逐级展开，达到了解仿真过程、掌握仿真方法的目的，以培养学生利用所学知识分析和解决问题的能力。

这本书的使用对象是学过“信号与系统”“电路”等课程的电子信息类或电气信息类的本科生或研究生，既可以作为学习和掌握 MATLAB 的参考，也可以作为学习“信号与系统”“自动控制原理”“数字信号处理”等课程的参考资料。学习方式可以灵活多样，可以根据需要对相关内容进行取舍，只要能够会使用这一工具，就让作者深感欣慰了。

在本书的编写过程中，得到了电子工业出版社赵玉山老师的大力支持和鼓励，使作者能顺利完成书稿；研究生张卫江，高敏娟，侯金良，张梦腾，王晓庄，牟杰等完成了部分书稿的录入与校对工作；作者的多位同事也给予了不同形式的帮助和支持，在此，作者一并表示衷心的感谢。

由于编者水平有限，书中难免存在错误或不妥之处，恳请读者批评指正。

编 者

2018 年 5 月 1 日

目　录

第1章　系统仿真概述

本章要点：

1．仿真的概念与特点；

2．仿真的类别与过程；

3．仿真的发展趋势。

本章简要介绍系统仿真的基本知识，如系统与模型的概念，系统仿真的基本概念，系统仿真的过程与特点，仿真技术的发展与应用。通过本章的介绍，使读者对系统仿真的概念与特点有一个基本的了解和认识。

1.1　系统与模型

1.1.1　系统

1．系统的概念

所谓系统，是指物质世界中既相互制约又相互联系着的、能够实现某种目的的一个整体，即系统就是一个由多个部分组成的、按一定规律连接的、具有特定功能的整体。

系统的范围很广，可谓包罗万象，例如由大地、山川、河流、海洋、森林和生物等组成了一个相互依存、制约且不断运动又保持平衡状态的整体，这就是自然系统。图1.1所示电路由电容、电感、电阻、电压源和开关等组成，就是一个简单而又典型的电路系统。

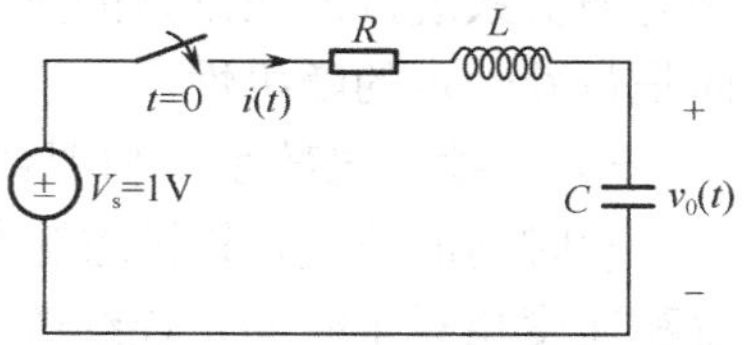

图1.1　电路系统

又如，各种用电器里常用的电池也是一个系统，它由阴极、阳极、电解液、外壳等组成，具有将化学能转化为电能的功能。

电动汽车也是一个系统，由电池、发电机、灯等组成，将电池所提供的电能，转化为机械能，为人们的出行提供方便。

“系统”这一名词目前已广泛地应用在社会、经济、工业等各个领域。系统一般可分为非工程系统和工程系统。社会系统、国民经济系统、自然系统、交通管理系统等称为非工程系统，而工程系统则覆盖了机电、化工、热力、流体等工程应用领域。本书侧重于介绍工程系统。

任何系统都存在四个方面的内容，即实体、属性、活动和环境。组成系统的具体的对象或单元称为实体，如图1.1中的电感、电容、电阻和电源等。实体的特性（状态和参数）称为属性，如电流、电压、功率等，可用来描述系统中各实体的性能。活动则是指对象随时间推移而发生的状态的变化，活动具有明显的时间概念。环境表示系统所处的界面状况（包括干扰、约束等），包括那些影响系统而不受系统直接控制的全部因素。

由存在于系统内部的实体、属性、活动组成的整体称为系统状态，常用系统状态的变化来研究系统的动态情况。

图 1.2　系统的表示

为了分析方便，系统一般可以用图 1.2 表示。

系统一般有输入端和输出端，输入端是接收信号的地方，输出端是输出信号的地方。内部结构与工作机理完全清晰的系统称为白箱系统，内部结构与工作机理部分清晰的系统称为灰箱系统，内部结构完全不清楚的系统称为黑箱系统。加在输入端上的信号称为输入信号或激励信号；输入信号经过系统在输出端得到的信号称为输出信号或响应信号。

2．系统的类型

系统的类型因分类的标准不同而异，如按自然属性可分为人造系统（如工程系统、社会系统等）和自然系统（如太阳系、海洋系统、生态系统等）；按物质属性可分为实物系统（如建筑物、计算机、机床、兵器等）和概念系统（如思想体系、管理、规章制度等）；按运动属性可分为静态系统（如静态平衡力系等）和动态系统（如人体系统、控制系统、经济系统、动力学系统等）；按有无反馈分为闭环系统和开环系统等。

常用的几种分类情况如下：

1）静态和动态系统

静态系统是指相对不变的一类系统，如处于平衡状态下的一根梁，若无外界的干扰，则其平衡力是一个静态系统。系统的状态可随时改变的系统称为动态系统，如正在运行的温度控制系统，系统的各个参数都在不断变化，这样的系统就属于动态系统。

2）确定和随机系统

系统的状态和参数是确定的系统称为确定系统。而系统的状态和参数是随机变化的系统，称为随机系统，即在既定的条件和活动下，系统从一个状态转换到另—个状态时是不确定的，而是带着一定的随机性。

3）连续、离散系统和混合系统

随时间的改变，其状态的变化是连续的系统称为连续系统，如一架飞机在空中飞行，其位置和速度相对于时间是连续改变的。若系统状态随时间间断地改变或突然变化则称为离散的，例如，工厂系统中的产品数量、服务系统中的队列长度。

在实际中，完全是连续或离散的系统都是很少见的，大多数系统中既有连续成分，也有离散成分，即一部分具有连续系统特性，另一部分具有离散系统特性，这样的系统就是连续-离散混合系统。实际系统往往是混合系统，例如，导弹的一、二级分离（质量变化），工厂中的机器运行等。

4）线性和非线性系统

系统中所有元器件的输入、输出特性都是线性的系统称作线性系统，而只要有一个元器件的输入输出特性不是线性的系统则称作非线性系统，系统的参数不随时间改变的系统称作定常系统，本课程的研究对象主要是线性定常系统。

3．系统研究的类型

对系统的研究一般有 3 种类型，即系统分析、系统设计和系统预测。

（1）系统分析

系统分析的目的就是为了了解现有系统或拟建系统的性能和潜力。分析的方法是用系统做试验，但实际上由于受实际条件的限制，往往先建立一个系统模型，通过研究该模型所得到的结果，再来分析实际系统的性能。即系统分析就是要了解一个已有的系统的性能或指标的过程。

（2）系统设计

系统设计则是为了得到具有所需要的某些性能的系统，利用建立模型中得到的知识，对系统进行设计，使系统达到需要的性能。系统设计是系统分析的逆过程，目的就是根据一定的要求，实现一个新的系统。

（3）系统预测

预测是对事物或现象将要发生的或不明确的情况进行预先的估计和推测。系统预测就是根据系统发展变化的实际数据和历史资料，运用科学的理论、方法和各种经验、判断、知识，去推测、估计、分析事物在未来一定时期内的可能变化情况。系统预测的实质是充分分析、理解待测系统及其有关主要因素的演变，以便找出系统发展变化的固有规律，根据过去和现在估计未来，根据已知预测未知，从而推断该系统的未来发展状况。

系统工程则是把系统分析和系统设计有机地结合起来，先了解现有系统的实际情况，后改进或自行设计新的系统。

4. 系统研究的方法

系统研究的方法主要包括解析法、实验法和仿真实验法三种。

（1）理论分析（解析）法

运用已经掌握的理论知识对系统进行理论上的分析、计算，是一种纯理论意义上的分析方法，在对系统的认识过程中具有普遍意义。

（2）实验法

实验法是对于已经建立（或已经存在）的实际系统，利用相关的仪器、仪表及装置，对系统施加一定类型的信号（或利用系统中正常的工作信号），通过测取系统响应来确定系统性能的方法。实验法具有简明、直观与真实的特点，在一般的系统分析中经常采用。

（3）仿真实验法

仿真实验法就是在系统的模型上（物理的或数学的）进行系统性能分析与研究的实验方法，所遵循的基本依据是相似原理。

1.1.2 模型

模型是一个系统（实体、现象、过程）的物理的、数学的或其他逻辑的表现形式。

1. 系统模型

系统模型是对所要研究的系统在某些特定方面的抽象。系统模型实质上是一个由研究目的所确定的、关于系统某一方面本质属性的抽象和简化，并以某种表达形式来描述。模型可以描述系统的本质和内在的关系，通过对模型的分析研究，能够达到对原型系统的了解。

对于多数研究目的，建立系统模型并不需要考虑系统的全部细节，一个好的模型不仅可以用来代替系统，而且是这个系统的合理简化，与此相联系的是要正确地确定模型的详细参数和精度。用来表示一个系统的模型并不是唯一的，对于同一个系统，当研究目的不同，所要求收集的与系统有关的信息也是不同的；由于关心的方面不同，对于同一个系统就可能建立不同的模型。

系统模型不应该比研究目的所要求的更复杂，模型的详细程度和精度必须与研究目的相匹配；可以各种可用的形式（数学的或实体的（物理的））给出被研究系统的信息，它具有与系统相似的数学描述或物理属性。

系统模型一般可以分为物理模型和数学模型两种。

1）物理模型

物理模型是根据实际系统、利用实物建立起来的模型。物理模型与实际系统有相似的物理性质，这些模型可以是按比例缩小了的实物外形，如风洞实验的飞机外形和船体外形等，也可能是与原系统性能完全一致的样机模型，如生产过程中试制的样机模型就属于这一类。

2）数学模型

用抽象的数学方程描述系统内部物理变量之间的关系而建立起来的模型，称为该系统的数学模型，是描述实际系统内、外部各变量间相互关系的数学表达式。通过对系统数学模型的研究可以揭示系统的内在运动规律和系统的动态性能。

数学模型可分为机理模型、统计模型与混合模型。利用计算机对一个系统进行仿真研究时，一般采用系统的数学模型。

2．系统模型的作用

为了研究、分析、设计和实现一个系统，需要进行各种形式的试（实）验，这些试（实）验一般有两种做法，其一是在已经存在的真实系统上进行；其二是通过构造模型，利用模型试验的方式进行。第二种形式的比重越来越大，其理由如下：

（1）系统还处于设计阶段时，真实系统尚未建立需要了解未来系统的性能，只能通过对模型的试验来了解；

（2）在真实系统上进行试验可能会引起破坏或发生故障，如处于运行状态的化工系统、电力系统、火箭系统等；

（3）系统无法恢复，如经济系统，新政策出台后，经过一段时间才能看出效果，若造成损失已经无法挽回了；

（4）试验条件无法保证，如多次试验，难以保证每次试验条件相同，或试验时间太长，或费用昂贵。

1.2　系统仿真的概念

1.2.1　仿真的概念

1．仿真的定义

仿真二字，顾名思义，是指模仿真实事物的意思。

1966 年雷诺在专著中给出了仿真的定义，即仿真是在数字计算机上进行试验的数字化技术，它包括数字与逻辑模型的某些模式，这些模型描述某一事件或系统（或者它们的某些部分）在若干周期内的特征。

我们现在所说的仿真有两层含义，即“模拟”和“仿真”。“模拟”（Simulation）即选取一个物理的或抽象的系统的某些行为特征，用另一系统来表示它们的过程；“仿真”（Emulation）

即用另一数据处理系统，主要是用硬件全部或部分地模仿某一数据处理系统，以至于模仿的系统能够与被模仿的系统一样接收同样的数据，执行同样的程序，获得同样的结果。鉴于目前实际上已将上述“模拟”和“仿真”两者所含的内容都统归于“仿真”的范畴，而且英文中都用一个词来代表，因此本书所讨论的仿真概念也就这样泛指。

2. 系统仿真

系统仿真目前还没有一个准确的定义，几个由专家和学者给出的定义如下：

定义 1：

所谓系统仿真是指利用模型对实际系统进行实验研究的过程，或者说，系统仿真是一种通过模型实验揭示系统原型的运动规律的方法。

这里的原型是指现实世界中某一待研究的对象，模型是指与原型的某一特征相似的另一客观对象，是对所要研究的系统在某些特定方面的抽象。通过模型来对原型系统进行研究，将具有更深刻、更集中的特点。

定义 2：

系统仿真是以系统数学模型为基础，以计算机为工具，对实际系统进行实验研究的一种方法。需要特别指出的是，系统仿真是用模型（即物理模型或数学模型）代替实际系统进行实验和研究的，使仿真更具有实际意义。

定义 3：

系统仿真是建立在控制理论、相似理论、信息处理技术和计算技术等理论基础之上的，以计算机和其他专用物理效应设备为工具，利用系统模型对真实或假想的系统进行试验，并借助于专家经验知识、统计数据和信息资料对试验结果进行分析研究，进而做出决策的一门综合性的和试验性的学科。

简单而言，所谓系统仿真就是进行模型试验，它是指通过系统模型的试验去研究一个已经存在的或正在设计中的系统的过程。

3. 仿真的理论基础

系统仿真是建立在相似理论、控制理论（系统理论）和计算机技术基础上的综合性和试验性学科。

仿真所遵循的基本原则是相似原理，包括数据相似、几何相似、环境相似与性能相似等。依据这个原理，仿真可分为物理仿真与数学仿真（也称为模拟计算机仿真与数字计算机仿真）。

相似性是客观世界的一种普遍现象，它反映了客观世界的特性和共同规律。采用相似技术来建立实际系统的相似模型，这是相似理论在系统仿真中基础作用的根本体现。

要实现仿真，首先要寻找—个实际系统的“替身”，这个“替身”称为模型。它不是原型的复现，而是按研究的侧重面或实际需要对系统进行简化提炼，以利于研究者抓住问题的本质或主要矛盾。据最新的统计资料表明，计算机仿真技术是当前应用最广泛的实用技术之一。

系统模型的建立是系统仿真的基础，而系统模型是以系统之间的相似原理为基础的。相似原理指出，对于自然界的任一系统，存在另一个系统，它们在某种意义上可以建立相似的数学描述或有相似的物理属性。一个系统可以用模型在某种意义上来近似，这是整个系统仿真的理论基础。

为了研究实际系统的动态性能，常常要采用数据相似的原理。数据相似原理主要表现在：

（1）描述原型和模型的数学表达式在形式上完全相同。

（2）变量之间存在着一一对应的关系且成比例。

（3）一个表达式的变量被另一个表达式中的相应变量置换后，表达式内各项的系数保持相等。

4．仿真系统

仿真系统：是指实现仿真任务的软件和设备，包括仿真设备、参与被仿真系统操作的人员或部分被仿真系统组件等。

仿真技术：是以相似原理、信息技术、系统技术及其应用领域有关的专业技术为基础，以计算机和各种物理效应设备为工具，利用系统模型对实际的或设想的系统进行试验研究的一门综合性技术。

仿真技术综合了计算机、网络技术、图形图像技术、多媒体、软件工程、信息处理、自动控制、系统工程等多个高技术领域的知识。

5．仿真的必要性

系统仿真的必要性主要体现在以下方面。

- 优化设计：在复杂的系统建立以前，能够通过改变仿真模型结构和调整参数来优化系统设计，对系统或系统的某一部分进行性能评价；
- 节省经费：仿真试验只需要在可重复使用的模型上进行，所花费的成本远比在实际产品上做试验低；
- 故障诊断：系统发生故障后，设法使之重演，以便判断故障产生的原因；
- 避免危险：某些试验有危险，不允许进行，而仿真试验可以避免危险性；
- 假设预测：仿真可以预测系统的特性，也可以预测外部作用对系统的影响；
- 训练系统操作人员；
- 为管理决策和技术决策提供依据。

国际上，仿真技术在高科技中所处的地位日益提高。在1992年美国提出的22项国家关键技术中，仿真技术被列为第16项；在21项国防关键技术中，被列为第6项；甚至把仿真技术作为今后科技发展战略的关键技术动力。北约在1989年制定的“欧几里得计划”中，把仿真技术作为11项优先合作发展的项目之一。

在以下情况下可以借助仿真来进行研究：

- 研究复杂系统内部各个子系统之间的关系；
- 当系统的输入、结构或环境发生变化时；
- 了解系统的改进情况；
- 了解不同输入信号对系统的影响，确定影响系统性能的重要输入参数；
- 在新的设计或政策实际使用前进行验证；
- 检验系统的不同能力，以提升或扩大其应用范围；
- 仿真实时呈现系统的运行情况；
- 通过仿真进行系统操作的学习与培训；
- 基本上没有额外投入的实验或研究。

在如下这些情况下，没必要进行仿真：

- 利用常识就可以知道或解决的问题；
- 理论分析可以解决的问题；
- 容易直接进行实验的问题；
- 仿真费用高于实际实验费用的；
- 资源或时间不满足的；
- 系统性能过于复杂的，如人。

1.2.2 系统仿真的分类

系统仿真的类别按照不同的分类方法有不同的分类结果。

1. 按仿真模型的种类分类

1）物理仿真

按照实际系统的物理性质构造系统的物理模型，并在物理模型上进行实验研究，称之为物理仿真。物理仿真是应用几何相似原理，仿制一个与实际系统工作原理相同、质地相同但是体积小得多的物理模型进行实验研究。

物理仿真的出发点是依据相似原理，把实际系统按比例放大或缩小制成物理模型，其状态变量与原系统完全相同。这种仿真多用于土木建筑、水利工程、船舶、飞机制造等方面。例如，在船舶制造中，工程师需要在设计过程中用比实物船舶小得多的模型在水池中进行各种试验，以取得必要的数据和了解所要设计的船舶的各种性能；又如，飞机在高空中飞行的受力情况，要事先在地面气流场相似的风洞实验室中进行模拟实验，以获得相应的实验数据，其环境构造也是应用了物理模型；此外，像火力发电厂的动态模拟，操纵控制人员的岗前培训等均使用物理仿真。

物理仿真的优点是直观、形象，其缺点是构造相应系统的物理模型投资较大，周期较长，不经济。另外，一旦系统成型后，难以根据需要修改系统的结构，仿真实验环境受到一定的限制。

2）数学仿真

按照实际系统的数学关系构造系统的数学模型，并在计算机上进行实验研究，称之为数学仿真。数学仿真是应用性能相似原理，构造系统的数学模型在计算机上进行实验研究的过程。

数学仿真的模型采用数学表达式来描述系统性能，若模型中的变量不含时间关系，称为静态模型；若模型中的变量包含有时间因素在内，则称为动态模型。数学模型是系统仿真的基础，也是系统仿真中首先要解决的问题。由于采用计算机作为实验工具，通常也将数学仿真称为计算机仿真或数字仿真。

数学仿真具有经济、方便、使用灵活、修改模型参数容易等特点，已经得到越来越多的应用。其缺点是受不同的计算机软、硬件档次限制，在计算容量、仿真速度和精度等方面存在不同的差别。

3）数学-物理仿真

将系统的物理模型和数学模型以及部分实物有机地组合在一起进行实验研究，称之为数学-物理仿真，也称为半实物仿真。

这种方法结合了物理仿真和数学仿真各自的特点，常常被用于特定的场合及环境中。例如汽车发动机实验、家电产品的研制开发、雷达天线的跟踪、火炮射击瞄准系统等都可采用半实物仿真。

2．按仿真模型与实际系统的时间关系分类

1）实时仿真

实时仿真是指仿真模型时钟τ与实际系统时钟t的比例关系为$\frac{\tau}{t}=1$，是同步的，可实时地反映出实际系统的运行状态，如炮弹弹头的飞行曲线仿真、火力发电站的实时控制模拟仿真等。

2）超实时仿真

超实时仿真是指仿真模型时钟τ与实际系统时钟t的比例关系为$\frac{\tau}{t}<1$，即仿真模型时钟要超前于实际系统时钟，如市场销售预测、人口增长预测、天气预报分析等。

3）慢实时仿真

慢实时仿真是指仿真模型时钟τ与实际系统时钟t的比例关系为$\frac{\tau}{t}>1$，即仿真模型时钟滞后于实际系统时钟，如原子核裂变过程的模拟仿真等。

3．按系统随时间变化的状态分类

1）连续系统仿真

系统的输入输出信号均为时间的连续函数，可用一组数学表达式来描述，例如微分方程、状态方程等。在某些使用巡回检测装置在特定时刻对信号进行测量的场合，得到的信号可以是间断的脉冲或数据信号，此类系统可采用差分方程描述，由于其被控量是连续变化的，所以也将其归类于连续系统。

2）离散事件系统仿真

系统的状态变化只是在离散时刻发生，且由某种随机事件驱动，称之为离散事件系统，例如通信系统、交通控制系统、库存管理系统、飞机订票系统、单服务台排队系统等。此类系统规模庞大，结构复杂，一般很难用数学模型描述，多采用流程图或网络图表达。在分析上则采用概率及数理统计理论、随机过程理论来处理，其结果送到计算机上进行仿真。

1.2.3 计算机仿真

系统仿真一般有物理仿真和数学仿真之分，而数学仿真就是应用性能相似原理，构成数学模型在计算机上进行实验研究，因此，数学仿真也可以称作数字仿真或计算机仿真。

由于计算机仿真能够为各种实验提供方便、廉价、灵活而可靠的数学模型，因此凡是利用模型进行实验的，几乎都可以用计算机仿真来研究被仿真系统的工作特点，选择最佳参数和设计最合理的系统方案。

随着计算机技术的发展，计算机仿真会越来越多地取代纯物理仿真。因此，现在所谓的仿真，主要是指计算机仿真。计算机仿真是一门综合性的新学科，它既取决于计算机本身硬件与软件的发展，又依赖于仿真计算方法在精度与效率方面的研究与提高，还要服从于对计算机仿真对象学科领域的发展需要。

计算机仿真技术不仅限于系统生产集成后的性能测试试验，仿真技术还应用于产品型号研制的全过程，包括方案论证、技术指标论证、设计分析、生产制造、试验、维护、训练等各个阶段。仿真技术不仅应用于简单的单个系统，也应用于由多个系统综合构成的复杂系统。

计算机仿真技术的应用范围十分广泛，它不仅被应用于工程系统，如控制系统的设计、分析和研究，电力系统的可靠性研究，化工流程的模拟，船舶、飞机、导弹等的研制；而且还被应用于非工程系统，如社会经济、人口、污染、生物、医学系统等。仿真技术具有很高的科学研究价值和巨大的经济效益，由于其应用广泛且卓有成效，在国际上成立了国际仿真联合会（IAMCS，International Association for Mathematic and Computer in Simulation）。

1.3 系统仿真的过程与特点

1.3.1 系统仿真的特征

系统仿真（数学仿真）有三个基本要素和三项基本活动。

1. 三个基本要素

仿真研究的对象是系统，而系统特性的表征主要采用与之相应的系统数学模型，放到计算机上进行相应的处理，就构成完整的系统仿真过程。

将实际系统、数学模型、计算机称为系统仿真的三要素。其相互关系可表示为图 1.2。

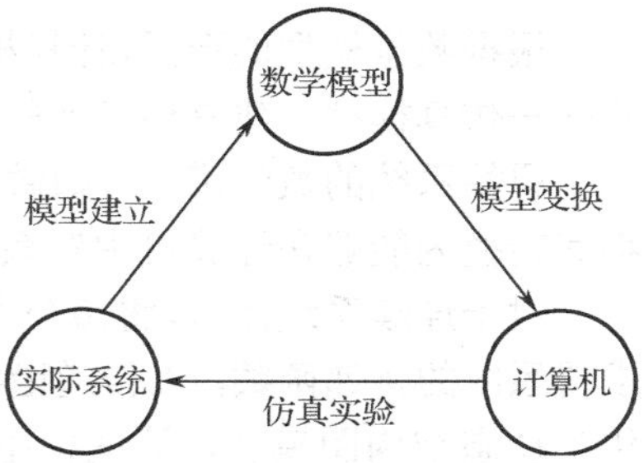

图 1.3　系统仿真三要素的对应关系

2. 三项基本活动

（1）模型建立：通过对系统的观察分析和抽象来建立系统的数学模型，由于忽略了一些次要因素和不可观察的因素，因而得到的是一个简化了的模型。

（2）模型变换：通过一些仿真算法将系统的数学模型转换为仿真模型，以便将模型放到计算机上进行处理。其主要任务是设计算法，并转换为计算机程序，使系统的模型能为计算机接受并能在计算机上运行。由于算法设计和计算机运算存在着误差，系统仿真模型是对于实际系统的二次简化模型。

（3）仿真实验：是对模型的运行。为了进行仿真实验必须设计合理的实验工作程序，拥有便于系统研究的实验软件。根据实验结果情况，进一步修正系统模型和系统仿真模型。通过计算机的运算处理，把实际系统的特点、性能等表示出来，用于指导实际系统。

在仿真过程中要重视系统建模和仿真结果的分析，这有助于对实际系统性能的讨论和改善。

1.3.2 系统仿真的过程

系统仿真就是以系统的数学模型为基础，采用数学模型代替实际的系统，以计算机为主要工具，对系统进行实验和研究的一种方法。通常，采用计算机来实现系统仿真的过程主要有以下几个方面。

1. 系统定义

根据仿真目的，了解相关要求，确定所仿真系统的边界与约束条件等。

2. 数学建模

根据系统实验知识、仿真目的和实验数据来确定系统数学模型的框架、结构和参数，模型的繁简程度应与仿真目的相匹配，确保模型的有效性和仿真的经济性。

系统的数学模型是描述系统输入、输出变量以及内部各变量之间关系的数学表达式。描述系统各变量间的静态关系采用静态模型，描述系统各变量间的动态关系采用动态模型。最常用的基本数学模型是微分方程与差分方程。

根据系统的实际结构与系统各变量之间所遵循的物理、化学基本定律，例如牛顿运动定律、克希霍夫定律、动力学定律、焦耳-楞次定律等来列写变量间的数学表达式以建立系统的数学模型，这就是所谓的用解析法来建立数学模型。

对于大多数复杂的系统，则必须通过实验的方法，利用系统辨识技术，考虑计算所要求的精度，略去一些次要因素，使模型既能准确地反映系统的动态本质，又能简化分析计算的工作，这就是所谓的用实验法建立数学模型。

系统的数学模型是系统仿真的主要依据。

3. 仿真建模

根据数学模型的形式、计算机的类型以及仿真目的将数学模型变成适合于计算机处理的形式——仿真模型，建立仿真实验框架，并进行模型变换正确性验证。

原始系统的数学模型，如微分方程、差分方程等，还不能用来直接对系统进行仿真，应该将其转换为能够在计算机中对系统进行仿真的模型。

对于连续系统而言，将微分方程这样的原始数学模型，在零初始条件下进行拉普拉斯变换，求得系统的传递函数，以传递函数模型为基础，将其等效变换为状态中间模型，或者将其图形化为动态结构图模型，这些模型都是系统的仿真模型。对于离散系统而言，将差分方程经 z 变换转换为计算机可以处理的模型即可。

4. 模型输入

将仿真模型输入计算机、设定实验（模型运行）条件并进行记录。

5. 模型实验

根据仿真目的在模型上进行实验，即仿真。

6. 结果分析

根据实验要求对结果做分析、整理及文档化。根据分析的结果修正数学模型、仿真模型、仿真程序，以进行新的仿真实验。

1.3.3 系统仿真的特点

系统仿真相对于“优化模型”，“仿真模型”是“运行”而不是“求解”，即给定一组输入和模型特性，运行模型，观察其输出。

系统仿真的好处：

- 在不影响实际系统正常运行的情况下，对新的政策、操作规程、信息流向等进行探索和验证；

- 在不耗费资源的情况下，对新的硬件设计、物理布局、物流系统等进行验证；
- 借助控制时钟，通过压缩或扩展时间，以适应慢速或快速变化的系统；
- 可以了解变量之间的内部关系，以及重要变量对系统性能的影响；
- 通过故障分析，了解系统的运行情况；
- 通过仿真，了解各种“可能情况”下系统的运行情况。

系统仿真的不足：

- 建立模型需要特殊的训练；
- 仿真结果有可能难以解释；
- 仿真建模和分析可能耗时、费力。

总而言之，系统仿真的特点主要有以下几个。

1．研究方法简单、方便、灵活、多样

系统的仿真研究一般是在仿真器上进行的，不管是采用模拟仿真器还是数字仿真工具，与实际物理系统相比都简单多了。仿真研究可以在实验室进行，因此是很方便的。在仿真器上可以任意进行参数调整，体现了仿真研究的灵活性，由于仿真器的仿真仅仅代表了物理系统的动力学特性，可以模拟各种物理系统，体现了所研究物理系统的多样性。

2．实验成本低

由于仿真往往是在计算机上模拟现实系统过程的，并可多次重复进行，使得其经济性十分突出：据美国对“爱国者”等三个型号导弹的定型实验统计，采用仿真实验可节省数亿美元。采用模拟装置培训工作人员，经济效益和社会效益也十分突出。

此外，从环境保护的角度考虑，仿真技术也极具价值。例如，现代核实验多数在计算机上进行仿真，固然是出于计算机技术的发展使其得以在计算机上模拟，但政治因素和环境因素才是进行仿真实验的主要原因。通过仿真研究还可以预测系统的特性，以及外界干扰的影响，从而可以对制定方案和决策提供定量依据。

3．实验结果充分

通过仿真研究可以得到有关系统设计大量的、充分的曲线与数据。这一优点也是借助于前面两个优点而得到的。

当然，系统的仿真研究也有它的不足，就是要绝对依赖于系统的数学模型，如果数学模型的描述不够准确或者不够完全，系统的仿真结果就会出现误差或者错误。这在系统的设计中一般通过两种方法克服：一是谨慎地构造数学模型，也就是说，即使不够准确的数学模型也比不够全面的数学模型要好；二是在系统设计的最后阶段——系统调试阶段，确定仿真结果的正确性。

当前，由于计算机技术与网络技术的高速发展，仿真技术的研究成果已经远远超出对动力学系统的仿真，虚拟现实技术就是一例。

1.4 仿真技术的发展与应用

1.4.1 系统仿真的发展

系统仿真技术的发展是与控制工程、系统工程及计算机技术的发展密切联系的。1958 年，第一台混合计算机系统用于洲际导弹的仿真。1964 年生产出第一台商用混合计算机系统。20 世纪 60 年代，阿波罗登月计划的成功及核电站的广泛使用进一步促进了仿真技术的发展。20 世纪 70 年代，系统工程被应用于社会、经济、生态、管理等非工程系统的研究，开拓了系统动力学及离散事件系统仿真技术的广阔应用前景。仿真技术在每个阶段都有一个比较热门的应用领域，比如 20 世纪 50 年代热门的应用领域是武器系统及航空，60 年代热门的领域是航空与航天，70 年代热门的应用领域是核能、电力与石油化工，80 年代热门的应用领域是制造系统。仿真技术现在已成为系统分析、研究、设计及人员训练不可缺少的重要手段，它给工程界及企业界带来了巨大的社会效益与经济效益。使用仿真技术可以降低系统的研制成本，提高系统实验、调试及训练过程中的安全性，对于社会、经济系统，由于不可能直接进行实验，仿真技术更显出它的重要性。建模与仿真的发展如表 1.1 所示。

最近几年，我国在仿真技术上的发展是十分突出的，已自行研制成银河仿真计算机、训练起落的飞行模拟器、20 万千瓦电站训练仿真器、大型海战仿真器等仿真系统，许多工业部门都已建立起或正在建立仿真研究中心，并研制了相应的仿真软件。

表 1.1 建模与仿真的发展

年　代	主 要 特 点
1600—1940 年	在物理科学基础上的建模
20 世纪 40 年代	电子计算机的出现
20 世纪 50 年代中期	仿真应用于航空领域
20 世纪 60 年代	工业控制过程的仿真
20 世纪 70 年代	包括经济、社会和环境因素的大系统仿真
20 世纪 70 年代中期	系统与仿真的结合，如用于随机网络建模的 SLAM 仿真系统
20 世纪 70 年代后期	仿真系统与更高级的决策结合，如决策支持系统 DSS
20 世纪 80 年代中期	集成化建模与仿真环境，如美国 Pritaker 公司的 TESS 建模仿真系统
20 世纪 90 年代	可视化建模与仿真，虚拟现实仿真，分布交互仿真

1.4.2 仿真技术的应用

目前系统仿真的应用领域主要在：

➢ 制造领域；
➢ 工程施工与项目管理；
➢ 航空航天与军事领域；
➢ 物流、供应链与分布式应用；
➢ 运输方式与交通；

- ➢ 卫生保健；
- ➢ 风险分析；
- ➢ 计算机仿真；
- ➢ 网络仿真。

综合起来看，仿真技术的应用主要集中在三个层面：

- ➢ 仿真技术在系统分析、设计中的应用；
- ➢ 仿真技术在系统理论研究中的应用；
- ➢ 仿真技术在人员训练方面的应用。

以仿真技术在人员训练方面的应用为例，就可以直观地展示仿真技术“经济、无风险、高效”的特点，有资料表明，F-15 飞行仿真器每天工作 20 小时，每年可省油 10 万吨；Boeing-747 仿真器每天工作 20 小时，每年可省油 30 万吨。

国外有人对三种地空导弹型号（爱国者、罗兰特、尾刺）研制过程中的情况统计分析后得出以下结论：由于采用仿真技术，使靶试实弹数减少了 30%～60%，研制费用节省了 10%～40%，研制周期缩短了 30%～40%。

1.4.3 仿真技术发展的主要方向

仿真技术在许多复杂工程系统的分析和设计研究中越来越成为不可缺少的工具。系统的复杂性主要体现在复杂的环境、复杂的对象和复杂的任务上。然而只要能够正确地建立系统的模型，就能够对该系统进行充分的分析研究。另外，仿真系统一旦建立就可重复利用，特别是对计算机仿真系统的修改非常方便。经过不断的仿真修正，逐渐深化对系统的认识，以采取相应的控制和决策，使系统处于科学的控制和管理之下。

近年来，由于问题域的扩展和仿真支持技术的发展，产生了一批新的研究热点：

- ✓ 面向对象的仿真方法，从人类认识世界的模式出发提供更自然直观的系统仿真框架；
- ✓ 分布式交互仿真，通过计算机网络实现交互操作，构造时空一致合成的仿真环境，可对复杂、分布、综合的系统进行实时仿真；
- ✓ 定性仿真以非数字手段处理信息输入、建模、结果输出，建立定性模型；
- ✓ 人机和谐的仿真环境，发展可视化仿真、多媒体仿真和虚拟现实等。这些新技术、新方法必将孕育着仿真方法的新突破。

当前仿真研究的前沿课题主要有：

- ✓ 改造建模环境；
- ✓ 动画，反映在辅助建模、显示仿真结果、系统的活动及其特征中；
- ✓ 实现仿真结果分析到建模的自动反馈；
- ✓ 基于虚拟技术在仿真中的应用等。

本 章 小 结

1. 掌握系统、模型和仿真等概念，了解仿真的特点和意义。
2. 熟悉仿真的流程。
3. 了解仿真的发展趋势。

思考练习题

1．什么是系统？系统的特性是什么？
2．什么是系统仿真？
3．系统仿真的三要素是什么？
4．为什么要进行仿真？
5．系统仿真的类型有哪些？
6．什么是系统模型？数学模型和物理模型的异同是什么？
7．怎样进行系统仿真？
8．查阅资料，找 3～4 个实例，说明仿真技术的应用情况。
9．仿真技术的实现方式有哪些？各有什么特点？
10．现有的主流仿真工具有哪些？各有什么特点？
11．仿真技术的发展趋势是什么？

第 2 章　MATLAB 应用基础

本章要点：

1．MATLAB 是一个仿真工具，也是一种应用广泛的交流工具；

2．学会 MATLAB 的使用是进行仿真分析的前提；

3．MATLAB 是一个比较庞大的系统，为提高学习效率，应该在了解其特点的基础上，按照信息流的流向即数据输入、程序跳转和数据输出三个环节去了解和掌握它。

本章在简要介绍 MATLAB 的特点及使用环境的基础上，以会应用为目标，分别从矩阵（数据）的输入、矩阵（数据）的输出以及流转控制三个方面，通过实例的方式，介绍 MATLAB 的相关命令及应用，以便读者能尽快了解和掌握 MATLAB 的使用。

2.1　MATLAB 简介

MATLAB 将数值分析、矩阵计算、数据可视化以及非线性动态系统的建模和仿真等诸多强大功能集成在一个易于使用的视窗环境中，为科学领域的学者、工作设计人员提供了一种全面的解决方案，摆脱了传统非交互式程序设计语言的编辑模式，使得 MATLAB 成为国际先进的科学计算软件，全球数以百万计的工程师和科学家使用 MATLAB 来分析和设计可改变世界的系统和产品。

2.1.1　发展概述

MATLAB 即 Matrix Laboratory（矩阵实验室），它由 MATrix 和 LABoratory 两词的前三个字母组合而成，MATLAB 是一个功能十分强大的工程计算及数值分析软件。

20 世纪 70 年代末期，在线性代数领域颇有名望的 Cleve Moler 博士利用 FORTRAN 语言、基于特征值计算的软件包 EISPACK 和线性代数软件包 LINPACK，开发了集命令、解释、科学计算于一身的交互式软件 MATLAB，形成了萌芽状态的 MATLAB。

1983 年，工程师 John Little 加入了开发团队，与 Cleve Moler、Stev Bangert 合作用 C 语言开发了第二代 MATLAB 专业版，增加了数据可视化功能。

1984 年 MathWorks 公司成立，MATLAB 被推向市场，经过多年发展，在数值性软件市场占据了主导地位，已经发展成为多学科多种工作平台的功能强大的工程计算及数值分析软件，被誉为“巨人肩上的工具”。

到 20 世纪 90 年代初期，在国际上三十几个数学类科技应用软件中，MATLAB 在数值计算方面独占鳌头，而 Mathematica 和 Maple 则分居符号计算软件的前两名。Mathcad 因其提供计算、图形、文字处理的统一环境而深受中学生欢迎。

在欧美大学里，诸如应用代数、数理统计、自动控制、数字信号处理、模拟与数字通信、时间序列分析、动态系统仿真等课程的教科书都把 MATLAB 作为必选内容。这几乎成了 20 世纪 90 年代教科书与旧版书籍的区别性标志。MATLAB 是攻读学位的大学生、硕士生、博士生必须掌握的基本工具。

MATLAB 可以在各种类型的计算机上运行，如 PC 及兼容机、Macintosh 及 Sun 工作站、VAX 机、Apollo 工作站、HP 工作站等。使用 MATLAB 语言进行编程，可以不做任何修改就移植到这些机器上运行，它与机器类型无关，这大大拓宽了 MATLAB 语言的应用范围。

MATLAB 及其工具箱将一个优秀软件包的易用性、可靠性、通用性和专业性，以及以一般目的的应用和高深的专业应用完美地集成在一起，并凭借其强大的功能、先进的技术和广泛的应用，使其逐渐成为国际性的计算标准，在许多国际一流学术刊物上（尤其是信息科学刊物），都可以看到 MATLAB 的应用。在设计研究单位和工业部门，MATLAB 被认作进行高效研究、开发的首选软件工具，如美国 National Instruments 公司的信号测量、分析软件 LabVIEW，Cadence 公司的信号和通信分析设计软件 SPW 等，或者直接建筑在 MATLAB 之上，或者以 MATLAB 为主要支撑，又如 HP 公司的 VXI 硬件，TM 公司的 DSP，Gage 公司的各种硬卡、仪器等都接受 MATLAB 的支持。MATLAB 的 Simulink 功能的增加使系统的设计更加简便和轻松，而且可以设计更为复杂的系统。

MATLAB 目前已成为国际学术界最流行的仿真语言，为世界各地数十万名科学家和工程师所采用。今天，MATLAB 的用户团体几乎遍及世界各主要大学、公司和政府研究部门，其应用也已遍及现代科学和技术的各个方面。早在 1996 年，全球就有 52 个国家的 2000 余所大学购买了 MATLAB 的使用许可，世界排名前 100 名的大公司有 82 家在使用它。目前我国的科技人员正逐渐接受和使用 MATLAB，但距离广泛应用和普及还有较大的距离。

2.1.2 主要特点

MATLAB 主要用于矩阵运算，它具有丰富的矩阵运算函数，能够在求解诸如各种复杂的计算问题时，显得简捷、高效、方便。同时，MATLAB 作为编程语言和可视化工具，由于功能强大，界面直观，语言自然，使用方便，可解决工程、科学计算和数学学科中的许多问题，是目前高等院校与科研院所广泛使用的优秀应用软件，目前已经在信号处理、系统识别、自动控制、非线性系统、模糊控制、优化技术、神经网络、小波分析等领域得到了广泛的应用。MATLAB 之所以能得到广泛应用，是因为它具有如下的特点。

1. 强大的计算功能

MATLAB 的计算功能包括数值计算和符号计算。MATLAB 的数值计算功能包括矩阵运算、多项式和有理分式运算、数据统计分析、数值积分、优化处理等。符号计算则可以直接得到问题的解析解。

2. 两种运行方式

MATLAB 除命令行的交互式操作以外，还可以程序方式工作。MATLAB 具有灵活的程序接口功能，能与其他语言编写的程序结合，具有输入输出格式化数据的能力，包括 Windows 图形用户界面的设计。

3. 强大的图形功能

MATLAB 具有强大的绘图功能，可方便地绘制多种形式的二维和三维图形。它提供了两个层次的图形命令：一种是对图形句柄进行的低级图形命令，另一种是建立在低级图形命令之上的高级图形命令。利用 MATLAB 的高级图形命令可以轻而易举地绘制二维、三维乃至四维图形，并可进行图形和坐标的标识、视角和光照设计、色彩精细控制等。

4. 应用工具箱

MATLAB 采取了开放式的发展模式，功能强大，可扩展性强，它有大量事先定义的数学函数，并且有很强的用户自定义函数的能力，这些函数分别存放于基本部分和各种工具箱中。

基本部分中有数百个内部函数。

工具箱分为两大类：功能性工具箱和学科性工具箱。功能性工具箱主要用来扩充其符号计算功能、可视建模仿真功能及文字处理功能等。学科性工具箱专业性比较强，如控制系统工具箱、信号处理工具箱、神经网络工具箱、最优化工具箱、金融工具箱等，用户可以直接利用这些工具箱进行相关领域的科学研究。

5. Simulink

Simulink 是一个外挂于 MATLAB 的图形式仿真系统，也是一个交互式的动态系统仿真系统。Simulink 允许用户通过组态的方式来模拟一个系统，并能够动态地控制该系统。Simulink 采用鼠标驱动方式，能够处理线性、非线性、连续、离散、多变量以及多级系统。此外，Simulink 还为用户提供了两个附加功能项：Simulink 扩展和模块集。

6. 强大的帮助系统

MATLAB 具有强大的在线帮助功能，有利于读者自学或求助。可通过以下几种方法获得帮助：帮助命令、帮助窗口、MATLAB 帮助界面或在线帮助页。对于 Internet 用户，还可直接链接到 MathWorks 公司的网页（http://www.mathworks.com）寻求帮助。

此外，MATLAB 还具有支持科学计算标准的开放式可扩充结构和跨平台兼容的特点，能够很好地解决科学和工程领域内的复杂问题。MATLAB 语言已经成为科学计算、系统仿真、信号与图像处理的主流软件。

2.1.3 组成与界面

1. MATLAB 的组成

MATLAB 软件主要由主体、Simulink 和工具箱三部分组成。

1）MATLAB 主体

MATLAB 主体主要包括以下 5 个部分：

（1）MATLAB 语言

MATLAB 语言是一种基于矩阵/数组的高级语言，它具有流程控制语句、函数、数据结构、输入输出以及面向对象的程序设计特性。用 MATLAB 语言可以迅速地建立临时性的小程序，也可以建立复杂的大型应用程序。

（2）MATLAB 工作环境

MATLAB 工作环境集成了许多工具和程序，用户用工作环境中提供的功能完成它们的工作。MATLAB 工作环境给用户提供了管理工作空间内的变量和输入、输出数据的功能，并给用户提供了不同的工具以开发、管理、调试 M 文件和 MATLAB 应用程序。

（3）句柄图形

句柄图形是 MATLAB 的图形系统。它包括一些高级命令，用于实现二维和三维数据可视化、图像处理、动画等功能；还有一些低级命令，用来制定图形的显示以及建立 MATLAB 应用程序的图形用户界面。

（4）MATLAB 数学函数库

MATLAB 数学函数库是数学算法的一个巨大集合，该函数库既包括了诸如求和、正弦、余弦、复数运算之类的简单函数，也包含了矩阵转置、特征值、贝塞尔函数、快速傅里叶变换等复杂函数。

（5）MATLAB 应用程序接口（API）

MATLAB 应用程序接口是一个 MATLAB 语言向 C 和 FORTRAN 等其他高级语言进行交互的库，包括读写 MATLAB 数据文件（MAT 文件）。

2）Simulink

Simulink 是用于动态系统仿真的交互式系统。Simulink 允许用户在屏幕上绘制框图来模拟一个系统，并能够动态地控制该系统。

3）MATLAB 工具箱

工具箱是 MATLAB 用来解决各个领域特定问题的函数库，它是开放式的，可以应用，也可以根据自己的需要进行扩展。

MATLAB 提供的工具箱为用户提供了丰富而实用的资源，涵盖了科学研究的很多门类。目前，涉及数学、控制、通信、信号处理、图像处理、经济、地理等多种学科的二十多种 MATLAB 工具箱已经投入应用。

2. MATLAB 用户界面

1）MATLAB 主界面

如图 2.1 所示主界面是 MATLAB 的主要工作窗口，包括菜单栏、工具栏和其他功能窗口，可以对文件进行操作、交互式执行命令、显示运行状态等。主界面是用户输入与运行 MATLAB 命令、了解运行与状态信息的场所。

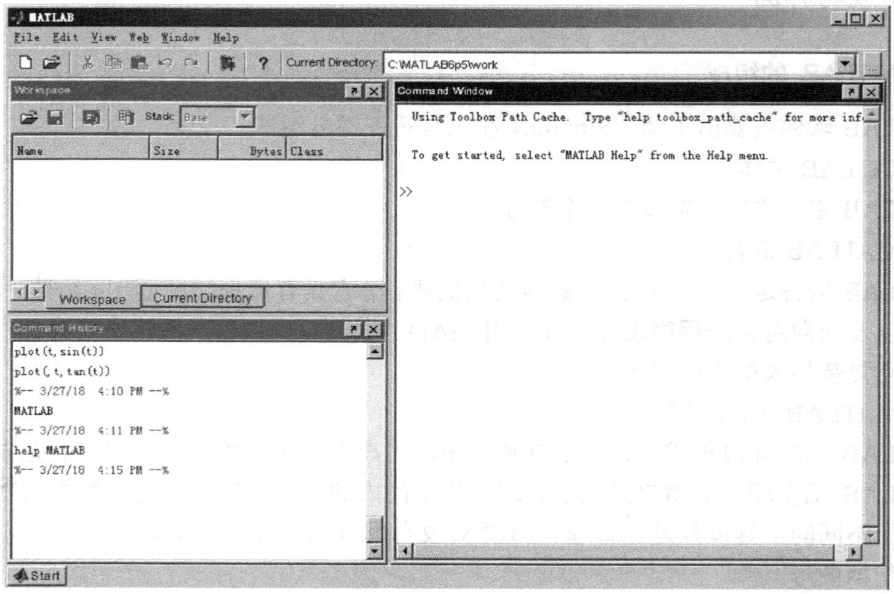

图 2.1　MATLAB 主界面

2）MATLAB 程序界面

如图 2.2 所示程序界面是输入、编辑、调试和运行程序的窗口，MATLAB 提供了多种程序调试方式。程序界面主要用于输入与编辑程序，调试与运行程序。

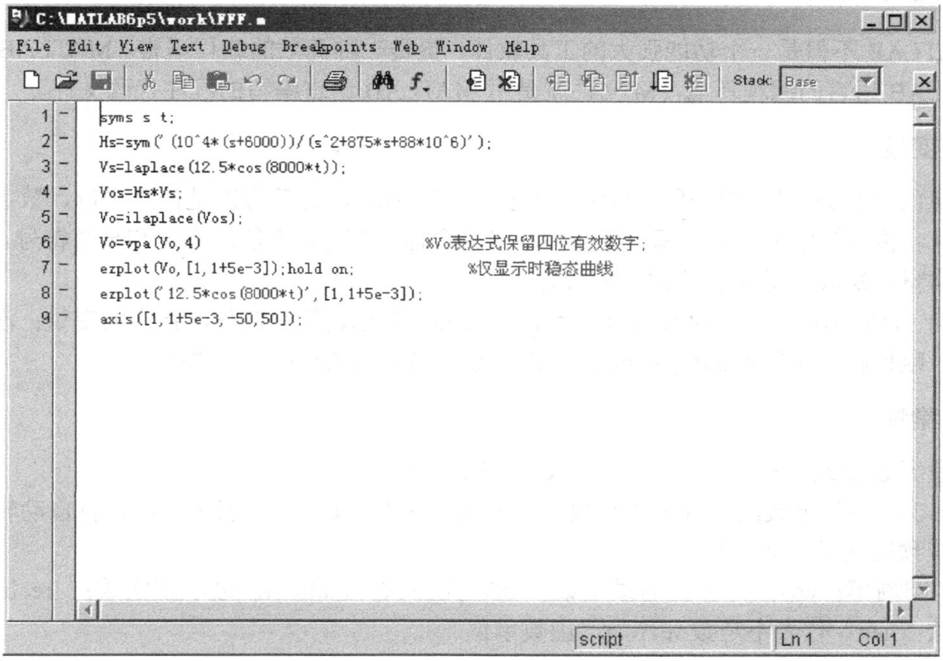

图 2.2　MATLAB 程序界面

3）MATLAB 图形界面

如图 2.3 所示图形界面是运行结果的直观展示，MATLAB 提供了丰富的图形函数。程序运行结果可以用图形图线的形式，直观地呈现出来。

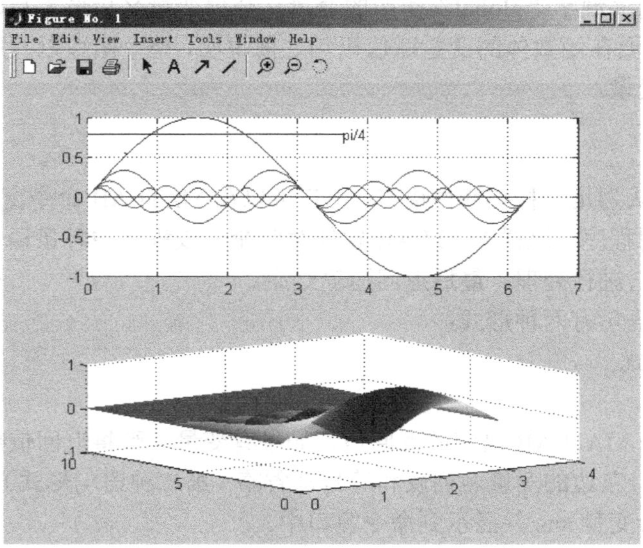

图 2.3　MATLAB 图形界面

2.2 MATLAB 编程

2.2.1 基本语法

MATLAB 不但是一个功能强大的工具软件，更是一种高效的编程语言。MATLAB 软件就是 MATLAB 语言的编程环境，M 文件就是用 MATLAB 语言编写的程序代码文件。

1. 变量

变量的名字必须以字母开头（不能超过 19 个字符），之后可以是任意字母、数字或下画线；变量名称区分字母的大小写；变量中不能包含标点符号，不能用中文和全角符号。表达式可以是常量、矩阵、数学表达式、函数等。

任何 MATLAB 语句的执行结果都可以在屏幕上显示，同时赋值给指定的变量；没有指定变量时，赋值给一个特殊的变量 ans，数据的显示格式由 format 命令控制。

2. 常量

常量表达形式：−3.2，−2，3.2，3.2e-3，3-3i，…

3.2e-3 是科学记数法；规范的复数表达形式是 3-3i，如果用 j 表示虚部，将自动转换为 i。

系统预定义了一些常量：

pi：圆周率；eps：计算机的最小数；inf：无穷大；realmin：最小正实数； realmax：最大正实数；nan：代表不是数 ；i、j：虚数单位。

3. 局部变量和全局变量

通常，每个函数体内都有自己定义的变量，不能从其他函数和 MATLAB 工作空间访问这些变量，这些变量就是局部变量。如果要使某个变量在几个函数中和 MATLAB 函数空间都能使用，可以把它定义为全局变量。

全局变量就是用关键字“global”声明的变量。全局变量名尽量大写，并能够反映它本身的含义。全局变量需要在函数体的变量赋值语句之前说明，整个函数以及所有对函数的递归调用都可以利用全局变量。

4. 基本语句

MATLAB 可以认为是一种解释性语言，用户可以在 MATLAB 命令窗口键入命令，也可以在编辑器内编写应用程序，这样 MATLAB 软件对此命令或程序中各条语句进行翻译，然后在 MATLAB 环境下对它进行处理，最后返回运算结果。

MATLAB 赋值语句有两种形式：

（1）变量=表达式

（2）表达式

其中，等号左边的是 MATLAB 语句的返回值，如果有变量，则将返回值赋给该变量（第一种语句形式）；如果等号左边的变量名列表和等号都省略（第二种语句形式），这时将把表达式的执行结果自动赋值给变量 ans 并显示到命令窗口中。

等号右边的是表达式的定义，它可以是 MATLAB 允许的矩阵运算，也可以是函数调用，表达式可以由分号结束，也可以由逗号或回车键结束，但它们的含义是不同的；如果用分号结束，MATLAB 仅仅执行赋值操作，运算的结果将不在屏幕上显示出来，否则将把结果全部显示出来。

在一条语句中，如果表达式太复杂，一行写不下，可以加上三个小黑点(续行符)并按下回车键，然后接下去再写，例如：

s=1-1/2+1/3-1/4+1/5-1/6+1/7-…

- 1/8+1/9-1/10+1/11-1/12

5. MATLAB 表达式

MATLAB 表达式主要包括三种运算形式，即算术运算、逻辑运算和关系运算。

算术表达式的运算符如表 2.1 所示。

表 2.1 算术运算符

指　令	含　义	指　令	含　义
+	加	/	右除
−	减	\	左除
*	乘	^	乘方

对于矩阵来说，左除和右除表示两种不同的除数矩阵和被除数矩阵的关系。

关系表达式的运算符如表 2.2 所示。

表 2.2 关系运算符

指　令	含　义	指　令	含　义
<	小于	>	大于
<=	小于等于	>=	大于等于
==	等于	~=	不等于

逻辑表达式的运算符如表 2.3 和表 2.4 所示。

表 2.3 逻辑运算符 1

指　令	含　义	指　令	含　义
&	逻辑与	|	逻辑或
~	逻辑非		

表 2.4 逻辑运算符 2

指　令	含　义	指　令	含　义
xor	不相同取 1，否则取 0	any	只要有非 0 就取 1，否则取 0
all	全为 1 取 1，否则为 0	isempty	矩阵为空取 1，否则取 0

运算规则：

✓ 在逻辑运算中，确认非零元素为真，用 1 表示；零元素为假，用 0 表示；

✓ 参与逻辑运算的可以是两个标量、两个同维矩阵或参与逻辑运算的元素一个为标量，另一个为矩阵；

✓ 在算术、关系、逻辑运算中，算术运算优先级最高，逻辑运算优先级最低；

✓ 只有维数相同的矩阵才能进行加减运算，只有方阵才可以求幂，点运算是两个维数相同矩阵对应元素之间的运算，只有当两个矩阵中前一个矩阵的列数和后一个矩阵的行数相同时，才可以进行乘法运算。

6. 程序运行与调试

MATLAB 程序的运行一般有两种方式，即在命令窗口的直接交互运行方式和在编辑器内的批命令运行方式。

1）指令交互的运行方式

在这种方式里，用户在命令窗口输入的每一条命令，都会立即得到结果，其特点是直观、快捷。一般在执行比较简单的操作或演示等功能时，可以采取这种方式。

2）批命令运行方式

这是程序运行的主流方式，在编辑器内对由多条命令组成的程序，可以进行输入、编辑、存储和运行。其特点是程序可以编辑和存储，也可以利用调试工具对程序进行调试（如断点、单步运行与连续运行等方式）。

3）MATLAB 程序调试

MATLAB 的程序错误主要有两个方面，即语法错误和运行错误。

在程序运行时，系统首先会检查语法错误，如果存在语法错误，在命令窗会提示错误信息，并在程序的相应位置用红色等标出，读者可以根据这些信息，定位出错的位置和类型，改正语法错误后，程序才能继续运行；

运行错误会导致程序运行结果不正确，或者出现死循环。读者可以利用调试工具，通过设置断点、单步运行、区间连续运行等方式跟踪程序运行，检查和修改程序错误，以得到期望的结果。

2.2.2 M 文件

建立一个新 M 文件的一般方法是在 MATLAB 主菜单 File 下选择“New”→“M-file”，然后会出现编辑器窗口（如图 2.2 所示），在该编辑器中输入程序代码后，在编辑器的 File 菜单下选择 Save 命令，出现保存文件对话框，指定文件名后保存输入的内容，这样就建立了一个新的 M 文件。

MATLAB 程序编辑器提供了基础文本编辑功能和 M 文件的调试工具，它具有 Windows 标准的多文档界面。MATLAB 编辑器对于编写 M 文件比较方便，它有自动缩排功能，而且把关键字、字符串、注释用不同的颜色表示，以便于区别。该编辑器提供的调试功能，可以在程序中设置多个断点进行在线调试。M 文件有两种形式：脚本和函数。

1. 脚本

脚本是 M 文件的简单类型，它们没有输入输出参数，只是一些函数和命令的组合。类似于 DOS 下的批处理文件。脚本可以在 MATLAB 环境下直接执行，并可以访问存在于整个工作空间内的数据。由脚本建立的变量在脚本执行完后仍将保留在工作空间中，可以继续对其进行操作，直到使用 clear 命令清除这些变量为止。

2．函数

函数是 MATLAB 语言中最重要的组成部分，MATLAB 提供的各种工具箱中的 M 文件几乎都是以函数的形式给出的，MATLAB 的主体和各种工具箱本身就是一个庞大的函数库。函数接收输入参数，返回输出参数。函数只能访问函数本身工作空间中的变量，在 MATLAB 命令窗口或其他函数中不能对该函数工作空间中的变量进行访问。

函数文件与脚本文件的类似之处在于它们都是一个有“.m”扩展名的文本文件，而且函数文件和脚本文件一样，都是由文本编辑器所创建的外部文本文件。

MATLAB 函数 M 文件通常由以下几个部分组成。

1）函数定义行

函数 M 文件的第一行用关键字“function”把 M 文件定义为一个函数，并指定它的名字，它与文件名相同。同时也定义了函数的输入和输出参数。注意：函数 M 文件的函数名和文件名必须相同。例如，函数 flipud 的定义行是 function y=flipud(x)，其中 flipud 为函数名，输入参数为 x，输出参数为 y。如果函数有多个输入参数和输出参数，那么参数之间用逗号分隔，多个输出参数用方括号括起来，如：

```
function[pos , newUp]=camrotate(a , b, dar , up , dt , dp , coordsys , direction);
function[ans1, ans2 , ans3]=axis(varargin);
```

如果函数没有输出或没有输入，可以不写相应的参数，如：

```
function grid(opt． grid);
```

2）H1 行

所谓 H1 行是指帮助文本的第一行，它紧跟在定义行之后。它以“%”开头，用于概括说明函数名和函数的功能。例如，函数 flipud 的 H1 行为：

```
% FLIPUD(X)Flip matrix in up/down direction.
```

使用 lookfor 命令时，找到的相关函数将只显示 H1 行。

3）帮助文本

帮助文本是指位于 H1 行之后函数体之前的说明文本，用来比较详细地介绍函数的功能和用法。当在命令行键入“help 函数名”时，就会同时显示 H1 行和帮助文本，也就是在定义行和函数体之间的文本(都以“%”开头)。

4）函数体

函数体就是函数的主体部分，函数体包括进行运算和赋值操作的所有程序代码。函数体中可以有流程控制、输入输出、计算、赋值、注释，还可以包括函数调用和对脚本文件的调用。

5）注释

除了函数开始独立的帮助文本外，还可以在函数体中添加对语句的注释。注释必须以“%”开头，在编译执行 M 文件时把每一行中“%”后面的内容全部作为注释，不进行编译。

在函数文件中，除了函数定义行和函数体之外，其他部分都是可以省略的，不是必须有的。但作为一个函数，为了提高函数的可用性，应加上 H1 行和函数帮助文本；为了提高函数的可读性，应加上适当的注释。

2.2.3 数值输入

矩阵是 MATLAB 最基本的数据对象，所谓的数值输入也就是矩阵的输入。在 MATLAB 中，不需要对矩阵的维数和类型进行说明，MATLAB 会根据用户所输入的内容自动进行配置。矩阵生成不但可以使用纯数字（含复数），也可以使用变量（或者说采用一个表达式）。

1. 直接输入

任何矩阵（向量）都可以直接按行方式输入每个元素：同一行中的元素用逗号（，）或者用空格符来分隔，且空格个数不限；不同的行用分号（；）分隔，所有元素处于一方括号（[ ]）内。大的矩阵可以分行输入，回车键代表分号。

【例 2.1】

```
>> A = [11   12   1   2   3   4   5   6   7   8   9   10]
   A =
            11   12   1   2   3   4   5   6   7   8   9   10
   >>B = [2.32   3.43；4.37   5.98]
   B =
                  2.32   3.43
                  4.37   5.98

>> C = [1   2   3；  2   3   4；3   4   5]
              C =
                 1   2   3
                 2   3   4
                 3   4   5
>> D = [ ]              %生成一个空矩阵
```

2. 语句生成法

1）冒号表达式

在 MATLAB 中，冒号是一个重要的运算符，利用它可以产生线性等间距向量，还可用来拆分矩阵。冒号表达式的一般格式是：（start：step：end），其中 start 为初始值，step 为步长，end 为终止值。

冒号表达式可产生一个由 start 开始到 end 结束，以步长 step 自增的行向量，如果 step 为 1，则表达式可以写为：（start：end）。

【例 2.2】

```
>> a=[1：2：10]
a = 1   3   5   7   9

>> a=[1：10]
a = 1   2   3   4   5   6   7   8   9   10
```

2）a = linspace (n1 , n2 , n)

该语句的功能就是在线性空间上，产生一个行向量，其值从 n1 到 n2，数据个数为 n，若 n 省略，则默认为 100。这个语句与冒号表达式的结果类似，都是产生一个等间距的矩阵，不同的是一个控制间距，一个控制数据的总数。

【例 2.3】

```
>> a = linspace (1 , 10 , 10)
   a =1   2   3   4   5   6   7   8   9   10
```

3）a = logspace (n1 , n2 , n)

该语句的功能就是在对数空间上，产生一个行向量，其值从 10n1 到 10n2，数据个数为 n，默认 n 为 50。

【例 2.4】

```
>> a = logspace (1 , 3 , 3)
   a = 10     100     1000
```

3. 特殊矩阵生成

MATLAB 有一些常用的特殊函数，利用这些函数也可以生成需要的矩阵。

例如：

eye (m , n)； eye (m)：可以生成对角线元素为 1 的单位矩阵；

zeros (m , n)； zeros (m) ：可以生成所有元素都为零的全零矩阵；

ones (m , n)；ones (m)：可以生成所有元素都为 1 的全一矩阵；

V = [a1,a2,⋯,an]， A = diag (V)：可以生成对角元素为[a1,a2,⋯,an]的对角矩阵；

rand (m , n)：可以产生一个 m×n 大小，各个元素符合均匀分布的随机矩阵；

randn (m , n)：可以产生一个 m×n 大小，各个元素符合正态分布的随机矩阵。

【例 2.5】

```
>> a =rand (4 , 6)


  ans =
    0.9501      0.8913      0.8214      0.9218      0.9355      0.0579
    0.2311      0.7621      0.4447      0.7382      0.9169      0.3529
    0.6068      0.4565      0.6154      0.1763      0.4103      0.8132
    0.4860      0.0185      0.7919      0.4057      0.8936      0.0099
```

4. input 函数输入

MATLAB 提供了一个 input 函数，利用它可以输入数值或字符信息，并且还可以增加提示信息，以便操作者注意。

调用格式： A=input(提示信息，选项);

注：‘s’选项允许用户输入一个字符串。

例如想输入一个人的姓名，可采用命令

```
xm=input('What's your name:','s')
```

【例 2.6】 求一元二次方程 $a^2+bx+c=0$ 的根。

```
a=input('a=?');
b=input('b=?');
```

```
c=input('c=?');
d=b*b-4*a*c;
x=[(-b+sqrt(d))/(2*a),(-b-sqrt(d))/(2*a)]
```

将该程序以 aa.m 文件存盘，然后运行 aa.m 文件。

5. 矩阵运算生成

根据已有的矩阵，通过矩阵运算可以得到新的矩阵。常用的矩阵运算形式主要有：（1）矩阵转置，（2）矩阵加和减，（3）矩阵乘法，（4）矩阵除法，（5）矩阵的乘方等。

【例 2.7】 求解线性方程组 $\boldsymbol{AX}=\boldsymbol{B}$。

其中

$$\boldsymbol{A}=\begin{bmatrix} 1 & 1.5 & 2 & 9 & 7 \\ 0 & 3.6 & 0.5 & -4 & 4 \\ 7 & 10 & -3 & 22 & 33 \\ 3 & 7 & 8.5 & 21 & 6 \\ 3 & 8 & 1 & 90 & -20 \end{bmatrix}, \quad \boldsymbol{B}=\begin{bmatrix} 3 \\ -4 \\ 20 \\ 5 \\ 16 \end{bmatrix}$$

在 MATLAB 命令窗口输入命令：

```
a=[1,1.5,2,9,7; 0,3.6,0.5, -4,4; 7,10, -3,22,33; 3,7,8.5,21,6; 3,8,0,90, -20];
b=[3; -4;20;5;16];
x=a\b
```

得到的结果是：

```
x =
    3.5653
   -0.9255
   -0.2695
    0.1435
    0.0101
```

对于实矩阵用（'）或（.'）求转置结果是一样的；然而对于含复数的矩阵，则（'）将同时对复数进行共轭处理，而 （.'）则只是将其排列形式进行转置。

【例 2.8】

```
>> a=[1 2 3;4 5 6]'
a =
          1     4
          2     5
          3     6
>> b=[1+2i 2-7i]'
b =
       1.0000 - 2.0000i
       2.0000 + 7.0000i
>> b=[1+2i 2-7i].'
b =
```

```
1.0000 + 2.0000i
2.0000 - 7.0000i
```

若要提取矩阵中的元素，可用以下命令：

✓ A(m,n)：提取第 m 行，第 n 列元素；

✓ A(:,n)：提取第 n 列元素；

✓ A(m,:)：提取第 m 行元素；

✓ A(m1:m2,n1:n2)：提取第 m1 行到第 m2 行和第 n1 列到第 n2 列的所有元素（提取子块）。

【例 2.9】（关系运算）已知 A=1:9, B=10-A, 求 r0=(A<4), r1=(A==B) 。

```
A =     1    2    3    4    5    6    7    8    9
B =     9    8    7    6    5    4    3    2    1
r0 =    1    1    1    0    0    0    0    0    0
r1 =    0    0    0    0    1    0    0    0    0
```

【例 2.10】（逻辑与关系操作）已知 A=1:9，求 B=~(A>5) 和 C=(A>3)&(A<7)。

```
A =    1    2    3    4    5    6    7    8    9
B =    1    1    1    1    1    0    0    0    0
C =    0    0    0    1    1    1    0    0    0
```

【例 2.11】 求方程 $x^4+7x^3+9x-20=0$ 的全部根。

在 MATLAB 命令窗口输入：

```
p=[1,7,0,9, -20];     %建立多项式系数向量
x=roots(p)             %求根
```

得到的结果是：

```
x =
   -7.2254
   -0.4286 + 1.5405i
   -0.4286 - 1.5405i
    1.0826
```

6．文件读取

对于比较大或比较复杂的矩阵，可以为它专门建立一个 M 文件（数据文件），其步骤为：

第一步：使用编辑程序输入文件内容。

第二步：把输入的内容以纯文本方式存盘(设文件名为 mymatrix.m)。

第三步：在 MATLAB 命令窗口中输入 mymatrix，就会自动建立一个名为 AM 的矩阵，可供以后显示和调用。

1）二进制数据文件

fread：读二进制数据文件，格式为：

```
[A,COUNT]=fread(Fid,size,precision)
```

其中 A 为数据矩阵，COUNT 返回所读取的数据元素个数。size 为可选项，若不选用则读取整个文件内容；若选用，则有以下几种形式：

N　　读取 N 个元素到一个列向量。

inf　　读取整个文件。

[M,N]　读数据到 M×N 的矩阵中，数据按列存放。

precision 用于控制所读数据的精度格式。

默认格式为 uchar，即无符号字符格式。

例如：

```
Fid=fopen('std.dat', 'r');
A=fread(Fid, 100, 'long');
Sta=fclose(fid);
```

以读数据方式打开数据文件 std.dat，并按长整型数据格式读取文件的前 100 个数据放入向量 A，然后关闭文件。

fwrite 函数以二进制格式向数据文件写数据，其格式为：

```
COUNT=fwrite (Fid, A, precision)
```

例如：

```
Fid=fopen('magic5.bin', 'wb');
fwrite(Fid, magic, 'int32');
```

上述语句将矩阵 magic 中的数据写入文件 magic5.bin 中，数据格式为 32 位整型二进制格式。

【例 2.12】 建立一数据文件 test.dat，用于存放矩阵 A 的数据。

```
已知   A=[-0.6515  -0.2727  -0.4354  -0.3190  -0.9047
          -0.7534  -0.4567  -0.3212  -0.4132  -0.3583
          -0.9264  -0.8173  -0.7823  -0.3265  -0.0631
          -0.1735  -0.7373  -0.0972  -0.3267  -0.6298
          -0.4768  -0.6773  -0.6574  -0.1923  -0.4389]
```

Fid=fopen('test.dat', 'w') ；程序段将矩阵 A 的数据以二进制浮点数格式写入文件 test.dat 中。

```
cnt=fwrite(Fid, A, 'float')
fclose(Fid)
Fid=fopen('test.dat', 'r') ；读取文件 test.dat 的内容。
[B,cnt]=fread(Fid, [5,inf], 'float')
fclose(Fid)
```

2）文本文件

fscanf：读 ASCII 文本文件，其格式为：

```
[A,COUNT]= fscanf (Fid, format, size)
```

其中 A 为数据矩阵，用以存放读取的数据，COUNT 返回所读取的数据元素个数。

format 用以控制读取的数据格式，由%加上格式符组成，格式符为：

d, i, o, u, x, e, f, g, s, c 与[. . .]

例如：

```
s=fscanf(fid, '%s')        读取一个字符串
a=fscanf(fid, '%5d')       读取 5 位数的整数
b= fscanf(fid, '%6.2d')    读取浮点数
```

fprintf：写 ASCII 数据文件，其格式为：

```
COUNT= fprintf(Fid, format, A,...)
```

其中 A 为要写入文件的数据矩阵，先用 format 格式化数据矩阵 A，后写入到 Fid 所指定的文件中。

例如：

```
x = 0: 0.1: 1;
y = [x; exp(x)];
Fid = fopen('exp.txt', 'w');
fprintf(Fid,'%6.2f    %12.8f\n',y);
fclose(Fid);
```

fseek：定位文件位置指针，其格式为：

```
status=fseek（Fid, offset, origin)
```

其中 Fid 为文件句柄，offset 表示位置指针相对移动的字节数，若为正整数则表示向文件尾方向移动，若为负整数则表示向文件头方向移动，origin 表示位置指针移动的参照位置，它的取值有三种可能：'cof '表示文件的当前位置，'bof '表示文件的开始位置，'eof '表示文件的结束位置。若定位成功，则 status 返回值为 0，否则返回值为–1。

ftell：返回文件指针的当前位置，其格式为：

```
position=ftell (Fid)
```

返回值为从文件开始到指针当前位置的字节数。若返回值为–1，则表示获取文件当前位置失败。

【例 2.13】 文本文件的读写。

```
a=[1: 5];
Fid=fopen('fdat.bin', 'w');          以写方式打开文件 fdat.bin
fwrite(Fid, a, 'int16' );            将 a 中的 5 个数据元素分别以双字节整型格式写入文件 fdat.bin
status=fclose(Fid);
Fid=fopen('fdat.bin', 'r');          以读数据方式打开文件
status=fseek(Fid, 6, 'bof');         将文件数据指针从开始位置向尾部移动 6 个字节
four=fread(Fid, 1, 'int16');         读取当前数据，即第 4 个数据，并移动指针到下一个数据
position=ftell(Fid);
eight=fread(Fid, 1, 'int16');        读取第 8 个数据
status=fclose(Fid);
```

2.2.4 流程控制

MATLAB 的流程控制主要是选择和循环结构，在 MATLAB 5.2 版本以后，还有一个 try 结构。

1．选择结构

选择结构的语句有 if 语句和 switch 语句。

1）if 语句

if 语句主要有三种格式，分别是：

格式一：

```
if        表达式
          执行语句
end
```

格式二：

```
if        表达式
          执行语句 1
else
          执行语句 2
end
```

格式三：

```
if        表达式
          执行语句 1
else if
          执行语句 2
          ……
end
```

该语句的工作原理就是如果条件满足，则执行对应的语句，否则不执行，或进行另一个判断。

【例 2.14】 阅读下述程序，分析其功能。

```
A=[12 33 43 31 13 23 43 8];
averA=mean(A);
for   k=1:length(A)
  if   A(k)>averA
       A(k)=averA;
  else
       A(k)=A(k);
end
end
```

【例 2.15】 计算分段函数 $y=\begin{cases}0 & x\leqslant 0\\ 1 & 0<x\leqslant 0\\ 2x & 1<x\leqslant 2\\ 2x+5 & x\geqslant 2\end{cases}$ 的值。

```
if   x<=0
     y=0;
```

```
elseif  x<=1
    y=1;
elseif x<=2
   y=2*x;
else
y=2*x+5;
end
```

【例 2.16】 输入三角形的三条边，求面积。

```
A=input('请输入三角形的三条边：');
if A(1)+A(2)>A(3) & A(1)+A(3)>A(2) & A(2)+A(3)>A(1)
    p=(A(1)+A(2)+A(3))/2;
    s=sqrt(p*(p-A(1))*(p-A(2))*(p-A(3)));
    disp(s);
else
    disp('不能构成一个三角形。')
end
```

运行结果如下：

```
请输入三角形的三条边：[4 5 6]
                    9.9216
```

【例 2.17】 输入一个字符，若为大写字母，则输出其后继字符，若为小写字母，则输出其前导字符，若为其他字符则原样输出。

```
c=input('','s');
    if c>='A' & c<='Z'
        disp(setstr(abs(c)+1));
    elseif c>='a'& c<='z'
        disp(setstr(abs(c)-1));
    else
        disp(c);
    end
```

2）switch 语句

switch 语句根据变量或表达式的取值不同，分别执行不同的语句，其格式为：

```
switch    表达式（%可以是标量或字符串）
          case       值 1
                            语句 1
          case       值 2
                            语句 2
            ....
          otherwise
                            语句 n
end
```

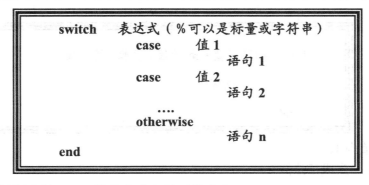

【例 2.18】 根据变量 num 的值来决定显示的内容。

```
num=input('请输入一个数');
    switch num
    case -1
        disp('I am a teacher.');
    case 0
        disp('I am a student.');
    case 1
        disp('You are a teacher.');
    otherwise
        disp('You are a student.');
    end
```

【例 2.19】 编程实现如下关系：$y=ax$，其中 $a=\begin{cases}0.5 & 0\leqslant x<5\\ 1 & 5\leqslant x<10\\ 1.5 & 10\leqslant x<15\\ 2 & x\geqslant 15\end{cases}$。

```
k=fix(x);   % x 取整
switch k
case {0,1,2,3,4}
    y=0.5*x;
case {5,6,7,8,9}
    y=x;
case {10,11,12,13,14}
    y=1.5*x;
otherwise
   y=2*x;
end
```

2. 循环结构

MATLAB 的循环结构主要有 for 循环和 while 循环两种形式，都是为了执行多个重复性的动作。

1）for 循环语句

格式为：

```
for    循环变量 = 起始值 : 步长 : 终止值
           循环体
 end
```

步长默认值为 1。

【例 2.20】 生成正弦信号。

```
for n=1:7
        x(n)=sin(n*pi/10);
end
 x
```

运行结果：

```
x =
    Columns 1 through 7
    0.3090    0.5878    0.8090    0.9511    1.0000    0.9511    0.8090
```

2）while 循环语句

格式为：

while　关系表达式 　　　　**循环体** **end**

【例 2.21】 阅读程序，求：（1）y<3 时的最大 n 值；（2）与（1）的 n 值对应的 y 值。

```
y=0; i=1;
     while 1        %循环的条件为 1，即循环条件总是满足的，这是一个永真循环
        f=1/(2*i-1);
        y=y+f;
        if y>3
           break;
        end
        i=i+1;
    end
    n=i-1
y=y-f
```

3）循环的嵌套

如果一个循环结构的循环体内又包括一个循环结构，就称为循环的嵌套，或称为多重循环结构。

多重循环的嵌套层数可以是任意的。可以按照嵌套层数，分别叫作二重循环、三重循环等。处于内部的循环叫作内循环，处于外部的循环叫作外循环。

【例 2.22】 求[100,1000]以内的全部素数。

```
n=0;
    for m=100:1000
        flag=1; j=m-1;
        i=2;
        while i<=j & flag
            if rem(m,i)==0
                flag=0;
```

```
            end
    i=i+1;
        end
        if flag
            n=n+1;
            prime(n)=m;
        end
    end
    prime   %变量 prime 存放素数
```

【例 2.23】 利用函数文件，实现直角坐标(x,y)与极坐标(γ,θ)之间的转换。

函数文件 tran.m：

```
function [gama,theta]=tran(x,y)
gama=sqrt(x*x+y*y);
theta=atan(y/x);
```

调用 tran.m 的命令文件 main1.m：

```
x=input('Please input x=:');
y=input('Please input y=:');
 [gam,the]=tran(x,y);
gam
the
```

【例 2.24】 利用函数的递归调用，求 $n!$。

```
function f=factor(n)
if n<=1
    f=1;
else
    f=factor(n-1)*n;
end
return;                    %返回
```

在命令文件 main2.m 中调用函数文件 factor.m：

```
for i=1:10
    fac(i)=factor(i);
end
fac
```

程序运行结果：

```
  fac =
Columns 1 through 6      1      2       6        24       120      720
Columns 7 through 10   504   40320   362880   3628800
```

4）试探式结构

在 MATLAB 5.2 版本中，还提供了一个新的试探式语句结构，其格式为：

```
try
 语句段 1
catch
 语句段 2
end
```

该语句结构首先试探性地执行语句段 1，如果在执行过程中出现错误，则保留错误信息，转而执行语句段 2。这种结构是其他语言所没有的，使用时，可以将执行速度快、性能不能保证的算法放在语句段 1，将性能可靠的算法放在语句段 2，这样既能保证问题的解决，又可以实现程序的高速运行。

2.2.5 绘图

图形是 MATLAB 运算结果的主要输出方式，MATLAB 具有强大的绘图函数库，能将计算结果以各种图形的形式绘出，只需要选择对应的函数即可。本部分的要点有：绘制一张信息完整的图，多线同图，在同一窗口绘制多图，在多图形窗口绘图等。

1. 基本二维绘图

二维图形是绘制最多的图形，其实现以 plot 函数为核心，辅之以各种标注函数。

1）plot 函数

格式：plot(x,y)

其中 x 和 y 为坐标向量

功能：以向量 x、y 为轴，绘制曲线。

【例 2.25】 在区间 $0 \leqslant x \leqslant 2\pi$内，绘制正弦曲线 $y = \sin(x)$，其程序为：

```
x=0:pi/100:2*pi;
y=sin(x);
plot(x,y)
```

plot 函数还有 plot(x,y1,x,y2,x,y3，…)这种形式，其功能是以公共向量 x 为 X 轴，分别以 y1，y2，y3，…为 Y 轴，在同一幅图内绘制出多条曲线。

【例 2.26】 同时绘制正、余弦两条曲线 $y_1=\sin(x)$和 $y_2=\cos(x)$，其程序为：

```
x=0:pi/100:2*pi;
y1=sin(x);
y2=cos(x);
plot(x,y1,x,y2)
```

2）线形与颜色

函数格式：plot(x,y1,'cs',…)

其中 c 表示颜色， s 表示线形。表 2.5 和表 2.6 是颜色与线形的符号表示，线形与颜色可以任意组合，从而生成不同颜色和不同形状的曲线。

表 2.5 颜色

y	k	b	g	r	w	c	m
黄色	黑色	蓝色	绿色	红色	白色	亮青色	锰紫色

表 2.6 线形

.	o	x	+	*	s	-	:	-.	--	v	^	<	>	d	p	h
点	圆	x	+	*	方	实线	点线	点虚线	虚线	下三角	上三角	左三角	右三角	金刚石		

【例 2.27】 用不同线形和颜色重新绘制例 2.26，其程序为：

```
x=0:pi/100:2*pi;
y1=sin(x);
y2=cos(x);
plot(x,y1,'go',x,y2,'b-.')
```

其中参数'go'和'b-.'表示图形的颜色和线形。g 表示绿色，o 表示图形线形为圆圈；b 表示蓝色，-.表示图形线形为点划线。

3）图形标记

在绘制图形的同时，可以为图加注一些说明，如图形名称、图形某一部分的含义、坐标说明等，将这些操作称为添加图形标记，举例如下：

```
title('加图形标题');
xlabel('加 X 轴标记');
ylabel('加 Y 轴标记');
text(X,Y,'添加文本');
```

4）设定坐标轴的范围

用户若对坐标系统不满意，可利用 axis 命令对其重新设定。

```
axis([xmin xmax ymin ymax])    设定最大和最小值
axis （'auto'）                将坐标系统返回到默认状态
axis （'square'）              将当前图形设置为方形
axis （'equal'）               两个坐标因子设成相等
axis （'off'）                 关闭坐标系统
axis （'on'）                  显示坐标系统
```

【例 2.28】 在坐标范围 $0\leqslant X\leqslant 2\pi$，$-2\leqslant Y\leqslant 2$ 内重新绘制正弦曲线。

```
x=linspace(0,2*pi,60);%生成含有 60 个数据元素的向量 x
y=sin(x);
plot(x,y);
axis ([0 2*pi-2 2]);%设定坐标轴范围
```

5）加图例

在多个图线共存的图形中，可以通过图例命令 legend 对图线进行区分。该命令把图例放置在图形空白处，用户还可以通过鼠标移动图例，将其放到希望的位置。

格式:legend('图例说明','图例说明');

【例 2.29】 为正弦、余弦曲线增加图例。

```
x=0:pi/100:2*pi;
y1=sin(x);
y2=cos(x);
plot(x,y1,x,y2, '--');
legend('sin(x)','cos(x)');
```

6）窗口分割（在同一图形窗口绘制多个图形）

subplot（m,n,p）命令可以将当前图形窗口分成 m×n 个绘图区，在同一窗口显示多个图形，即每行 n 个，共 m 行，区号按行优先编号，且选定第 p 个区为当前活动区。

【例 2.30】 在一个图形窗口中同时绘制正弦、余弦、正切、余切曲线。

```
x=linspace(0,2*pi,60);
y=sin(x);
z=cos(x);
t=sin(x)./(cos(x)+eps); %eps 为系统内部常数
ct=cos(x)./(sin(x)+eps);
subplot(2,2,1); %分成 2×2 区域且指定 1 号为活动区
plot(x,y);
title('sin(x)');
axis ([0 2*pi -1 1]);
subplot(2,2,2);
plot(x,z);
title('cos(x)');
axis ([0 2*pi -1 1]);
subplot(2,2,3);
plot(x,t);
title('tangent(x)');
axis ([0 2*pi -40 40]);
subplot(2,2,4);
plot(x,ct);
title('cotangent(x)');
axis ([0 2*pi -40 40]);
```

7）多图形窗口绘图

figure 命令可以建立多个图形窗口，在每一个窗口绘制不同的图形。

每执行一次 figure 命令，就创建一个新的图形窗口，该窗口自动成为活动窗口，若需要还可以返回该窗口的识别号码，即句柄。句柄显示在图形窗口的标题栏中，即图形窗口标题。用户可通过句柄激活或关闭某图形窗口，axis、xlabel、title 等命令只对活动窗口有效。

【例 2.31】 重新绘制例 2.30 中的 4 个图形。

```
x=linspace(0,2*pi,60);
y=sin(x);
z=cos(x);
```

```
t=sin(x)./(cos(x)+eps);
ct=cos(x)./(sin(x)+eps);
figure（1）;                  %创建新窗口并返回句柄到变量H1
plot(x,y);                    %绘制图形并设置有关属性
title('sin(x)');
axis ([0 2*pi -1 1]);
figure（2）;                  %创建第二个窗口并返回句柄到变量H2
plot(x,z);                    %绘制图形并设置有关属性
title('cos(x)');
axis ([0 2*pi -1 1]);
figure（3）;                  %同上
plot(x,t);
title('tangent(x)');
axis ([0 2*pi -40 40]);
figure（4）;                  %同上
plot(x,ct);
title('cotangent(x)');
axis ([0 2*pi -40 40]);
```

8）其他命令

gtext ('字符串')：文本交互输入命令；

grid on：显示网格；
grid off：去掉网格；
hold on：保持打开；
hold off：保持关闭。

若在已存在图形窗口中用 plot 命令继续添加新的图形内容，可使用图形保持命令 hold。发出命令 hold on 后，再执行 plot 命令，在保持原有图形或曲线的基础上，添加新绘制的图形。

【例 2.32】 在原图上增添新图。

```
x=linspace(0,2*pi,60);
y=sin(x);
z=cos(x);
plot(x,y,'b');                绘制正弦曲线
hold on;                      设置图形保持状态
plot(x,z,'g');                保持正弦曲线同时绘制余弦曲线
axis ([0 2*pi -1 1]);
legend('cos','sin');
hold off                      关闭图形保持
```

2. 特殊二维绘图

1）loglog(x,y) 双对数坐标

【例 2.33】 绘制 $y=|1000\sin(4x)|+1$ 的双对数坐标图。

```
x=[0:0.1:2*pi];
```

```
y=abs(1000*sin(4*x))+1；
loglog(x,y); 双对数坐标绘图命令
```

2）单对数坐标

以 X 轴为对数重新绘制例 2.33 的曲线，程序为：

```
x=[0:0.01:2*pi]
y=abs(1000*sin(4*x))+1
semilogx(x,y); 单对数 X 轴绘图命令
```

也可以以 Y 轴为对数重新绘制上述曲线，程序为：

```
x=[0:0.01:2*pi]
y=abs(1000*sin(4*x))+1
semilogy(x,y); 单对数 Y 轴绘图命令
```

3）极坐标图

函数 polar(theta,rho)用来绘制极坐标图，theta 为极坐标角度，rho 为极坐标半径。

【例 2.34】 绘制 $\sin(2\theta)\cos(2\theta)$的极坐标图。

```
theta=[0:0.01:2*pi];
rho=sin(2*theta).*cos(2*theta);
polar(theta,rho);                 %绘制极坐标图命令
title('polar plot');
```

4）阶梯图形

函数 stairs(x,y)可以绘制阶梯图形，如下例。

【例 2.35】 绘制阶梯图形。

```
x=[-2.5:0.25:2.5];
y=exp(-x.*x);
stairs(x,y);                      %绘制阶梯图形命令
title('stairs   plot');
```

5）条形图形

函数 bar(x,y)可以绘制条形图形，如下例。

【例 2.36】 绘制条形图形。

```
x=[-2.5:0.25:2.5];
y=exp(-x.*x);
bar(x,y);                         %绘制条形图形命令
```

6）填充图形

fill(x,y,'c')函数用来绘制并填充二维多边图形，x 和 y 为二维多边形顶点坐标向量。字符 'c' 规定填充颜色，其取值前已叙述。

下述程序段绘制一正方形并以黄色填充。

```
x=[0 1 1 0 0];                    %正方形顶点坐标向量
y=[0 0 1 1 0];
```

```
fill(x,y,'y');                %绘制并以黄色填充正方形图
```

再如：

```
x=[0:0.025:2*pi];
y=sin(3*x);
fill(x,y,[0.5 0.3 0.4]);      % 填充颜色
```

MATLAB 系统可用向量表示颜色，通常称其为颜色向量。基本颜色向量用[r g b]表示，即RGB 颜色组合；以 RGB 为基本色，通过 r,g,b 在 0~1 范围内的不同取值可以组合出各种颜色。

【例 2.37】 绘制填充图。

```
clear
x=0:0.25:2*pi;
y=sin(3*x);
fill(x,y,[0.5 0.3 0.4]);
```

3．三维绘图

1）plot3 函数

最基本的三维图形函数为 plot3，它是将二维函数 plot 的有关功能扩展到三维空间，用来绘制三维图形。

函数格式：plot3(x1,y1,z1,c1,x2,y2,z2,c2, …)

其中 x1,y1,z1,…表示三维坐标向量，c1,c2,…表示线形或颜色。

函数功能：以向量 x，y，z 为坐标，绘制三维曲线。

【例 2.38】 绘制三维螺旋曲线。

```
t=0:pi/50:10*pi;
y1=sin(t),y2=cos(t);
plot3(y1,y2,t);
title('helix'),text(0,0,0,'origin');
xlabel('sin(t)'),ylabel('cos(t)'),zlabel('t');
grid on;
```

2）mesh 函数

mesh 函数用于绘制三维网格图。在不需要绘制特别精细的三维曲面结构图时，可以通过绘制三维网格图来表示三维曲面。三维曲面的网格图最突出的优点是：它较好地解决了实验数据在三维空间的可视化问题。

函数格式：mesh(x,y,z,c)

其中 x，y 控制 X 和 Y 轴坐标，矩阵 z 是由(x，y)求得的 Z 轴坐标，(x,y,z)组成了三维空间的网格点；c 用于控制网格点颜色。

【例 2.39】 绘制三维网格图。

```
x=[0:0.15:2*pi];
y=[0:0.15:2*pi];
z=sin(y')*cos(x);             %矩阵相乘
mesh(x,y,z);
```

3）surf 函数

surf 用于绘制三维曲面图，各线条之间的补面用颜色填充。surf 函数和 mesh 函数的调用格式一致。

函数格式: surf (x,y,z)

其中 x，y 控制 X 和 Y 轴坐标，矩阵 z 是由 x，y 求得的曲面上的 Z 轴坐标。

【例 2.40】 绘制三维曲面图形。

```
x=[0:0.15:2*pi];
y=[0:0.15:2*pi];
z=sin(y')*cos(x);
surf(x,y,z);
xlabel('x-axis'),ylabel('y-axis'),zlabel('z-label');
title('3-D surf');
```

4）视点

视点位置可由方位角和仰角表示。方位角又称旋转角，为视点位置在 XY 平面上的投影与 X 轴形成的角度，正值表示逆时针，负值表示顺时针。仰角又称视角，为 XY 平面的上仰或下俯角，正值表示视点在 XY 平面上方，负值表示视点在 XY 平面下方。从不同视点绘制三维图形的函数为 view。

view(az,el)中的 az 为方位角，el 为仰角。通过系统提供的多峰函数 peaks 的绘制例子，可进一步说明视点对图形的影响，以及 view(az,el)函数的使用。

【例 2.41】 不同视角图形。

```
p=peaks;                    %系统提供的多峰函数
subplot(2,2,1);
mesh(peaks,p);
view(-37.5,30);             %指定子图 1 的视点
title('azimuth=-37.5,elevation=30')
subplot(2,2,2);
mesh(peaks,p);
view(-17,60);               %指定子图 2 的视点
title('azimuth=-17,elevation=60')
subplot(2,2,3);
mesh(peaks,p);
view(-90,0);                %指定子图 3 的视点
title('azimuth=-90,elevation=0')
subplot(2,2,4);
mesh(peaks,p);
view(-7, -10);              %指定子图 4 的视点
title('azimuth=-7,elevation=-10')
```

5）等高线图

等高线图可通过函数 contour3 绘制。

【例 2.42】 多峰函数 peaks 的等高线图。

```
[x,y,z]=peaks(30);
contour3(x,y,z,16);
xlabel('x-axis'),ylabel('y-axis'),zlabel('z-axis');
title('contour3 of peaks')
```

4. 绘图综合举例

【例 2.43】 画出衰减振荡曲线 $y = \mathrm{e}^{-\frac{t}{3}}\sin 3t$ 及其包络线 $y_0 = \mathrm{e}^{-\frac{t}{3}}$。$t$ 的取值范围是 $[0, 4\pi]$。

运行下面的 MATLAB 程序：

```
t=0:pi/50:4*pi;                         %定义自变量取值数组
y0=exp(-t/3);                           %计算与自变量相应的 y0 数组
y=exp(-t/3).*sin(3*t);                  %计算与自变量相应的 y 数组
plot(t,y,'-r',t,y0,':b',t,-y0,':b')     %用不同颜色、线形绘制曲线
grid    on                              %画网格
```

结果如图 2.4 所示。

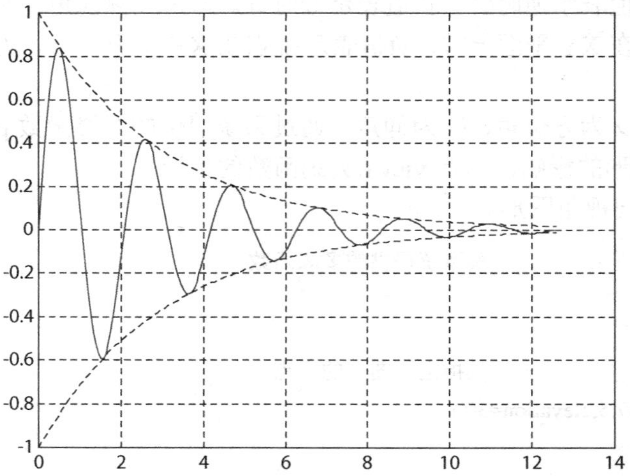

图 2.4　衰减振荡曲线与包络线

【例 2.44】 用图形表示离散函数 $y = |(n-6)|^{-1}$。

运行下面的 MATLAB 程序：

```
clear all;
n=0:12;                                 %产生一组自变量数据
y=1./abs(n-6);                          %计算相应点的函数值
plot(n,y,'r*','MarkerSize',20)          %用红花标出数据点
grid on
```

结果如图 2.5 所示。

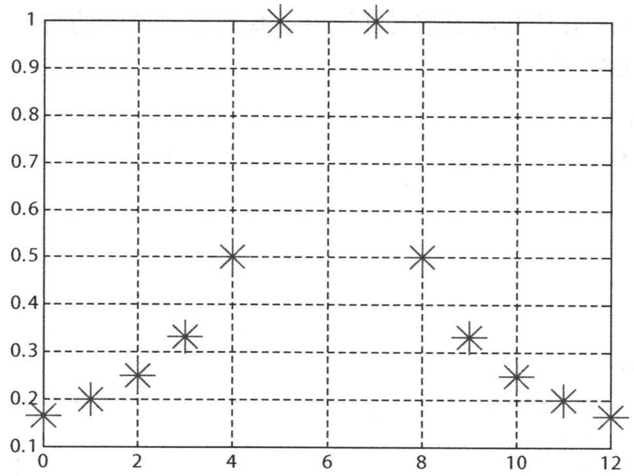

图 2.5　离散函数的可视化

【例 2.45】　用图形表示连续调制波形 $y=\sin(t)\sin(9t)$ 。

运行下面的 MATLAB 程序：

```
t1=(0:11)/11*pi;
y1=sin(t1).*sin(9*t1);
t2=(0:100)/100*pi;
y2=sin(t2).*sin(9*t2);
subplot(2,2,1),plot(t1,y1,'r.'),axis([0,pi,-1,1]),title('FIG (1)');
subplot(2,2,2),plot(t2,y2,'r.'),axis([0,pi,-1,1]),title(' FIG (2)');
subplot(2,2,3),plot(t1,y1,t1,y1,'r.');
axis([0,pi,-1,1]),title(' FIG (3)');
subplot(2,2,4),plot(t2,y2);
axis([0,pi,-1,1]),title(' FIG (4)');
```

结果如图 2.6 所示。

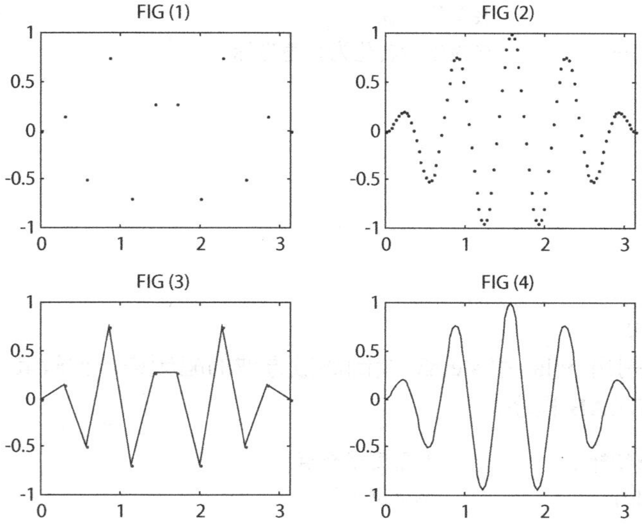

图 2.6　连续函数的图形表现方法

【例 2.46】 利用 hold 绘制离散信号通过零阶保持器后产生的波形。

运行下面的 MATLAB 程序：

```
t=2*pi*(0:20)/20;
y=cos(t).*exp(-0.4*t);
stem(t,y,'g');
hold on;
stairs(t,y,'r');
hold off
```

结果如图 2.7 所示。

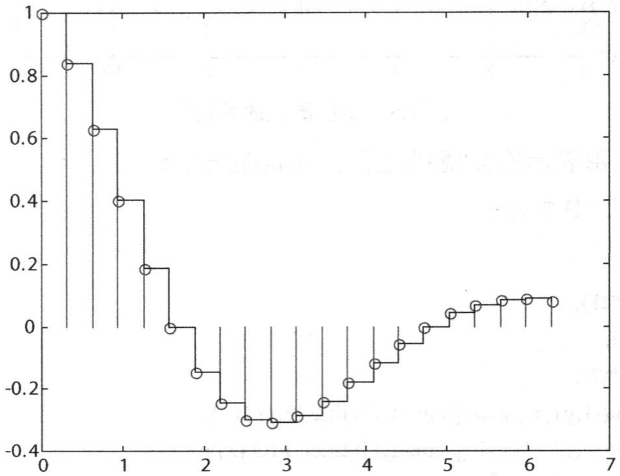

图 2.7 离散信号的重构

【例 2.47】 compass 和 feather 的比较。

运行下面的 MATLAB 程序：

```
t=-pi/2:pi/12:pi/2;          %在［-90°,90°］区间，每 15° 取一点
r=ones(size(t));             %单位半径
[x,y]=pol2cart(t,r);         %极坐标转化为直角坐标
subplot(1,2,1)
compass(x,y)
title('Compass')
subplot(1,2,2)
feather(x,y)
title('Feather')
```

结果如图 2.8 所示。

【例 2.48】 分别用 polar 和 stem3 绘制离散方波的幅频谱，比较其效果。

运行下面的 MATLAB 程序：

```
th = (0:127)/128*2*pi;           %角度采样点
rho=ones(size(th));              %单位半径
x = cos(th);y = sin(th);
```

```
f = abs(fft(ones(10,1),128));            %对离散方波进行 FFT 变换，并取幅值。
rho=ones(size(th))+f';                   %取单位圆为绘制幅频谱的基准。
subplot(1,2,1),polar(th,rho,'r')
subplot(1,2,2),stem3(x,y,f','d','fill') %取菱形离散杆头，并填色。
view([-65 30])                           %控制角度，为表现效果。
```

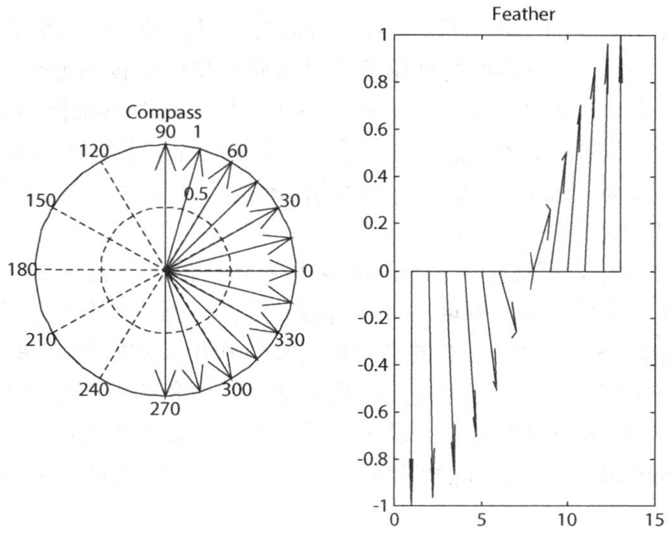

图 2.8　compass 和 feather 的比较

结果如图 2.9 所示。

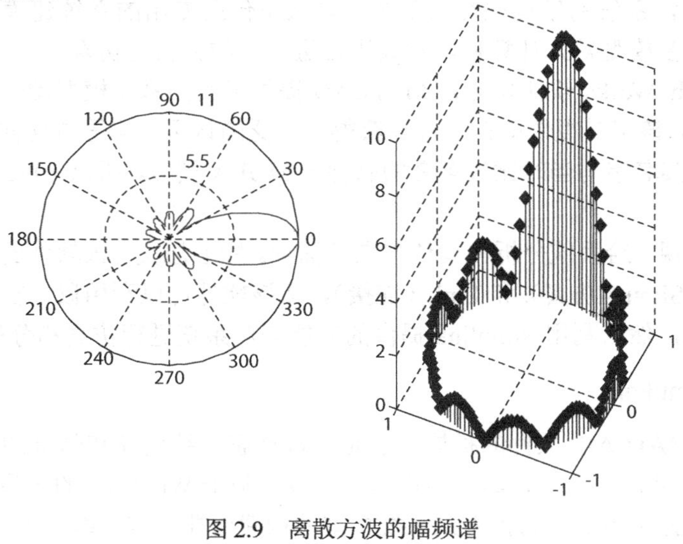

图 2.9　离散方波的幅频谱

2.3　Simulink 基础

2.3.1　简介

Simulink 是一个进行动态系统建模、仿真和综合分析的集成软件包。它可以处理的系统包括线性、非线性系统，离散、连续及混合系统，单任务、多任务离散事件系统。

在 Simulink 提供的图形用户界面 GUI 上，只要进行鼠标的简单拖拉操作就可构造出复杂的仿真模型。它外表以方块式图形呈现，且采用分层结构。从建模角度讲，这既适于自上而下（Top-down）的设计流程（概念、功能、系统、子系统、器件），又适于自下而上（Bottum-up）的设计。从分析研究角度讲，这种 Simulink 模型不仅能让用户知道具体环节的动态细节，而且能让用户清晰地了解各器件、各子系统、各系统间的信息交换，掌握各部分之间的交互影响。

在 Simulink 环境中，用户将摆脱理论演绎时需做理想化假设的无奈，观察到现实世界中摩擦、风阻、齿隙、饱和、死区等非线性因素和各种随机因素对系统行为的影响。在 Simulink 环境中，用户可以在仿真进程中改变感兴趣的参数，实时地观察系统行为的变化。由于 Simulink 环境使用户摆脱了深奥数学推演的压力和烦琐编程的困扰，因此用户在此环境中会产生浓厚的探索兴趣，引发活跃的思维，感悟出新的真谛。

在 MATLAB 5.3 版中，可直接在 Simulink 环境中运作的工具包很多，已覆盖通信、控制、信号处理、DSP、电力系统等诸多领域，所涉内容专业性极强。本书无意论述涉及工具包的专业内容，而只是集中阐述 Simulink 3.0 的基本使用技法和相关的数值考虑。

鉴于 Simulink 的本质，本节算例必定涉及数学、物理和若干工程问题。本书已采取“无量纲记述”“注释”等措施使算例尽可能易读易懂，读者只要稍微耐心，就可以从这些有背景的内容中体验到 Simulink 仿真之细腻和切实，从这些带背景性的算例中品出 Simulink 的精妙之处。

2.3.2 应用基础

在工程实际中，系统的结构往往很复杂，如果不借助专用的系统建模软件，就很难准确地把一个系统的复杂模型输入计算机，对其进行进一步的分析与仿真。

1990 年，Math Works 软件公司为 MATLAB 提供了新的系统模型图输入与仿真工具，并命名为 SIMULAB，该工具很快就在工程界获得了广泛的认可，使得仿真软件进入了模型化图形组态阶段，但因其名字与当时比较著名的软件 SIMULA 类似，所以 1992 年正式将该软件更名为 Simulink。

Simulink 的出现，给系统分析与设计带来了福音。顾名思义，该软件的名称表明了该系统的两个主要功能：Simu（仿真）和 Link（连接），即该软件可以利用鼠标在模型窗口上绘制出所需要的系统模型，然后利用 Simulink 提供的功能来对系统进行仿真和分析。

1. 什么是 Simulink

Simulink 是 MATLAB 软件的扩展，它是实现动态系统建模和仿真的一个软件包，它与 MATLAB 语言的主要区别在于，其与用户的交互接口基于 Windows 的模型化图形输入，其结果是使得用户可以把更多的精力投入到系统模型的构建而非语言的编程上。

所谓模型化图形输入是指 Simulink 提供了一些按功能分类的基本的系统模块，用户只需要知道这些模块的输入输出及模块的功能，而不必考察模块内部是如何实现的，通过对这些基本模块的调用，再将它们连接起来就可以构成所需要的系统模型（以.mdl 文件进行存取），进而进行仿真与分析。

2. Simulink 的启动

（1）在 MATLAB 命令窗口中输入 simulink。

结果是在桌面上出现一个称为 Simulink Library Browser 的窗口，在这个窗口中列出了按功能分类的各种模块的名称。

（2）用 MATLAB 主窗口的快捷按钮来打开 Simulink Library Browser 窗口。

3. Simulink 的模块库介绍

如图 2.4 所示，Simulink 模块库按功能进行分类，包括以下 8 类子库：

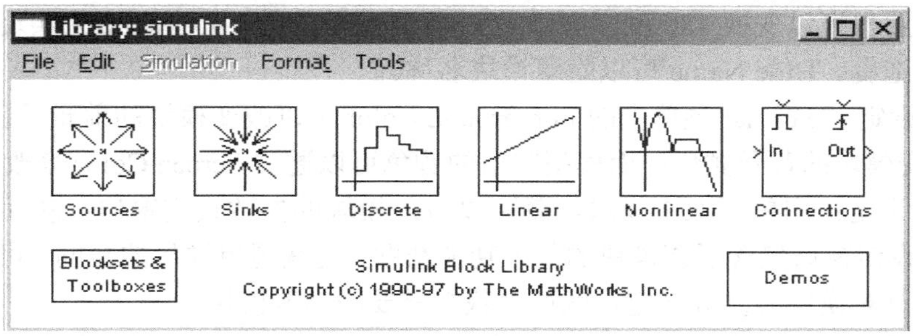

图 2.10　SIMILINK 模块库

Linear（线性模块）；
Discrete（离散模块）；
Connections（连接模块）；
Demos（演示模块）；
Nonlinear（非线性模块）；
Blocksets&Toolboxes（块设置与工具箱模块）；
Sinks（接收器模块）；
Sources（输入源模块）。
每个模块内又有子模块，可以实现不同的功能。

4. Simulink 简单模型的建立及模型特点

（1）简单模型的建立；
（2）建立模型窗口；
（3）将功能模块由模块库窗口复制到模型窗口；
（4）对模块进行连接，从而构成需要的系统模型。

5. Simulink 功能模块的处理

功能模块的基本操作，包括模块的移动、复制、删除、转向、改变大小、模块命名、颜色设定、参数设定、属性设定、模块输入输出信号等。模块库中的模块可以直接用鼠标进行拖曳（选中模块，按住鼠标左键不放）而放到模型窗口中进行处理。在模型窗口中，选中模块，则其 4 个角会出现黑色标记。此时可以对模块进行以下的基本操作。

（1）移动：选中模块，按住鼠标左键将其拖曳到所需的位置即可。若要脱离线而移动，可按住 Shift 键，再进行拖曳。

（2）复制：选中模块，然后按住鼠标右键进行拖曳即可复制同样的一个功能模块。

（3）删除：选中模块，按 Delete 键即可。若要删除多个模块，可以同时按住 Shift 键，再用鼠标选中多个模块，按 Delete 键即可。也可以用鼠标选取某区域，再按 Delete 键就可以把该区域中的所有模块和线等全部删除。

（4）转向：为了能够顺序连接功能模块的输入端和输出端，功能模块有时需要转向。在 Format 菜单中选择 Flip Block 旋转 180 度，选择 Rotate Block 顺时针旋转 90 度。或者直接按 Ctrl+F 键执行 Flip Block，按 Ctrl+R 键执行 Rotate Block。

（5）改变大小：选中模块，对模块出现的 4 个黑色标记进行拖曳即可。

（6）模块命名：先用鼠标在需要更改的名称上单击一下，然后直接更改即可。名称在功能模块上的位置也可以变换 180 度，可以用 Format 菜单中的 Flip Name 来实现，也可以直接通过鼠标进行拖曳。Hide Name 可以隐藏模块名称。

（7）颜色设定： Format 菜单中的 Foreground Color 可以改变模块的前景颜色，Background Color 可以改变模块的背景颜色；而模型窗口的颜色可以通过 Screen Color 来改变。

（8）参数设定：用鼠标双击模块，就可以进入模块的参数设定窗口，从而对模块进行参数设定。参数设定窗口包含了该模块的基本功能帮助，为获得更详尽的帮助，可以单击其上的 help 按钮。通过对模块的参数设定，就可以获得需要的功能模块。

（9）属性设定：选中模块，打开 Edit 菜单的 Block Properties，可以对模块进行属性设定，包括 Description 属性、 Priority 优先级属性、Tag 属性、Open function 属性、Attributes format string 属性。其中 Open function 属性是一个很有用的属性，通过它指定一个函数名，则当该模块被双击之后，Simulink 就会调用该函数执行，这种函数在 MATLAB 中称为回调函数。

（10）模块的输入输出信号：模块处理的信号包括标量信号和向量信号；标量信号是一种单一信号，而向量信号为一种复合信号，是多个信号的集合，它对应着系统中几条连线的合成。默认情况下，大多数模块的输出都为标量信号，对于输入信号，模块都具有一种“智能”的识别功能，能自动进行匹配。某些模块通过对参数的设定，可以使模块输出向量信号。

6．Simulink 线的处理

Simulink 模型的构建是通过用线将各种功能模块进行连接而构成的。用鼠标可以在功能模块的输入端与输出端之间直接连线。所画的线可以改变粗细、设定标签，也可以把线折弯、分支。

（1）改变粗细：线所以有粗细是因为线引出的信号可以是标量信号或向量信号，当选中 Format 菜单下的 Wide Vector Lines 时，线的粗细会根据线所引出的信号是标量还是向量而改变，如果信号为标量则为细线，若为向量则为粗线。选中 Vector Line Widths 则可以显示出向量引出线的宽度，即向量信号由多少个单一信号合成。

（2）设定标签：只要在线上双击鼠标，即可输入该线的说明标签。也可以通过选中线，然后打开 Edit 菜单下的 Signal Properties 进行设定，其中 signal name 属性的作用是标明信号的名称，设置这个名称反映在模型上的直接效果就是与该信号有关的端口相连的所有直线附近都会出现写有信号名称的标签。

（3）线的折弯：按住 Shift 键，再用鼠标在要折弯的线处单击一下，就会出现圆圈，表示折点，利用折点就可以改变线的形状。

（4）线的分支：按住鼠标右键，在需要分支的地方拉出即可。或者按住 Ctrl 键，并在要建立分支的地方用鼠标拉出即可。

7. Simulink 自定义功能模块

自定义功能模块有两种方法，一种方法是采用 Signal&Systems 模块库中的 Subsystem 功能模块，利用其编辑区设计组合新的功能模块；另一种方法是将现有的多个功能模块组合起来，形成新的功能模块。对于很大的 Simulink 模型，通过自定义功能模块可以简化图形，减少功能模块的个数，有利于模型的分层构建。

1）方法 1

（1）将 Signal&Systems 模块库中的 Subsystem 功能模块复制到打开的模型窗口中。

（2）双击 Subsystem 功能模块，进入自定义功能模块窗口，从而可以利用已有的基本功能模块设计出新的功能模块。

2）方法 2

（1）在模型窗口中建立所定义功能模块的子模块。

（2）用鼠标将这些需要组合的功能模块框住，然后选择 Edit 菜单下的 Create Subsystem 即可。

8. 自定义功能模块的封装

上面提到的两种方法都只是创建一个功能模块而已，如果要命名该自定义功能模块、对功能模块进行说明、选定模块外观、设定输入数据窗口，则需要对其进行封装处理。首先选中 Subsystem 功能模块，再打开 Edit 菜单中的 Mask Subsystem 进入 mask 的编辑窗口，可以看到有 3 个标签页：

Icon：设定功能模块的外观。

Initialization：设定输入数据窗口（Prompt List）。

Documentation：设定该功能模块的文字说明。

1）Icon 标签页

此页最重要的部分是 Drawing Commands，在该区域内可以用 disp 指令设定功能模块的文字名称，用 plot 指令画线，用 dpoly 指令画转换函数。

注意，尽管这些命令在名字上和以前讲的 MATLAB 函数相同，但它们在功能上却不完全相同，因此不能随便套用以前所讲的格式。

（1）disp('text')可以在功能模块上显示设定的文字内容。disp('text1\ntext2')分行显示文字 text1 和 text2

（2）plot([x1 x2 … xn],[y1 y2 … yn])指令会在功能模块上画出由[x1 y1]经[x2 y2]经[x3 y3]… 直到[xn yn]为止的直线。功能模块的左下角会根据目前的坐标刻度被正规化为[0,0]，右上角则会依据目前的坐标刻度被正规化为[1,1]。

（3）dpoly(num,den)：按 s 次数的降幂排序，在功能模块上显示连续的传递函数。

（4）dpoly(num,den, 'z')：按 z 次数的降幂排序，在功能模块上显示离散的传递函数。

用户还可以设置一些参数来控制图标的属性，这些属性在 Icon 页右下端的下拉式列表中进行选择。

（5）Icon frame：Visible 显示外框线；Invisible 隐藏外框线。

（6）Icon Transparency：Opaque 隐藏输入输出的标签；Transparent 显示输入输出的标签。

（7）Icon Rotation：旋转模块。

（8）Drawing coordinate：画图时的坐标系。

2）Initialization 标签页

此页主要用来设计输入提示（prompt）以及对应的变量名称（variable）。在 prompt 栏上输入变量的含义，其内容会显示在输入提示中。而 variable 是仿真要用到的变量，该变量的值一直存于 mask workspace 中，因此可以与其他程序相互传递。

如果在 initialization commands 内编辑程序，可以发挥功能模块的功能来执行特定的操作。

（1）在 prompt 编辑框中输入文字，这些文字就会出现在 prompt 列表中；在 variable 列表中输入变量名称，则 prompt 中的文字对应该变量的说明。如果要增加新的项目，可以单击边上的 Add 键。Up 和 Down 按钮用于执行项目间的位置调整。

（2）Control type 列表给用户提供选择设计的编辑区，选择 Edit 会出现供输入的空白区域，所输入的值代表对应的 variable；Popup 则为用户提供可选择的列表框，所选的值代表 variable，此时在下面会出现 Popup strings 输入框，用来设计选择的内容，各值之间用逻辑或符号“|”隔开；如选择 Checkbox 则用于 on 与 off 的选择设定。

3）Documentation 标签页

此页主要针对完成的功能模块来编写相应的说明文字和 Help。

（1）在 Block description 中输入的文字，会出现在参数窗口的说明部分。

（2）在 Block help 中输入的文字则会显示在单击参数窗口中的 help 按钮后浏览器所加载的 HTML 文件中。

（3）Mask type：在此处输入的文字作为封装模块的标注性说明，在模型窗口下，将鼠标指向模块，则会显示该文字。当然必须先在 View 菜单中选择 Block Data Tips→Show Block Data Tips。

9．Simulink 仿真的运行

构建好一个系统的模型之后，接下来的事情就是运行模型，得出仿真结果。运行一个仿真的完整过程分成三个步骤：设置仿真参数，启动仿真和仿真结果分析。选择 Simulation 菜单下的 Parameters 命令，就会弹出一个仿真参数对话框，它主要用三个页面来管理仿真的参数。

Solver 页：它允许用户设置仿真的开始和结束时间，选择解法器，说明解法器参数及选择一些输出选项。

Workspace I/O 页：管理模型从 MATLAB 工作空间的输入和对它的输出。

Diagnostics 页：允许用户选择 Simulink 在仿真中显示的警告信息的等级。

1）Solver 页

此页可以进行的设置有：选择仿真开始和结束的时间；选择解法器，并设定它的参数；选择输出项。

（1）仿真时间：注意这里的时间概念与真实的时间并不一样，只是计算机仿真中对时间的一种表示，比如 10 秒的仿真时间，如果采样步长定为 0.1，则需要执行 100 步，若把步长减小，则采样点数增加，那么实际的执行时间就会增加。一般仿真开始时间设为 0，而结束时间视不同的因素而选择。总的说来，执行一次仿真要耗费的时间依赖于很多因素，包括模型的复杂程度、解法器及其步长的选择、计算机时钟的速度等。

（2）仿真步长模式：用户在 Type 后面的第一个下拉选项框中指定仿真的步长选取方式，可供选择的有 Variable-step（变步长）和 Fixed-step（固定步长）。变步长模式可以在仿真的过程中改变步长，提供误差控制和过零检测。固定步长模式在仿真过程中提供固定的步长，不提供误差控制和过零检测。用户还可以在第二个下拉选项框中选择对应模式下仿真所采用的算法。变

步长模式解法器有 ode45，ode23，ode113，ode15s，ode23s，ode23t，ode23tb 和 discrete。固定步长模式解法器有 ode5，ode4，ode3，ode2，ode1 和 discrete。

（3）步长参数：对于变步长模式，用户可以设置最大的和推荐的初始步长参数，默认情况下，步长自动确定，它由值 auto 表示。

（4）仿真精度的定义（对于变步长模式）：

Relative tolerance（相对误差）：它是指误差相对于状态的值，是一个百分比，默认值为 1e-3，表示状态的计算值要精确到 0.1%。

Absolute tolerance（绝对误差）：表示误差值的门限，或者说在状态值为零的情况下，可以接受的误差。如果它被设成了 auto，那么 Simulink 为每一个状态设置初始绝对误差为 1e-6。

（5）Mode（固定步长模式选择）

（6）输出选项：

Refine output：这个选项可以理解成精细输出，其意义是在仿真输出太稀松时，Simulink 会产生额外的精细输出，这一点就像插值处理一样。用户可以在 refine factor 设置仿真时插入需要的输出点数。要想产生更光滑的输出曲线，改变精细因子比减小仿真步长更有效。精细输出只能在变步长模式中使用，并且用 ode45 效果最好。

Produce additional output：它允许用户直接指定产生输出的时间点。一旦选择了该项，则在它的右边出现一个 output times 编辑框，在这里用户指定额外的仿真输出点，它既可以是一个时间向量，也可以是表达式。与精细因子相比，这个选项会改变仿真的步长。

Produce specified output only：它的意思是让 Simulink 只在指定的时间点上产生输出。为此解法器要调整仿真步长以使之和指定的时间点重合。这个选项在比较不同的仿真时可以确保它们在相同的时间输出。

2）Workspace I/O 页

此页主要用来设置 Simulink 与 MATLAB 工作空间交换数值的有关选项。

（1）Load from workspace：选中前面的复选框即可从 MATLAB 工作空间获取时间和输入变量，一般时间变量定义为 t，输入变量定义为 u。 Initial state 用来定义从 MATLAB 工作空间获得的状态初始值的变量名。

（2）Save to workspace：用来设置存往 MATLAB 工作空间的变量类型和变量名，选中变量类型前的复选框使相应的变量有效。一般存往工作空间的变量包括输出时间向量（Time）、状态向量（States）和输出变量（Output）。 Final state 用来定义将系统稳态值存往工作空间所使用的变量名。

（3）Save option：用来设置存往工作空间的有关选项。Limit rows to last 用来设定 Simulink 仿真结果最终可存往 MATLAB 工作空间的变量的规模，对于向量而言即其维数，对于矩阵而言即其秩；Decimation 设定了一个亚采样因子，它的默认值为 1，也就是对每一个仿真时间点产生值都保存，而若为 2，则每隔一个仿真时刻才保存一个值。Format 用来说明返回数据的格式，包括矩阵 matrix、结构 struct 及带时间的结构 struct with time。

3）Diagnostics 页

此页分成两个部分：仿真选项和配置选项。配置选项下的列表框主要列举了一些常见的事件类型，以及当 Simulink 检查到这些事件时给予的处理。仿真选项 options 主要包括是否进行一致性检验、是否禁用过零检测、是否禁止复用缓存、是否进行不同版本的 Simulink 的检验等。

除上述 3 个主要的页外，仿真参数设置窗口还包括 Real-time Workshop 页，主要用于与 C 语言编辑器的交换，通过它可以直接从 Simulink 模型生成代码并且自动建立可以在不同环境下运行的程序，这些环境包括实时系统和单机仿真。

2.3.3 仿真举例

【例 2.49】 演示“示波”模块的向量显示能力（见图 2.11）。

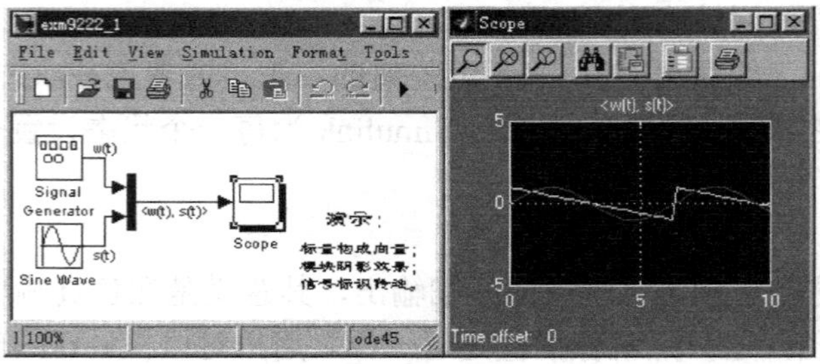

图 2.11 示波器显示向量波形

【例 2.50】 演示“求和”模块的向量处理能力：输入扩展（见图 2.12）。

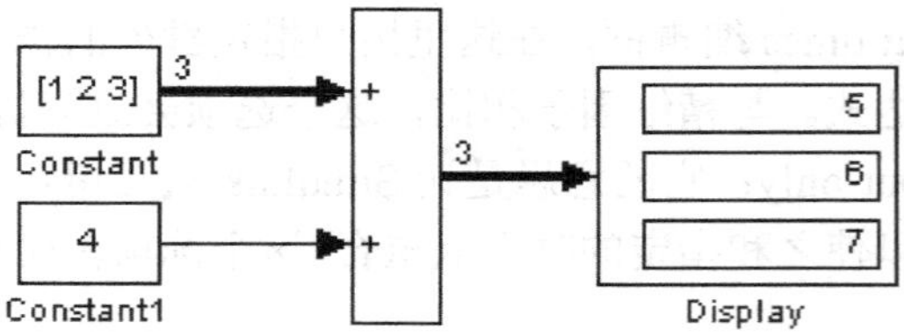

图 2.12 输入的标量扩展

【例 2.51】 演示“增益”模块的向量处理能力：参数扩展（见图 2.13）。

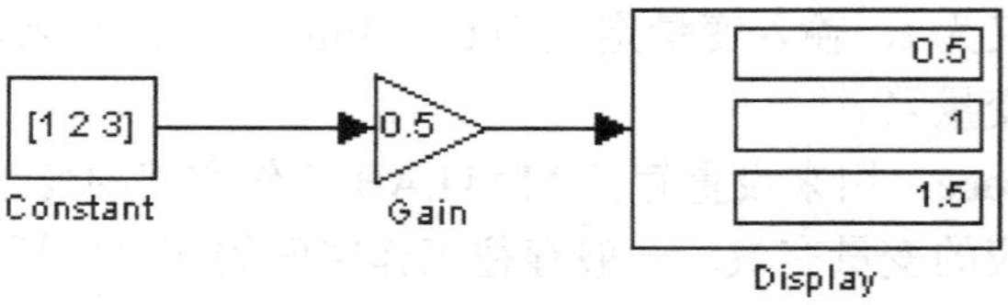

图 2.13 模块参数的标量扩展

【例 2.52】 （1）编写一个产生信号矩阵的 M 函数文件。

```
function TU=source925_1(T0,N0,K)
t=linspace(0,K*T0,K*N0+1);
N=length(t);
u1=t(1:(N0+1)).^2;
u2=(t((N0+2):(2*N0+1))-2*T0).^2;
u3(1:(N-(2*N0+2)+1))=0;
u=[u1,u2,u3];
TU=[t',u'];
```

（2）构造简单的接收信号用的实验模型（见图 2.14）。

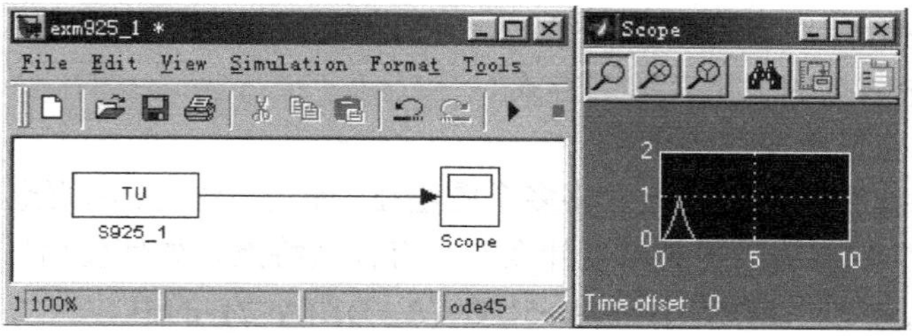

图 2.14 接收信号用的实验模型

【例 2.53】 假设从自然界（力学、电学、生态等）或社会中，抽象出初始状态为 0 的二阶微分方程 $x''+0.2x'+0.4x=0.2u(t),u(t)$ 是单位阶跃函数。演示如何用积分器直接构建求解该微分方程的模型。

（1）改写微分方程。

（2）利用 Simulink 库中的标准模块构造模型（见图 2.15）。

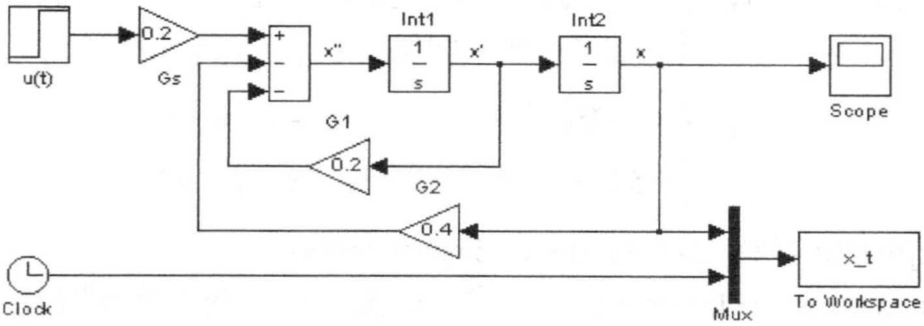

图 2.15 求解微分方程的 Simulink 模型

【例 2.54】 直接利用传递函数模块求解方程。

构造如图 2.16 所示的模型。

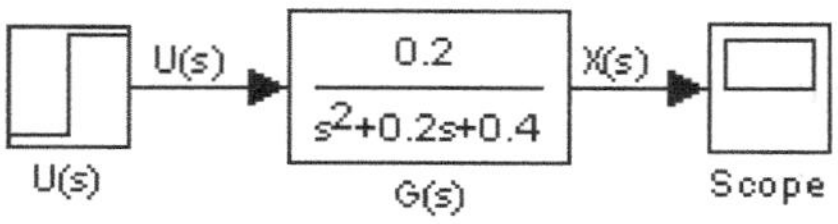

图 2.16 由传递函数模块构成的仿真模型

本 章 小 结

1．简要介绍了 MATLAB 及其特点。

2．从数据输入、程序跳转和数据输出三个方面简单介绍了 MATLAB，以便读者能快速掌握其基本应用。

3．简要介绍了 MATLAB 的图形化的仿真工具 Simulink 的特点及应用。

思考练习题

1．MATLAB 的特点有哪些？

2．MATLAB 为什么可以称作“语言”？它与其他的计算机语言有什么异同？

3．MATLAB 中数据的输入有哪些方式？

4．MATLAB 中程序跳转有哪些方式？

5．MATLAB 中数据的输出有哪些方式？

6．如何绘制一张信息完整的图？

7．如何将多条线绘在一张图上？将多个图绘在一张纸上？在不同纸上绘多个图？

8．Simulink 与 MATLAB 的关系是什么？它有什么特点？如何使用？

9．已知 A=1:9，试分别确定 B=~(A>5), C=(A>3)&(A<7) 的值？

10．在一个图形窗口中同时绘制正弦、余弦、正切、余切曲线，试编写相应的程序。

11．已知矩阵 A=[1 2 3;4 5 6;7 8 9;9 8 7]，试分别用 triu(A)、triu(A,1)和 triu(A,−1)从矩阵 A 中提取相应的上三角部分构成上三角阵 B、C 和 D。

12．已知 A=1:9，试分别确定 B=10-A, r0=(A<4)和 r1=(A==B) 的值。

13．已知矩阵 A=[1 2 3;4 5 6]，试从矩阵 A 中分别提取主对角线及它两侧的对角线构成向量 B、C 和 D，给出相关的结果。

14．编写一个 M 文件，画出下列分段函数所表示的曲面：

$$p(x,y)=\begin{cases}0.54\mathrm{e}^{-0.75x^2-3.75y^2-1.5y} & x+y>1\\ 0.7575\mathrm{e}^{-x^2-6y^2} & -1<x+y\leqslant 1\\ 0.5457\mathrm{e}^{-0.75x^2-3.75y^2+1.5y} & x+y\leqslant -1\end{cases}$$

15．在[0，2π]范围内绘制二维曲线图 y=sin(x)*cos(5x)。

16．绘制 z=sin(x)*cos(y)的三维网格和三维曲面图，x，y 变化范围均为 [0，2π]。

17．建立数据文件 test.dat，要求该文件可以读、写。文件内容如下：

NAME	SCORE
Liuqi	84.0
Zhangbin	87.5
Liping	90.0
Wangwei	78.0
Wujian	92.5
…	…

18．输入 20 个数，求其中最大数和最小数。要求分别用循环结构和调用 MATLAB 的 max 函数、min 函数来实现。

19．求 Fibonacci 数列：（1）大于 4000 的最小项；（2）5000 之内的项数。

20．写出下列程序的输出结果:

```
s=0;
a=[12,13,14;15,16,17;18,19,20;21,22,23];
for k=a
    for j=1:4
  if  rem(k(j),2)~=0
      s=s+k(j);
  end
 end
end
s
```

第3章　系统模型的建立与表示

本章要点：

1. 系统模型与机理法建模；
2. 系统模型的表示与转换；
3. 复杂系统的表示。

系统的数学模型是分析和研究系统的基础，系统的分析和研究都需要借助数学模型。要对系统进行仿真研究，首先必须建立其数学模型，并以合适的形式输入计算机，然后才可以进行编程和运行。

模型能够表征系统输入、输出之间的关系，建模就是要得到一组能描述系统性能的数学方程；仿真则是利用数学模型来确定或求解系统在不同输入情况下的输出（响应）。

系统数学模型的主要形式有代数方程、微分方程、状态方程和系统函数（传递函数）等，这些模型之间可以相互转换。

本章主要介绍系统数学模型的建立、模型的类别、模型的表示及转换等，希望读者能对数学建模的基本知识有所了解，并能利用 MATLAB 对数学模型进行表示和转换。

3.1　模 型 建 立

模型是科技工作者常常谈到的重要术语之一，是相对于现实世界或实际系统而言的。模型能够表现出与实际系统的相似特性，是对系统的本质或特性的一种描述方法。

模型研究中，被研究的系统通常被称为原型，而原型的等效替身则称为模型。模型能够反映被替代系统的主要特征和运动规律。

根据模型的表示方法可以将其分为实体模型和数学模型两种。实体模型又称物理效应模型，是根据系统之间的相似性而建立起来的物理模型，采用一定比例尺按照真实系统制作的模型，如建筑模型；数学模型则是利用字母、数字及其他数学符号建立起来的等式或不等式以及图表、图像、框图等方式对系统的抽象描述，或者说，数学模型就是实际系统的数学描述。

3.1.1　数学建模的概念

严格来说，系统数学模型是从系统概念出发的关于现实世界的一小部分或几个方面的抽象的“映像”，系统数学模型的建立需要建立如下抽象：输入、输出、状态变量及其之间的函数关系。这种抽象过程称为模型构造。抽象过程中，必须联系真实系统与建模目标，其中描述变量起着很重要的作用，它可观测，或不可观测。从外部对系统施加影响或干扰的可观测变量称为输入变量。系统对输入变量的响应结果称为输出变量。输入、输出变量对的集合，表征着真实系统的“输入-输出”关系。

一个系统的数学模型可以定义为如下集合结构：

$$S=(T, X, \Omega, Q, Y, \delta, \lambda)$$

其中：

T——时间基，描述变化的事件坐标，当 T 为整数时称为离散事件系统，T 为实数则称为连续时间系统。

X——输入集，代表外部环境对系统的作用。

Ω——输入段集，描述某个时间间隔内的输入模式，是（X，T）的一个子集。

Q——内部状态集，描述系统内部状态量，是系统内部结构建模的核心。

δ——状态转移函数，定义系统内部状态是如何变化的，它是一个映射，$\delta:Q\times\Omega\to Q$，其含义是如果系统在 t_0 时刻处在状态 q，并施加一个输入段 $\omega: \langle t_0,t_1\rangle\to X$,则 δ（q，ω）表示系统处于 t_1 状态；Y 为输出集，系统通过它作用于环境。

λ——输出函数，它也是一个映射，$\lambda: Q\times X\times T\to Y$，输出函数给出了一个输出段集。

3.1.2 数学建模方法简介

1. 建模的一般途径

根据对系统了解的程度，可以选择不同的建模途径：

- 对于内部结构和特性清楚的系统，即所谓的白箱（多数的工程系统都是白箱），可以利用已知的一些基本规律，经过分析和演绎推导出系统模型；
- 对那些内部结构和特性不很清楚或不清楚的系统，即所谓的灰箱和黑箱，如果允许直接进行实验性观测，则可建立模型并通过实验验证和修正；
- 对于那些属于黑箱但又不允许直接实验观测的系统（非工程系统多属于这一类），则采用数据收集和统计归纳的方法来建立模型。

2. 常用数学建模方法及分类

常用的数学建模方法主要有机理分析建模法和实验统计建模法两大类。

- 机理分析建模法的建模对象是白箱，它依据基本的物理、化学等定律，进行机理分析，确定模型结构、参数。用该方法的前提是对系统的运行机理完全清楚。
- 实验统计建模法就是基于实验数据的建模方法，它建模的对象可以是白箱、灰箱和黑箱。具体的方法有统计回归、神经网络、模糊逻辑等。实验统计建模方法应用的前提是必须有足够正确的数据，所建的模型也只能保证在这个范围内有效；足够的数据不仅仅指数据量多，而且数据的内容要丰富（频带要宽），能够充分激励要建模系统的特性。

在实际应用中面对复杂的对象，有时会组合采用各种建模方法，例如将机理分析法和实验统计法相结合，由机理法确定模型结构，利用实验统计法确定模型参数等。

3.1.3 机理分析建模方法

1. 机理分析法建模原理

机理分析法，也称为直接分析法、机理法或解析法等，是应用最广泛的一种建模方法。一般是在若干简化假设条件下，以各学科专业知识为基础，通过对系统各部分的运动机理进行分析，根据它们所依据的物理规律或者化学规律等，确定模型结构、参数并分别列写相应的运动方程。例如，电学中的基尔霍夫定律，力学中的牛顿定律，以及热力学中的热力学定律等。

最后通过求解系统变量之间的关系和规律，获得解析型数学模型。

机理分析法的实质就是应用自然科学和社会科学中被证明是正确的理论、原理和定律或推论，对被研究系统的有关要素（变量）进行理论分析、演绎归纳，从而构造出该系统的数学模型。

使用机理法建模的前提是对系统的运行机理完全清楚，即它面对的是白箱问题。

建模可以在时域进行，也可以在变换域进行。

2．机理分析法建模步骤

- 分析系统功能，了解其结构和工作原理，对系统做出与建模目标相关的描述；
- 找出系统的输入变量和输出变量；
- 按照系统（部件、元件）遵循的物化（或生态、经济）规律列写出各部分的微分方程或传递函数等；
- 消除中间变量，得到初步数学模型；
- 进行模型标准化；
- 进行模型验证（必要时需要修改模型）。

【例 3.1】 求如图 3.1 所示电路系统输入与输出之间的关系（各电路元件参数已知）。

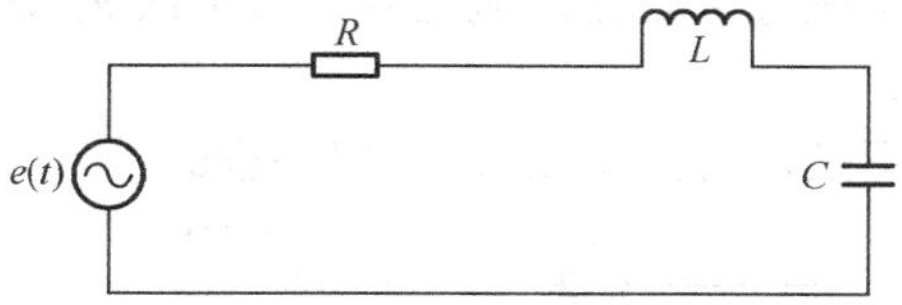

图 3.1　电路原理图

分析：这是一个电学问题，求解基本出发点就是利用基尔霍夫定律。本题中电路是一个由电阻、电感、电容和电源组成的串联回路，可以根据回路电压关系，即基尔霍夫电压定律进行求解。

方法一：直接在时域中求解。

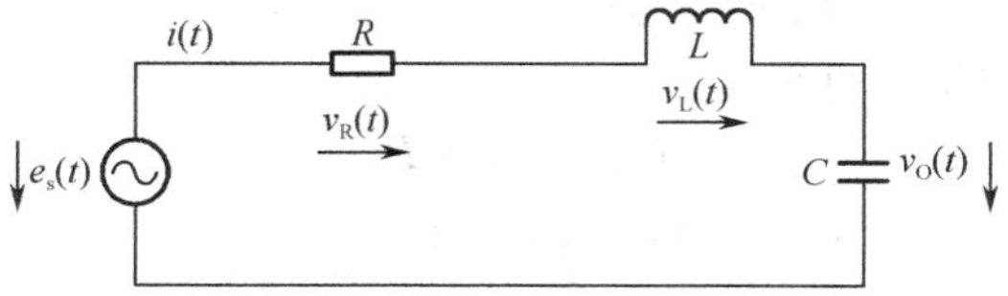

图 3.2　电路的时域分析

在原图上标出各量及其正方向，如图 3.2 所示。根据 KVL 定律列方程：

$$e_s(t) = v_R(t) + v_L(t) + v_O(t) \tag{3-1}$$

再根据 R、L、C 的特点可得：

$$v_R(t)=i(t)\times R \tag{3-2}$$

$$v_L(t)=L\frac{di(t)}{dt} \tag{3-3}$$

$$i(t)=C\frac{dv_O(t)}{dt} \tag{3-4}$$

将式（3-4）代入式（3-2）和式（3-3）中得：

$$v_R(t)=i(t)\times R=RC\frac{\mathrm{d}v_O(t)}{\mathrm{d}t} \tag{3-5}$$

$$v_L(t)=L\frac{\mathrm{d}i(t)}{\mathrm{d}t}=LC\frac{\mathrm{d}^2v_O(t)}{\mathrm{d}t^2} \tag{3-6}$$

再将式（3-5）和式（3-6）代入式（3-1）中得：

$$e_s(t)=v_R(t)+v_L(t)+v_0(t)=RC\frac{\mathrm{d}v_O(t)}{\mathrm{d}t}+LC\frac{\mathrm{d}^2v_O(t)}{\mathrm{d}t^2}+v_O(t) \tag{3-7}$$

整理得：

$$LC\frac{\mathrm{d}^2v_O(t)}{\mathrm{d}t^2}+RC\frac{\mathrm{d}v_O(t)}{\mathrm{d}t}+v_O(t)=e_s(t) \tag{3-8}$$

该微分方程即该电路的数学模型。

从上述过程中可得机理法建模的基本步骤如下：

（1）了解建模对象的工作特点和工作机理；

（2）确定相关变量，根据工作机理列出相关方程（对电学问题，首先根据基尔霍夫电压、电流定律列电压和电流方程，然后是各元件上的电压电流关系）；

（3）确定方向变量，列方程；

（4）整理方程，输出变量在等号右侧，从左到右按阶次递减排列。

方法二：在复频域求解。

对原电路系统进行拉氏变换，得到图 3.3，标出各量的正方向。

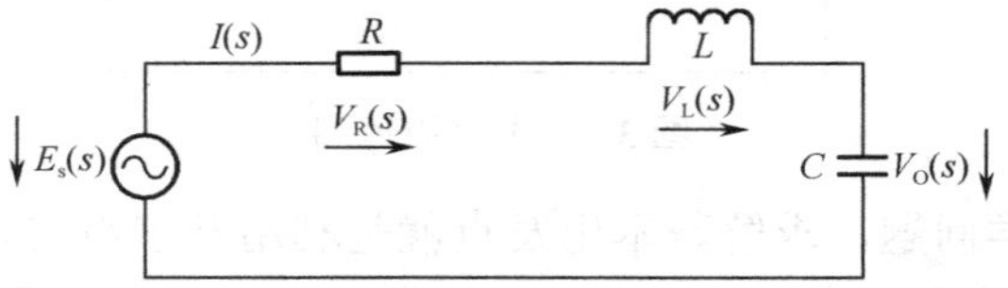

图 3.3　电路的复频域分析

由基尔霍夫电压定律得：

$$E_s(s)=V_R(s)+V_L(s)+V_O(s) \tag{3-9}$$

由 R、L、C 各元件的特性可得：

$$V_R(s)=I(s)\times R \tag{3-10}$$

$$V_L(s)=SL\times I(s) \tag{3-11}$$

$$I(s)=sC\times V_O(s) \tag{3-12}$$

将式（3-12）代入式（3-10）和式（3-11）可得：

$$V_R(s)=I(s)\times R=sRCV_O(s) \tag{3-13}$$

$$V_L(s)=SL\times I(s)=s^2LCV_O(s) \tag{3-14}$$

将式（3-13）和式（3-14）代入式（3-9）求得：

$$E_s(s)=V_R(s)+V_L(s)+V_O(s)=sRCV_O(s)+s^2LCV_O(s)+V_O(s) \tag{3-15}$$

整理可得：

$$s^2LCV_O(s)+sRCV_O(s)+V_O(s)=E_s(s) \tag{3-16}$$

$$H(s)=\frac{V_O(s)}{E_s(s)}=\frac{1}{s^2LC+sRC+1} \tag{3-17}$$

$H(s)$即该系统的复频域模型，系统的复频域模型与时域模型尽管形式上不同，但其本质上是一样的，都是用来描述系统输入与输出关系的。

方法三：建立状态方程模型。

系统的时域模型，除了微分方程的形式外，还有状态方程的形式（见图 3.4）。在状态方程中，状态变量的选择不是特定的，可以任意选取（一般选择电感或电容上的电流或电压，作为状态变量），因此，系统的状态方程也不是唯一的。

本例中选择回路电流（与电感电流相同）$i(t)$和输出电压（与电容电压一致）$v_O(t)$为状态变量。

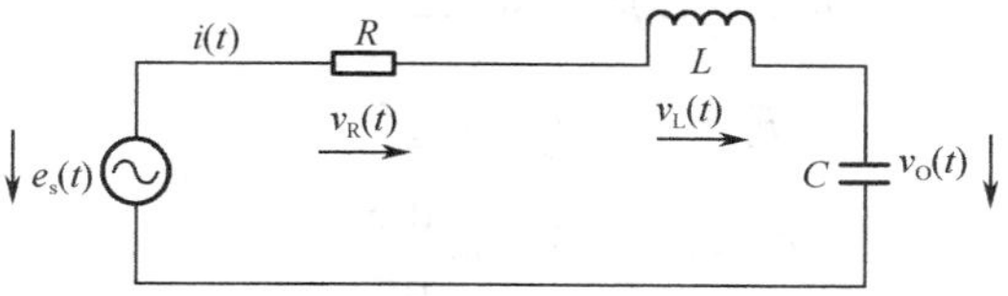

图 3.4　电路的状态变量分析

先由回路电压定律可得：

$$e_s(t)=v_R(t)+v_L(t)+v_O(t) \tag{3-18}$$

再根据 R、L、C 的特性方程可得：

$$v_R(t)=i(t)R \tag{3-19}$$

$$v_L(t)=L\frac{\mathrm{d}i(t)}{\mathrm{d}t},\qquad \frac{\mathrm{d}i(t)}{\mathrm{d}t}=\frac{1}{L}v_L(t) \tag{3-20}$$

$$i(t)=C\frac{\mathrm{d}v_O(t)}{\mathrm{d}t},\qquad \frac{\mathrm{d}v_O(t)}{\mathrm{d}t}=\frac{1}{C}i(t) \tag{3-21}$$

联立式（3-18）、式（3-19）和式（3-20）可得：

$$\dot{i}(t)=-\frac{1}{L}v_O(t)-\frac{R}{L}i(t)+\frac{1}{L}e_s(t) \tag{3-22}$$

由式（3-21）可得：

$$\dot{v}_O(t)=\frac{1}{C}i(t) \tag{3-23}$$

写成矩阵形式为：

$$\begin{bmatrix}\dot{v}_O(t)\\ \dot{i}(t)\end{bmatrix}=\begin{bmatrix}0 & \frac{1}{C}\\ -\frac{1}{L} & -\frac{R}{L}\end{bmatrix}\begin{bmatrix}v_O(t)\\ i(t)\end{bmatrix}+\begin{bmatrix}0\\ \frac{1}{L}\end{bmatrix}e_s(t) \tag{3-24}$$

式（3-24）即该电路系统的状态方程模型。

【例 3.2】　如图 3.5 所示力学系统。设物体的质量为 m，弹簧的弹性系数为 k，地面摩擦系数为 f，现在外力 F 的作用下，物体移动了 x 的距离。求 F 与 x 之间的关系。

分析：这是一个力学问题，其求解离不开牛顿定律，故首先进行受力分析。

在竖直方向上，物体受到两个力，自身的重力 F_G 和支持力 F_N，且二力平衡；在水平方向上，当物体移动时，受三个力。一个是使物体移动的外力 F，一个是弹簧的阻力 F_k，一个是地面的摩擦力 F_f。当物体移动时，水平方向上合外力向右，如图 3.6 所示。

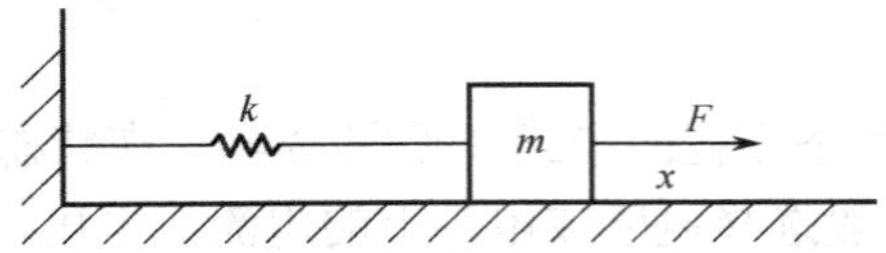

图 3.5　力学系统

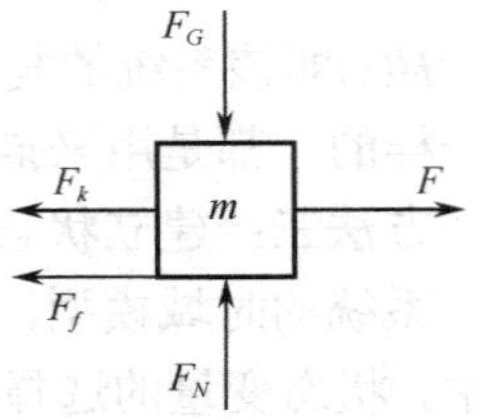

图 3.6　物体受力情况

由牛顿第二定律 $\sum F = ma$ 可得：

$$F - F_k - F_f = m\frac{\mathrm{d}^2 x}{\mathrm{d}t^2} \tag{3-25}$$

而

$$F_k = kx,\ F_f = mgf \tag{3-26}$$

则有：

$$F - kx - mgf = m\frac{\mathrm{d}^2 x}{\mathrm{d}t^2} \tag{3-27}$$

整理得：

$$m\frac{\mathrm{d}^2 x}{\mathrm{d}t^2} + kx = F - mgf \tag{3-28}$$

式（3-28）即该力学系统的数学模型。

从式（3-8）和式（3-28）还可以知道，同样一个二阶微分方程既可以表示一个电学系统，也可以表示一个力学系统，即数学模型仅表示系统输入与输出之间的关系，与系统的物理属性没有关系，这就为利用数学模型研究具有相同模型的系统的一般性能创造了条件，也是建立数学模型的根源所在。

3.2　模型表示

3.2.1　系统的常微分方程模型

如上所述，利用机械学、电学、流体力学和热力学等物理规律，便可以得到系统的动态方程，动态系统一般用微分方程来表示，微分方程模型是系统的时域模型的基本形式之一。对于线性定常系统，则可以用常系数线性微分方程来描述。

对于单输入单输出（SISO）系统，其微分方程的一般形式为：

$$a_n y^{(n)}(t) + a_{n-1}y^{(n-1)}(t) + \cdots + a_0 y(t) = b_m u^{(m)}(t) + b_{m-1}u^{(m-1)}(t) + \cdots + b_0 u(t) \tag{3-29}$$

其中，y 和 u 分别为系统的输出与输入，a_i 和 b_j 分别表示输出和输入各导数项系数（i=0, 1, 2, …, n, j=0, 1, 2, …, m）均为常系数。

这类模型在 MATLAB 中可以用向量 num 和 den 唯一地表示出来。

num＝[b_m, b_{m-1}，…，b_1，b_0]，微分方程等式右边各项的系数，从左到右依次排列，缺项用 0 补齐。

den＝[a_n, a_{n-1}，…，a_1，a_0]，微分方程等式左边各项的系数，从左到右依次排列，缺项用 0 补齐。

【例 3.3】　某系统的微分方程为：

$$y^{(4)}(t)+0.6363y^{(3)}(t)+0.9396y^{(2)}(t)+0.5123y^{(1)}(t)+0.0037y(t)$$
$$=-0.475f^{(3)}(t)-0.248f^{(2)}(t)-0.1189f^{(1)}(t)-0.0564f(t)$$

在 MATLAB 中可表示为：

```
num =[-0.475-0.248-0.1189-0.0564];
den =[1 0.6363 0.9396 0.5123 0.0037];


>>
num =


   -0.4750     -0.2480     -0.1189     -0.0564
den =


     1.0000      0.6363      0.9396      0.5123      0.0037
```

类似地，对于离散时间系统，则可以用差分方程描述。其一般形式为：

$$g_n y[(k+n)T]+g_{n-1}y[(k+n-1)T]+\cdots+g_1 y[(k+1)T]+g_0 y(kT)$$
$$=f_m u[(k+m)T]+f_{m-1}u[(k+m-1)T]+\cdots+f_1 u[(k+1)T]+f_0 u(kT) \quad (3\text{-}30)$$

其中，y 和 u 分别为系统的输出和输入，g_i 和 f_i 分别为输出、输入各项系数。

若式（3-29）和式（3-30）的输入和输出各项系数为常数，则它们所描述的系统称为线性时不变系统（LTI）。MATLAB 工具箱对线性时不变系统的建模分析和设计提供了大量完善的工具函数。

因此在 MATLAB 中也可以用向量：

num=[f_m， f_{m-1}， …， f_1， f_0]和 den=[g_n， g_{n-1}， …， g_1， g_0]来表示一个差分方程。

【例 3.4】 某系统的微分方程为：

$$y^{(n)}+0.7y^{(n-1)}-0.45y^{(n-2)}-0.6y^{(n-3)}=0.8x^{(n)}-0.44x^{(n-1)}+0.36x^{(n-2)}+0.02x^{(n-3)}$$

在 MATLAB 中可表示为：

```
num =[0.8 -0.44 0.36 0.22];
den =[1 0.7 -0.45 -0.6];


>>
num =


     0.8000     -0.4400      0.3600      0.2200
den =


     1.0000      0.7000     -0.4500     -0.6000
```

微分方程和差分方程仅是描述系统动态特性的基本形式，经过变换可得到系统数学模型的其他形式，如传递函数模型，零、极点模型，状态空间模型等。

3.2.2 系统的传递函数模型

传递函数模型也称为系统函数模型，是系统的一种复频域描述，它表达了系统输入量和输出量之间的关系。同样，传递函数模型也只和系统本身的结构、特性和参数有关，而与输入量的变化无关。传递函数是研究线性系统性能和动态响应的重要工具。

线性时不变系统的传递函数定义为在零初始条件下系统输出量的拉普拉斯（Laplace）变换函数与输入量的拉普拉斯变换函数之比。尽管传递函数只能用于线性系统，但它比微分方程提供了更为直观的信息。

对于 SISO 连续系统，系统的微分方程如式（3-29）所示，对其进行拉普拉斯变换，则该系统的传递函数 $G(s)$ 可以表示为：

$$G(s)=\frac{B(s)}{A(s)}=\frac{b_m s^m+b_{m-1}s^{m-1}+\cdots+b_1 s+b_0}{a_n s^n+a_{n-1}s^{n-1}+\cdots+a_1 s+a_0}\qquad n\geqslant m \tag{3-31}$$

b_j（j=0，1，2，…，m）和 a_i（i=0，1，2，…，n）分别为分子多项式与分母多项式，均为常系数。

b_j 和 a_i 也可以唯一地确定一个系统，在 MATLAB 中同样可以用向量 num= [b_m，b_{m-1}，…，b_1，b_0]和 den= [a_n，a_{n-1}，…，a_1，a_0]来表示传递函数 $G(s)$ 的多项式模型。

在 MATLAB 中，用函数 tf（多项式模型）可以建立一个连续系统传递函数模型，其调用格式为：

sys=tf(num,den)　　　　（3-32）

其中，num 为传递函数分子系数向量，den 为传递函数分母系数向量。

若系统的输入和输出量不是一个，而是多个，则称为多输入多输出系统（MIMO）。与 SISO 系统类似，MIMO 系统的数学模型形式也有常微分方程模型、传递函数模型、状态空间模型等。

对于 SISO 离散时间系统，对式（3-31）进行 z 变换，则可得到该离散系统的脉冲传递函数（或 z 传递函数）：

$$G(z)=\frac{Y(z)}{U(z)}=\frac{f_m z^m+f_{m-1}z^{m-1}+\cdots+f_0}{g_n z^n+g_{n-1}z^{n-1}+\cdots+g_0} \tag{3-33}$$

其中，对线性时不变离散系统来讲，式（3-33）中 f_i 和 g_i 均为常数。

在 MATLAB 中，可用 tf 函数来建立系统的函数模型，调用格式为：

sys=tf(num,den,Ts)　　　　（3-34）

其中，num 为 z 传递函数分子系数向量，den 为 z 传递函数分母系数向量，Ts 为采样周期。

【例 3.5】 已知 $G(s)=\dfrac{12s^3+24s^2+20}{2s^4+4s^3+6s^2+2s+2}$。

在 MATLAB 中可表示为：

```
num=[12,24,0,20];
den=[2 4 6 2 2];
sys=tf(num,den)。


>>
num =


    12     24      0     20
den =
```

```
      2     4     6     2     2

>> sys=tf(num,den)

Transfer function:
      12 s^3 + 24 s^2 + 20
------------------------------
2 s^4 + 4 s^3 + 6 s^2 + 2 s + 2
```

【例 3.6】 已知$G(s)=\dfrac{4(s+2)(s^2+6s+6)^2}{s(s+1)^3(s^3+3s^2+2s+5)}$。

在 MATLAB 中，也可以借助多项式乘法函数 conv 来描述传递函数，该传递函数可以用如下语句来描述：

```
num=4*conv ([1,2], conv ([1,6,6],[1,6,6]));
den=conv([1,0], conv ([1,1],conv ([1,1],conv ([1,1],[1,3,2,5]))));
sys=tf(num,den)。

>>
num =

      4     56    288    672    720    288
den =

      1     6     14     21     24     17     5     0

Transfer function:
   4 s^5 + 56 s^4 + 288 s^3 + 672 s^2 + 720 s + 288
----------------------------------------------------
s^7 + 6 s^6 + 14 s^5 + 21 s^4 + 24 s^3 + 17 s^2 + 5 s
```

【例 3.7】 已知$G(z)=\dfrac{0.8\text{-}0.44z^{-1}+0.36z^{-2}+0.02z^{-3}}{1+0.7z^{-1}-0.45z^{-2}-0.6z^{-3}}$。

在 MATLAB 中可表示为：

```
num=[0.8-0.44 0.36 0.02];
den=[1 0.7-0.45-0.6];
Ts=0.3;
sys=tf(num, den, Ts)

>>
num =

    0.8000    -0.4400     0.3600     0.0200
den =
```

```
1.0000    0.7000    -0.4500    -0.6000

Transfer function:
0.8 z^3 - 0.44 z^2 + 0.36 z + 0.02
----------------------------------
   z^3 + 0.7 z^2 - 0.45 z - 0.6

Sampling time: 0.3
```

传递函数模型形式用于 SISO 系统建模非常方便，也可用它来描述多输入多输出(MIMO)系统，MATLAB 提供用传递函数矩阵表达多输入多输出(MIMO)系统模型。

3.2.3 系统的状态空间模型

微分方程和传递函数均是描述系统性能的数学模型，它只能反映出系统输入和输出之间的对应关系，通常称之为外部模型。而在系统仿真时，常常要了解系统中各内部变量的状态，这样就要用到系统的时域模型的另一种形式，即状态空间模型。在状态空间模型中，状态变量既可以是系统的输入和输出变量，也可以是系统的内部变量。

给定一个系统(可以是线性或非线性的、定常或时变的)，当引入 n 个状态变量时，可得到由 n 个一阶微分方程组成的方程组，采用矩阵描述，可以得到：

$$\begin{aligned}\dot{\boldsymbol{x}} &= \boldsymbol{A}\boldsymbol{x} + \boldsymbol{B}\boldsymbol{y} \\ \boldsymbol{y} &= \boldsymbol{C}\boldsymbol{x} + \boldsymbol{D}\boldsymbol{u}\end{aligned} \tag{3-35}$$

式中：$\boldsymbol{x}$ 为状态向量，$\boldsymbol{u}$ 为输入向量，$\boldsymbol{y}$ 为输出向量；

$\boldsymbol{A}$ 为状态变量系数矩阵，简称为系统矩阵；

$\boldsymbol{B}$ 为输入变量系数矩阵，简称为输入矩阵；

$\boldsymbol{C}$ 为输出变量系数矩阵，简称为输出矩阵；

$\boldsymbol{D}$ 为输出变量系数矩阵，简称为直接传递矩阵。

$\dot{\boldsymbol{x}} = \boldsymbol{A}\boldsymbol{x} + \boldsymbol{B}\boldsymbol{y}$ 为系统的状态方程，$\boldsymbol{y} = \boldsymbol{C}\boldsymbol{x} + \boldsymbol{D}\boldsymbol{u}$ 为系统的输出方程。两者组合后称为系统的状态空间描述，即系统的状态方程。

在 MATLAB 中，用 ss 函数可以建立一个连续系统状态空间模型，调用格式为：

sys=ss(A,B,C,D)　　　　(3-36)

其中，A，B，C，D 为系统状态方程系数矩阵。

对于离散时间系统而言，状态空间模型可以写成：

$$\begin{aligned}\boldsymbol{X}(k+1) &= \boldsymbol{F}\boldsymbol{X}(k) + \boldsymbol{G}\boldsymbol{U}(k) \\ \boldsymbol{Y}(k+1) &= \boldsymbol{C}\boldsymbol{X}(k+1) + \boldsymbol{D}\boldsymbol{U}(k+1)\end{aligned} \tag{3-37}$$

在 MATLAB 中，用 ss 函数也可以建立一个离散时间系统的传递函数模型，其调用格式为：

sys=ss(F,G,C,D,Ts)　　　　(3-38)

其中，F，G，C，D 为离散系统状态方程系数矩阵；Ts 为采样周期。

【例 3.8】 若线性系统的状态变量方程为：

$$\begin{bmatrix}\dot{x}_1\\ \dot{x}_2\end{bmatrix}=\begin{bmatrix}0 & 1\\ -2 & -3\end{bmatrix}\begin{bmatrix}x_1\\ x_2\end{bmatrix}+\begin{bmatrix}0 & 1\\ 2 & 0\end{bmatrix}\begin{bmatrix}u_1\\ u_2\end{bmatrix}$$

$$\begin{bmatrix}y_1\\ y_2\end{bmatrix}=\begin{bmatrix}0 & 3\\ 1 & 3\end{bmatrix}\begin{bmatrix}x_1\\ x_2\end{bmatrix}+\begin{bmatrix}1 & 0\\ 0 & 2\end{bmatrix}\begin{bmatrix}u_1\\ u_2\end{bmatrix}$$

该系统在 MATLAB 中可以表示为：

```
a=[0 1;  -2 -3];
b=[0 1;2 0];
c=[0 3;1 3];
d=[1 0;0 2];
sys=ss(a, b, c, d)。
```

```
>> sys=ss(a, b, c, d)
a =
          x1   x2
     x1    0    1
     x2   -2   -3


b =
          u1   u2
     x1    0    1
     x2    2    0


c =
          x1   x2
     y1    0    3
     y2    1    3


d =
          u1   u2
     y1    1    0
     y2    0    2

Continuous-time model.
```

【例 3.9】 在计算机中表示下述系统。

$$\dot{\boldsymbol{x}}=\begin{bmatrix}1 & 6 & 9 & 10\\ 3 & 12 & 6 & 8\\ 4 & 7 & 9 & 11\\ 5 & 12 & 13 & 14\end{bmatrix}\boldsymbol{x}+\begin{bmatrix}4 & 6\\ 2 & 4\\ 2 & 2\\ 1 & 0\end{bmatrix}\boldsymbol{u}$$

$$y=\begin{bmatrix}0 & 0 & 2 & 1\\8 & 0 & 2 & 2\end{bmatrix}x$$

在 MATLAB 中表示为：

```
a=[1 6 9 10;3 12 6 8;4 7 9 11;5 12 13 14];
b=[4 6;2 4;2 2;1 0];
c=[0 0 2 1;8 0 2 2];
d=[0 0;0 0];
sys=ss(a, b, c, d)。

>> sys=ss(a, b, c, d)

a =
       x1  x2  x3  x4
   x1   1   6   9  10
   x2   3  12   6   8
   x3   4   7   9  11
   x4   5  12  13  14


b =
       u1  u2
   x1   4   6
   x2   2   4
   x3   2   2
   x4   1   0


c =
       x1  x2  x3  x4
   y1   0   0   2   1
   y2   8   0   2   2


d =
       u1  u2
   y1   0   0
   y2   0   0

Continuous-time model.
```

3.2.4 系统模型的其他形式

在 MATLAB 中，系统模型除传递函数和状态方程形式外，还有零、极点增益模型和频率响应模型等，分别适用于不同的场合；这些模型尽管形式不同，本质上都是一致的，是对系统性能的描述。

1．零、极点增益模型（Zero-Pole，简称 ZP）

零、极点增益模型实际上是传递函数模型的另一种形式，它通过对系统传递函数分子和分母多项式进行分解，求得系统的零、极点而得到。即将传递函数用常数项与系统的零、极点来表示，这个常数项通常记作 k，称作系统的增益。

对于 SISO 连续系统来讲，其零、极点模型为：

$$G(s)=k\frac{(s-z_1)(s-z_2)\cdots(s-z_m)}{(s-p_1)(s-p_2)\cdots(s-p_n)} \tag{3-39}$$

式中，$z_i(i=1,2,\cdots,m)$ 和 $p_j(j=1,2,\cdots,n)$分别为系统的零点和极点，k 为系统增益。

在 MATLAB 中，可以用函数 zpk 来直接建立连续系统的零、极点增益模型，其调用格式为：

sys=zpk(z, p, k)　　　　（3-40）

其中，z，p，k 分别为系统的零点向量、极点向量和增益。

对于离散时间系统，也可以用函数 zpk 建立零、极点增益模型，调用格式为：

sys=zpk(z,p,k,Ts)　　　　（3-41）

其中，Ts 为采样周期。

【例 3.10】 系统的传递函数为：

$$G(s)=\frac{C(s)}{R(s)}=\frac{s+2}{(s+3)(s^2+2s+2)}$$

其零点为$z=-2$，极点分别为$p_1=-3$，$p_{2,3}=1\pm \mathrm{j}$，零、极点分布如图 3.7 所示。

其在 MATLAB 中可以表示为：

```
z=-2;
p=[-3,1+j,1-j] ;
k=1;
sys=zpk(z,p,k)。

>>
Zero/pole/gain:
          (s+2)
---------------------
(s+3) (s^2   - 2s + 2)
```

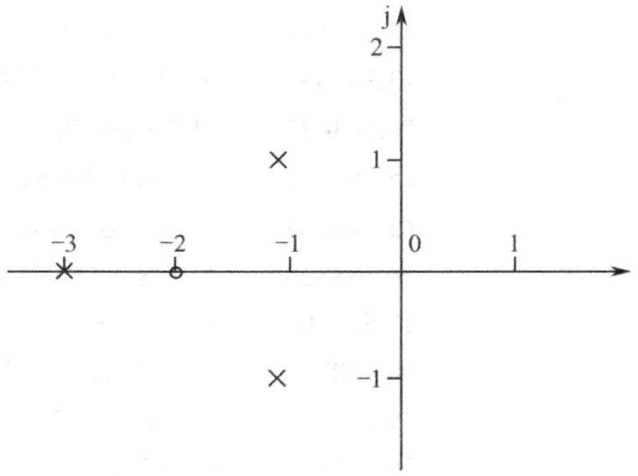

图 3.7　传递函数的零、极点分布图

对于复杂系统，其零、极点可以利用 MATLAB 的求根函数 roots，调用格式为：

z=roots(num)　　　　（3-42）

或　　p=roots(den)　　　　（3-43）

其中，num、den 分别为传递函数模型的分子和分母多项式系数向量。

对于 MIMO 系统，函数 zpk 也可建立其零、极点增益模型，调用格式与 SISO 系统相同，但 z，p，k 不再是一维向量，而是矩阵。

2. 频率响应数据模型（Frequency-Response-Data，简称 FRD）

当我们无法直接建立系统的传递函数或状态空间模型，而只知道该系统在某些频率点上的响应时，可以利用 FRD 建立该系统的频率响应模型。其调用格式是：

$$G=\text{frd(resp, freq)} \tag{3-44}$$

其中，系统的频率响应是复数，可用 response=[g_1，g_2，…，g_k]输入；对应的频率 ω 用 freq =[ω_1，ω_2，⋯，ω_k]输入，两者应有相同的列数。

【例 3.11】 频率响应数据模型举例。

在 MATLAB 中可表示为：

```
freq = logspace(1,2);              % 生成频率及系统响应数据
resp = .05*(freq).*exp(i*2*freq);
sys = frd(resp,freq);              % 生成频率响应数据模型

>> sys = frd(resp,freq)

From input 1 to:

  Frequency(rad/s)          output 1
  ----------------          --------
        10.000000      0.204041+0.456473i
        10.481131     -0.270295+0.448972i
        10.985411     -0.549157+0.011164i
        11.513954     -0.293037-0.495537i
        12.067926      0.327595-0.506724i
        12.648552      0.623904+0.103480i
        13.257114      0.124737+0.651013i
        13.894955     -0.614812+0.323543i
        14.563485     -0.479139-0.548328i
        15.264180      0.481814-0.591898i
        15.998587      0.668563+0.439215i
        16.768329     -0.438184+0.714799i
        17.575106     -0.728874-0.490870i
        18.420700      0.602513-0.696623i
        19.306977      0.588781+0.765007i
        20.235896     -0.943722+0.364854i
        21.209509      0.007971-1.060445i
        22.229965      0.987106+0.510931i
        23.299518     -1.008167+0.583753i
        24.420531      0.178091-1.207969i
        25.595479      0.769726+1.022421i
        26.826958     -1.300691-0.327747i
        28.117687      1.337451-0.433285i
        29.470517     -1.078939+1.003578i
        30.888436      0.761777-1.343479i
```

```
  32.374575     -0.549735+1.522522i
  33.932218      0.534008-1.610380i
  35.564803     -0.763485+1.605998i
  37.275937      1.235178-1.395734i
  39.069399     -1.798490+0.762548i
  40.949151      1.999488+0.440604i
  42.919343     -1.131009-1.823731i
  44.984327     -0.944298+2.041390i
  47.148664      2.354540+0.116758i
  49.417134     -0.310263-2.451300i
  51.794747     -2.580808+0.214867i
  54.286754     -0.508794+2.666225i
  56.898660      2.175952+1.832724i
  59.636233      2.964421-0.321572i
  62.505519      2.482927-1.898005i
  65.512856      1.981374-2.608447i
  68.664885      2.133311-2.690009i
  71.968567      3.017565-1.960354i
  75.431201      3.763360+0.248569i
  79.060432      1.996900+3.411564i
  82.864277     -2.957516+2.901606i
  86.851137     -2.649156-3.440897i
  91.029818      4.498503-0.692487i
  95.409548     -3.261293+3.481583i
 100.000000      2.435938-4.366486i

Continuous-time frequency response data model.
```

3.3 模型转换

3.3.1 系统的模型转换

通过不同的途径可以得到系统的不同表示，即不同的数学模型形式，如果这些模型都是用来描述同一个系统的，那它们就是等价的，是可以相互转换的。

各种数学模型都有其特点，有适用的场合和领域，进行不同的分析时，需要选择不同的数学模型形式，当研究的目标发生变化时，数学模型的形式也应该发生变化。

MATLAB 提供了一个对不同的系统模型进行转换的函数集，如表 3.1 所示，其中一些在前面已经介绍过。LTI 系统的模型有 TF、ZPK、SS 和 FRD 4 类，每类模型又分为连续和离散模型。

表 3.1　模型转换函数及说明

函　数	说　明
residue	由传递函数形式转化为部分分式形式
ss2tf	由状态空间形式转化为传递函数形式
ss2zp	由状态空间形式转化为零、极点形式
tf2ss	由传递函数形式转化为状态空间形式
tf2zp	由传递函数形式转化为零、极点形式
zp2ss	由零、极点形式转化为状态空间形式
zp2tf	由零、极点形式转化为传递函数形式
c2d	将状态空间模型由连续形式转化为离散形式
c2dm	连续形式到离散形式的转换（可选用不同的方法）
c2dt	连续形式到离散形式的对输入纯时间延迟转换
d2c	将状态空间模型由离散到连续的转换
d2cm	离散形式到连续形式的方法转换（可选用不同的方法）

模型的转换可用图 3.8 表示。TF、ZPK 和 SS 模型可相互转换，它们也可以转换成 FRD 模型。FRD 模型不能直接转换成 TF、ZPK 和 SS 模型，但是，FRD 模型可由其他 3 种类型的模型转换得到。

连续模型和离散模型之间也可以相互转换，如图 3.9 所示。

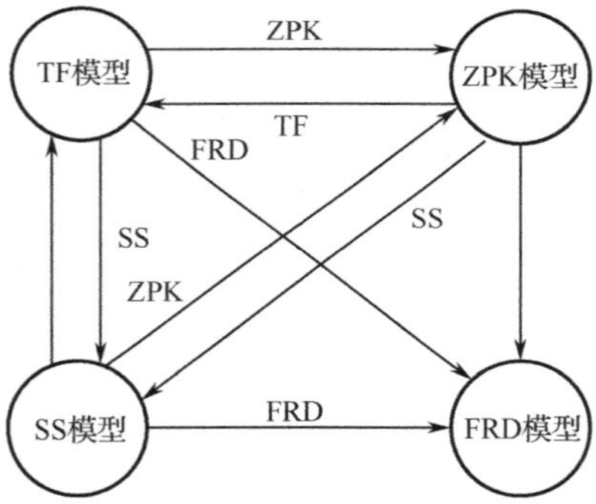

图 3.8　模型转换

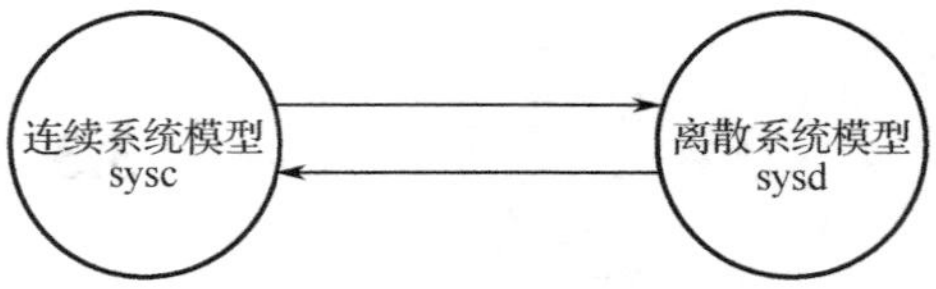

图 3.9　连续与离散系统的转换

在 MATLAB 中，进行模型转换的函数有两类，其一就是出现在早期版本中的 tf2ss（将传递函数转换成状态方程），ss2tf（将状态方程转换成传递函数）等转换函数，如图 3.8 所示，这些函数在新版本中还可以继续使用；其二是在新版本出现的统一转换函数，它与模型建立函数有相同的函数名。下面对这些转换函数分别介绍。

1. tf 函数

tf 函数既能用于建立 TF 模型，也可用于将 SS 模型和 ZPK 模型转换成 TF 模型。建立 TF 模型的函数格式已在前面说明。

转换格式：m=tf(sys)　　　　(3-45)

式中，sys 是 SS 模型或 ZPK 模型，m 是转换后对应的 TF 模型。

【例 3.12】　将状态空间模型转换为传递函数模型。

MATLAB 程序为：

```
A=[0 1 -1;  -6 -11 6;  -6 -11 5];
B=[0 0 1]';
C=[1 0 0];
D = 0;
sys=ss(A,B,C,D);
m=tf(sys)。
```

```
>> sys=ss(A,B,C,D)


a =
           x1     x2     x3
    x1      0      1     -1
    x2     -6    -11      6
    x3     -6    -11      5
 b =
         u1
    x1    0
    x2    0
    x3    1
 c =
         x1   x2   x3
    y1    1    0    0
 d =
         u1
    y1    0
 Continuous-time model.
>> m=tf(sys)

Transfer function:
            -s - 5
--------------------------
s^3 + 6 s^2 + 11 s + 6
```

【例 3.13】 考虑由下式定义的系统：

$$\begin{bmatrix} \dot{x}_1 \\ \dot{x}_2 \end{bmatrix} = \begin{bmatrix} 0 & 1 \\ -25 & -4 \end{bmatrix} \begin{bmatrix} x_1 \\ x_2 \end{bmatrix} + \begin{bmatrix} 1 & 1 \\ 0 & 1 \end{bmatrix} \begin{bmatrix} u_1 \\ u_2 \end{bmatrix}$$

$$\begin{bmatrix} y_1 \\ y_2 \end{bmatrix} = \begin{bmatrix} 1 & 0 \\ 0 & 1 \end{bmatrix} \begin{bmatrix} x_1 \\ x_2 \end{bmatrix} + \begin{bmatrix} 0 & 0 \\ 0 & 0 \end{bmatrix} \begin{bmatrix} u_1 \\ u_2 \end{bmatrix}$$

该系统有两个输入和两个输出，包括 4 个传递函数：$Y_1(s)/U_1(s)$、$Y_2(s)/U_1(s)$、$Y_1(s)/U_2(s)$和 $Y_2(s)/U_2(s)$（当考虑输入 u_1 时，可设 u_2 为零。反之亦然），MATLAB 程序为：

```
A=[0    1; -25     -4];
B=[1    1; 0 1];
```

```
C=[1    0; 0    1];
D=[0    0; 0    0];
[num,den]=ss2tf(A,B,C,D,1)
>>
num =
            0    1.0000    4.0000
            0         0  -25.0000
den =
    1.0000    4.0000   25.0000
[num,den]=ss2tf(A,B,C,D,2)

num =
            0    1.0000    5.0000
            0    1.0000  -25.0000
den =
    1.0000    4.0000   25.0000
```

由此得到四个传递函数的表达式分别为：

$$\frac{Y_1(s)}{U_1(s)}=\frac{s+4}{s^2+4s+25} \qquad \frac{Y_2(s)}{U_1(s)}=\frac{-25}{s^2+4s+25}$$

$$\frac{Y_1(s)}{U_2(s)}=\frac{s+5}{s^2+4s+25} \qquad \frac{Y_2(s)}{U_2(s)}=\frac{s-25}{s^2+4s+25}$$

2．zpk 函数

zpk 函数能用于建立 ZPK 模型，也能用于将 TF 模型和 SS 模型转换成 ZPK 模型。

转换格式：　　m=zpk(sys)　　（3-46）

式中，sys 是 TF 或 SS 模型，m 是对应的 ZPK 模型。

【例 3.14】 已知二输入二输出系统的状态空间模型如下：

$$\boldsymbol{A}=\begin{bmatrix}0 & 1 & -1\\ -6 & -11 & 6\\ -6 & -11 & 5\end{bmatrix},\boldsymbol{B}=\begin{bmatrix}0 & 0\\ 0 & 1\\ 1 & 0\end{bmatrix},\boldsymbol{C}=\begin{bmatrix}1 & 0 & 0\\ 0 & 1 & 0\end{bmatrix},\boldsymbol{D}=\begin{bmatrix}2 & 0\\ 0 & 2\end{bmatrix}$$

求其零、极点模型。

MATLAB 程序：

```
A=[0   1   -1; -6   -11   6;   -6   -11   5];
B=[0   0; 0   1; 1   0];
C=[1   0   0; 0   1   0]
D=[2   0; 0   2];
sys=ss(A,B,C,D);
m= zpk (sys)。

>> m=zpk(sys)
Zero/pole/gain from input 1 to output...
        2 (s+0.4325) (s^2 + 5.567s + 8.092)
```

```
#1:  ------------------------------------------------
                 (s+1) (s+2) (s+3)
             6 (s+1)
#2:  ---------------------------------
       (s+1) (s+2) (s+3)
Zero/pole/gain from input 2 to output...
             (s+6)
#1:  -------------------------------------
       (s+1) (s+2) (s+3)
        2 (s+0.614) (s+1) (s+4.886)
#2:  ---------------------------------------
            (s+1) (s+2) (s+3)
```

从上面的结果可以得出四个传递函数，限于篇幅，这里只列出其中的一个传递函数，其余的请读者自行列出。

$$G_{21}(s)=\frac{y_2(s)}{u_1(s)}=\frac{6(s+1)}{(s+1)(s+2)(s+3)}=\frac{6}{(s+2)(s+3)}$$

从计算结果可以看出，该传递函数的一个极点和一个零点对消，从而使传递函数 $G_{21}(s)$ 降为两阶。

3．ss 函数

ss 函数能用于建立 SS 模型，也能用于将 TF 模型和 ZPK 模型转换成 SS 模型。

转换格式：　　m=ss(sys)　　　　（3-47）

式中，sys 是 TF 或 ZPK 模型，m 是对应的 SS 模型。

【例 3.15】　求下列系统的状态方程模型：

$$G(s)=\frac{s^3+11s^2+30s}{s^4+9s^3+45s^2+87s+50}$$

MATLAB 程序：

```
num=[1,11,30,0];
den=[1,9,45,87,50];
sys=tf(num ,den);
m= ss (sys)。

>> m= ss (sys)

a =
            x1        x2        x3        x4
     x1     -9     -2.813    -1.359    -0.7813
     x2     16        0         0         0
     x3      0        4         0         0
     x4      0        0         1         0
b =
         u1
```

```
      x1    2
      x2    0
      x3    0
      x4    0
  c =
                x1        x2         x3        x4
      y1        0.5       0.3438     0.2344    0
   d =
            u1
      y1    0
```

Continuous-time model.

传递函数模型转换到状态空间模型的结果不是唯一的。传递函数只描述系统输入与输出的关系，被称为系统的外部描述形式，而状态空间表达式描述系统输入、输出和状态之间的关系，被称为系统的内部描述形式。由传递函数求状态空间表达式时，若状态变量选择不同，状态空间形式也不同。由传递函数模型求取系统状态空间模型的过程又称为系统的状态空间实现，这种实现不是唯一的。

由于使用的状态变量不同，转换后的 SS 模型也就不同，因此，用 ss 函数转换的 SS 模型是其中的一种实现。

4. frd 函数

frd 函数能用于建立 FRD 模型，也能用于将 TF 模型、ZPK 模型和状态空间模型转换成 FRD 模型。

转换格式：　　m=frd(sys, freq，units，units)　　　　(3-48)

式中，sys 可以是 TF 模型、ZPK 模型或 SS 模型，freq 是 FRD 模型所需的频率值，units 是频率的单位，可以是“rad / s”或“Hz”，频率单位默认的约定值是“rad / s”。需要注意的是，FRD 模型可由其他 3 类模型转换得到，但不能将 FRD 模型转换成其他类型的模型。

【例 3.16】　将系统 $G(s)=\dfrac{s}{s^3+14s^2+56s+160}$ 由传递函数模型转换为状态空间模型。

MATLAB 程序为：

```
num=[0      0    1     0];
den=[1      14    56    160];
sys=tf(num ,den) ;
freq=1:0.1:3;
m=frd(sys, freq, units, units )。

>> m=frd(sys, freq)

From input 1 to:

    Frequency(rad/s)           output 1
    ----------------           --------
```

```
    1.0         0.002260+0.005998i
    1.1         0.002751+0.006530i
    1.2         0.003295+0.007038i
    1.3         0.003894+0.007519i
    1.4         0.004547+0.007966i
    1.5         0.005255+0.008376i
    1.6         0.006020+0.008741i
    1.7         0.006839+0.009055i
    1.8         0.007714+0.009311i
    1.9         0.008640+0.009501i
    2.0         0.009615+0.009615i
    2.1         0.010635+0.009646i
    2.2         0.011693+0.009583i
    2.3         0.012781+0.009417i
    2.4         0.013888+0.009141i
    2.5         0.015003+0.008745i
    2.6         0.016110+0.008225i
    2.7         0.017193+0.007574i
    2.8         0.018233+0.006793i
    2.9         0.019211+0.005883i
    3.0         0.020107+0.004849i

Continuous-time frequency response data model.
```

5．residue 函数

residue(num,den)可以对两个多项式的比进行部分展开或把传递函数分解为微分单元的形式。部分分式展开后，余数返回到向量 r，极点返回到列向量 p，常数项返回到 k。

利用传递函数的部分分式，可以方便地研究系统参数的变化对响应的影响，通过拉普拉斯反变换可以得到系统的时域响应。

调用格式：　　[r ,p ,k]=residue(num,den)　　（3-49）

【例 3.17】 求下列传递函数的部分分式展开：

$$G(s)=\frac{2s^3+9s+1}{s^3+s^2+4s+4}$$

MATLAB 程序：

```
num=[2,0,9,1];
den=[1,1,4,4];
[r ,p ,k]=residue(num,den)

>>
r =
    0.0000 - 0.2500i
    0.0000 + 0.2500i
  -2.0000
```

```
p =

  -0.0000 + 2.0000i
  -0.0000 - 2.0000i
  -1.0000
k =
     2
```

即

$$G(s)=2+\frac{-0.25\mathrm{i}}{s-2\mathrm{i}}+\frac{0.25\mathrm{i}}{s+2\mathrm{i}}+\frac{-2}{s+1}$$

【例 3.18】 已知某系统的传递函数：

$$G(s)=\frac{4(s+2)(s^2+6s+6)^2}{s(s+1)(s^3+3s^2+2s+5)}$$

求其部分分式展开式。

MATLAB 程序为：

```
num=4*conv([1,2],conv([1,6,6],[1,6,6] ));
den=conv([1,0],conv([1,1],conv([1,1],conv([1,1],[1,3,2,5]))));
[r ,p ,k]=residue (num ,den)

>>
r =
  -0.1633
 -13.5023 + 7.6417i
 -13.5023 - 7.6417i
 -30.4320
  -8.1600
  -0.8000
  57.6000
p =
  -2.9042
  -0.0479 + 1.3112i
  -0.0479 - 1.3112i
  -1.0000
  -1.0000
  -1.0000
        0
k =
     []
```

部分分式分解结果为：

$$G(s)=\frac{-0.1633}{s+2.9042}+\frac{-13.5023+7.6417\mathrm{i}}{s+0.0479-1.3112\mathrm{i}}+\frac{-13.5023-7.6417\mathrm{i}}{s+0.0479+1.3112\mathrm{i}}+$$

$$\frac{-30.4320}{s+1.0000}+\frac{-8.1600}{s+1.0000}+\frac{-0.8000}{s+1.0000}+\frac{57.6000}{s}$$

在系统分析中，有时不仅需要知道建立的系统模型的参数值，而且要实现运算、赋值等操作，因此要获取模型参数的数值。为此，MATLAB 提供了专用函数 tfdata，zpkdata 和 ssdata。

对于连续时间系统，调用格式为：

[num，den]=tfdata(sys,'v')；　　（3-50）

[z,p,k]=zpkdata(sys,'v') ；

[A,B,C,D]=ssdata(sys)；

对于离散时间系统，调用格式为：

[num，den]=tfdata(sys,'v')；　　（3-51）

[z,p,k，Ts]=zpkdata(sys,'v')；

[A,B,C,D，Ts]=ssdata(sys)；

函数左边输出项为各项模型相应数据。'v'表示返回的数据行向量，只适用于单输入单输出系统。

3.3.2 复杂模型的处理方法

1. 系统的降阶实现

在系统研究中，模型的降阶技术是简化系统分析的重要手段 ，其降阶实质就是由相对低阶的模型近似成一个高阶原系统，从而使高阶模型可以按照低阶的仿真与设计方法加以进行。在 MATLAB 中，为用户提供了实现系统降阶处理的专用函数，如 modred，其基本格式为：

RSYS = modred(sys,ELIM)　　（3-52）

RSYS = modred(sys,ELIM, 'mdc')

RSYS = modred(sys,ELIM, 'del')

其中，ELIM 为待消去的状态；'mdc'表示在降阶中保证增益的匹配；'del'表示在降阶中不能保证增益的匹配。

【例 3.19】 已知系统的传递函数为：

$$G(s)=\frac{180}{s^4+20s^3+136s^2+380s+343}$$

保留前两个状态，降为二阶系统。

处理思路：先构造 modred 所需要的函数，再进行降阶处理。

MATLAB 程序为：

```
num = 180;
den = [1 20 136 380 343];
[a,b,c,d] = tf2ss(num,den);
sys=ss(a,b,c,d);
sysm=modred(sys,3:4,'del')


>>
a =

          x1     x2
   x1    -20   -136
   x2      1      0
```

```
b =
          u1
    x1    1
    x2    0
c =
          x1   x2
    y1    0    0
d =
          u1
    y1    0
```

Continuous-time model。

显然在直接利用 modred 函数进行系统降阶处理时具有一定的盲目性，为此往往将 balreal 函数与 modred 函数相结合加以使用。由 balreaI 函数先进行均衡变换，依据 Gram 阵确定对系统影响较小的状态，再应用 modred 函数求出降阶后的系统。

在 MATLAB 中还给出最小实现函数 minreal,它的基本格式为：

[Am，Bm，Cm，Dm]＝minreal(A,B,C,D)　　(3-53)

[numm，denm]=minreal(num,den)

该函数表达式消去了不必要的状态，从而得到系统的最小实现。有关它的具体应用可参考相关帮助文件，在此不再详述。

2．随机 *n* 阶系统的模型建立

MATLAB 为用户提供了建立随机 *n* 阶系统模型的函数，其基本格式为：

[num，den]＝rmodel(n)　　(3-54)

[num，den] ＝rmodel(n，p)

[num，den]＝drmodel (n)

[num，den]＝drmodel (n，p)

[A．B，C，D]＝rmodel(n)

[A，B，C，D]＝rmodel(n，p，m)

[A，B，C，D]＝drmodel (n)

[A，B，C，D]＝drmodel (n，p，m)

其中，[num，den]＝rmodel(n)可以随机生成 n 阶稳定传递函数模型。

[num，den]＝rmodeI(n，p)可以随机生成单入 p 出的 n 阶稳定传递函数模型。

[A，B，C,D]＝rmodeI (n)可以随机生成 n 阶稳定 SISO 状态方程模型。

[A，B，C,D]＝rmodeI (n,p,m)可以随机生成 n 阶稳定 p 出 m 入状态空间模型。

drmodel(n)函数将生成相应的离散模型。

3.4　系统模型的连接

在一般情况下，系统常常由许多环节或子系统按一定方式连接起来组合而成，它们之间的连接方式有串联、并联、反馈、附加等。能够对在各种连接模式下的系统进行分析，就需要

对系统的模型进行适当的处理。例如，在 MATLAB 的控制系统工具箱中提供了大量的对系统的简单模型进行连接的函数，如表 3.2 所示。

表 3.2　模型连接函数

函　数　名	功　　能
series	系统的串联连接
parallel	系统的并联连接
feedback	系统的反馈连接
cloop	单位反馈连接
augstate	将状态增广到状态空间系统的输出中
append	两个状态空间系统的组合
connect	对分块对角的状态空间形式按指定方式进行连接
blkbuild	把用方块图表示的系统转化为分块对角的状态空间形式
ssselect	从状态空间系统中选择一个子系统
ssdelete	从状态空间系统中删除输入或输出状态

3.4.1　模型串联

函数 series 用于两个线性模型串联，调用格式为：

sys=series(sys1,sys2)　　(3-55)

其中，sys1，sys2 和 sys 如图 3.10 所示。

1. 两个 SISO 系统的级(串)联

利用 series 函数可以将两个状态空间形式表示的系统进行级(串)联，即将第一个子系统的输出连接到第二个子系统的输入。

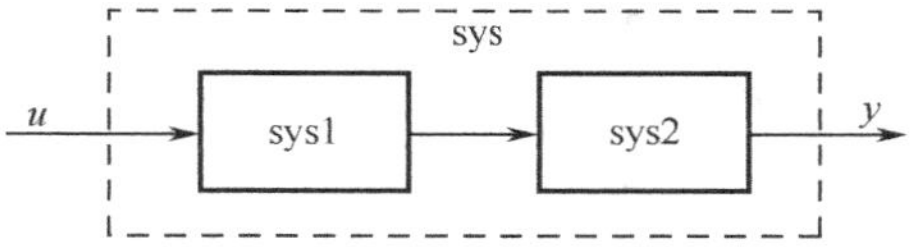

图 3.10　SISO 系统的级联

其用法为：

[A，B，C，D]=series(A1，B1，C1，D1，A2，B2，C2，D2)

【例 3.20】　某两个子系统为：

$$\begin{bmatrix}\dot{x}_{11}\\ \dot{x}_{12}\end{bmatrix}=\begin{bmatrix}0 & 3\\ -3 & -1\end{bmatrix}\begin{bmatrix}x_{11}\\ x_{12}\end{bmatrix}+\begin{bmatrix}0\\ 1\end{bmatrix}u_1$$

$$y_1=[1\quad 3]\begin{bmatrix}x_{11}\\ x_{12}\end{bmatrix}+2u_1$$

$$\begin{bmatrix}\dot{x}_{21}\\ \dot{x}_{22}\end{bmatrix}=\begin{bmatrix}2 & 3\\ -1 & 4\end{bmatrix}\begin{bmatrix}x_{21}\\ x_{22}\end{bmatrix}+\begin{bmatrix}1\\ 0\end{bmatrix}u_2$$

$$y_2=[2\quad 4]\begin{bmatrix}x_{21}\\ x_{22}\end{bmatrix}+u_2$$

求这两个系统级联后的状态方程。

MATLAB 程序：

```
a1 = [0 3; -3 -1];
b1 = [0 1]';
c1 = [1 3];
d1 = 2;
a2 = [2 3; -1 4];
b2 = [1 0]';
c2 = [2 4];
d2 = 1;
[a,b,c,d] = series(a1,b1,c1,d1,a2,b2,c2,d2)
```

得到整体状态方程模型为：

```
>>
a =
      2     3     1     3
     -1     4     0     0
      0     0     0     3
      0     0    -3    -1
b =
      2
      0
      0
      1
c =
      2     4     1     3
d =
      2
```

该函数的执行结果等价于模型算术运算式：

sys=sys1*sys2　（3-56）

2．两个 MIMO 系统的级(串)联

对于 MIMO 系统，函数 series 的调用格式为：

sys=series(sys1,sys2,outputs1,inputs2)　（3-57）

该函数在执行系统 sys1 和系统 sys2 串联时，将系统 sys1 的输出端 1 和系统 sys2 的输入端 2 连接，如图 3.11 所示。系统端口名称可用函数 SET 设置。

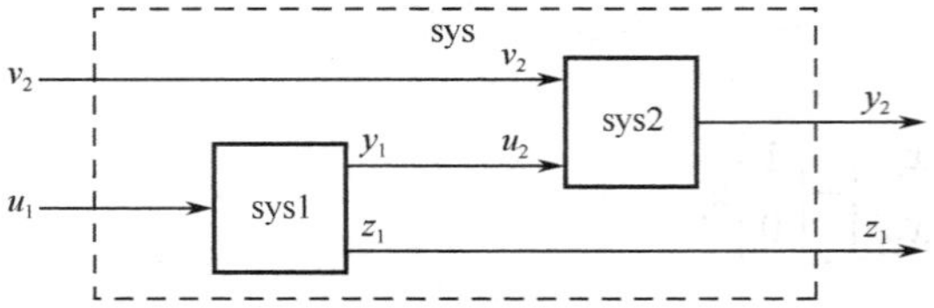

图 3.11　MIMO 系统的级联

图 3.11 是一般情况下模型串联连接的结构图。图中，模型 sys1 的部分输出 y_1 与模型 sys2 的部分输入 u_2 组成串联连接。sys1 和 sys2 是 LTI 模型。

串联连接后的系统有两个输入 u_1 和 v_2，以及两个输出 z_1 和 y_2。而连接关系应满足 sys1 的输出 y_1 和 sys2 的输入 u_2 有相同的个数。

串联连接时采用格式：

$$sys=sys2\ (:,u2)*sys_1(y_1,:)$$

状态空间模型 sys1[A_1,B_1,C_1,D_1] 和 sys2[A_2,B_2,C_2,D_2] 串联连接时，得到 sys：

$$\boldsymbol{A}=\begin{bmatrix}\boldsymbol{A}_1 & 0\\ \boldsymbol{B}_2\boldsymbol{C}_1 & \boldsymbol{A}_2\end{bmatrix};\quad \boldsymbol{B}=\begin{bmatrix}\boldsymbol{B}_1\\ \boldsymbol{B}_2\boldsymbol{D}_1\end{bmatrix};\boldsymbol{C}=\begin{bmatrix}\boldsymbol{D}_2\boldsymbol{C}_1 & \boldsymbol{C}_2\end{bmatrix};\quad \boldsymbol{D}=\boldsymbol{D}_2\boldsymbol{D}_1$$

在串联连接时，应注意下列事项：

（1）SISO 系统的串联连接次序不同时，所得到的状态空间模型系数不同，但这两个系统的输出响应是相同的，可通过将 sys 和 sys1、sys2 转换为 ZPK 模型或 TF 模型来验证；

（2）两个子系统串联连接后，合成的模型是 LTI 的某类模型；

（3）MIMO 系统串联连接时，可采用部分信号串联连接，采用函数 series；也可以用 Simulink 建立模型，然后用模型分析操作命令得到合成的系统模型；

（4）串联连接的结果也可以用其他方法得到，例如采用多项式卷积，用 conv、conv2 等函数来得到两个多项式相乘后的多项式系数。

【例 3.21】 已知：$G_1(s)=\dfrac{s^2}{s^3+2s^2+3s+4}$，$G_2(s)=\dfrac{1.2}{(s+1)(s+3)}$，求其串联连接所组成的系统。

MATLAB 程序：

```
G1 = tf ( [1 0 0],[1,2,3,4] );
G2 = zpk ( [ ],[ -1, -3],1.2 );
den = conv ( conv ( [1 2 3 4],[1 1] ),[1 3] );
num = 1.2*[1 0 0];
G = tf ( num, den)
>>
Transfer function:
                        1.2 s^2
----------------------------------------
s^5 + 6 s^4 + 14 s^3 + 22 s^2 + 25 s + 12
```

3.4.2 模型并联

函数 parallel 用于两个模型并联，调用格式为：

$$sys=parallel(sys1,sys2) \tag{3-58}$$

其中，sysl，sys2 和 sys 如图 3.12 所示。

该函数执行结果等价于模型算术运算式：

$$sys=sys1+sys2 \tag{3-59}$$

对于 MIMO 系统，函数 parallel 的调用格式为：

$$sys=parallel(sys1,sys2,IN1,IN2,OUT1,OUT2) \tag{3-60}$$

函数执行系统 sysl 和 sys2 并联时，将 sys1 的输入端 INl 和 sys2 的输入端 IN2 连接，sys1 的输出端 OUTl 和 sys2 的输出端 OUT2 连接，如图 3.13 所示。

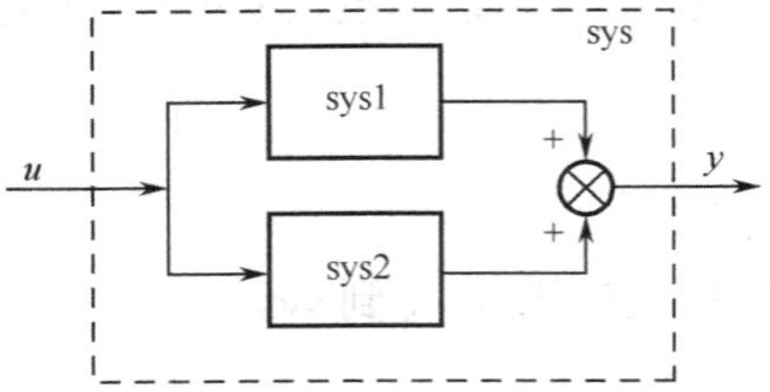

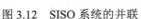

图 3.12　SISO 系统的并联

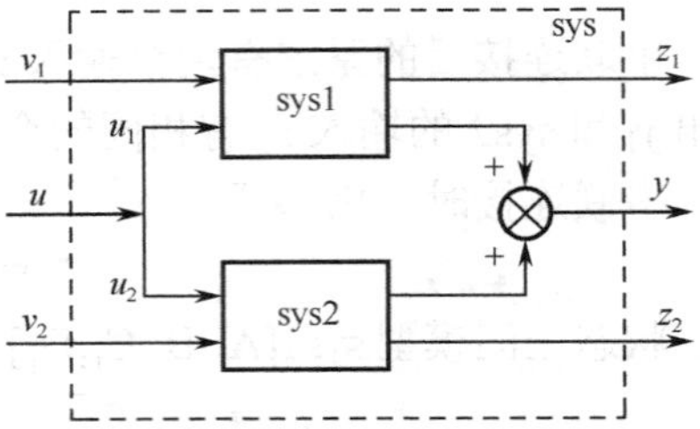

图 3.13　MIMO 系统的并联

parallel 函数按并联方式连接两个状态空间系统，它既适合于连续时间系统，也适合于离散时间系统。parallel 函数的用法如下：

```
[A，B，C，D]=parallel(A1，B1，C1，D1,A2，B2，C2，D2);
[A，B，C，D]=parallel(Al，B1，C1,D1，A2,B2，C2，D2，inputl，input2,out1，out2)
[num,den]=parallel(num1，denl，num2，den2)
```

[A，B，C，D]=parallel(A1，BI，C1，D1，A2，B2，C2，D2)，可得到由系统 1 和系统 2 并联连接的状态空间表示的系统。其输出为 $y=y_1+y_2$，其输入连接在一起作为系统输入。

[num，den]=parallel(numl，denl，num2，den2)，可得到并联连接的传递函数表示的系统，其结果为：

$$\frac{\text{num}(s)}{\text{den}(s)}=g_1(s)+g_2(s)=\frac{\text{num1}(s)\text{den2}(s)+\text{num2}(s)\text{den1}(s)}{\text{den1}(s)\text{den2}(s)}$$

[A，B，C，D]=parallel(A1，B1，C1，D1，A2，B2，C2，D2，iput1,input2,out1,out2)，可将系统 1 与系统 2 按图 3.13 所示的方式连接。在 input1 和 input2 中分别指定两系统要连接在一起的输入端编号，从 u1，u2，…，un 依次编号为 1，2，…，n；out1 和 out2 中分别指定要进行相加的输出端编号，编号方式与输入类似。

注意：当以

[A，B，C，D]=parallel(Al，B1，C1，D1，A2，B2，C2，D2，inputl，input2，outl，out2) 形式使用 parallel 函数时，inputl 和 input2 既可以是数字也可以是向量。当 input1 与 input2 为数字时，表示该系统的两个子系统各有一个输入端相互连接。例如 input1=1，input2=3 表示系统 1 的第一个输入端与系统 2 的第三个输入端相连接，其他输入端则按照常规的并联方式处理。当 input1 和 input2 为向量时，则表示该系统的两个子系统均由若干个输入端口参与连接，连接方法为按照两个向量列出的元素顺序一一对应。例如 input1=[1 3 4]，input2=[2 1 3]，则表示第一个子系统的第一个输入量与第二个子系统的第二个输入量连接，以及第一个子系统的第三个输入量与第二个子系统的第一个输入量连接，且第一个子系统的第四个输入量与第二个子系统的第三个输入量连接。outl 与 out2 用法与之相同。

并联连接时应注意下列事项：

（1）并联连接后，合成的模型是 LTI 的某类模型；

（2）MIMO 系统并联连接时，采用部分信号并联连接，采用函数 parallel；

（3）可以用 Simulink 建立模型，然后用模型分析操作命令得到合成的系统模型；

（4）并联连接的结果也可以用其他方法得到，例如可以用符号函数进行计算。

3.4.3 反馈连接

feedback——用于两个系统的反馈连接，其用法为：

[A，B，C，D]＝feedback(A1，B1，C1，D1，A2，B2，C2，D2)

[A，B，C，D]=feedback(A1，B1，CI，D1，A2，B2，C2，D2，sign)　　(3-61)

[A，B，C，D]=feedback(A1, B1, C1, D1, A2, B2，C2，D2，input，output)

[num，den]＝feedback(num1,denl,num2,den2)

[num，den]＝feedback(num1,denl,num2,den2,sign)

当 sign = 1 时采用正反馈；当 sign = -1 时采用负反馈；当 sign 默认为负反馈。input 和 output 的编号方法与函数 parallel 中的一样。

feedback 函数可将两个系统按反馈形式进行连接，既适用于连续系统也适用于离散系统，如图 3.14 所示。一般而言，系统 1 表示前向通道，系统 2 为反馈通道。

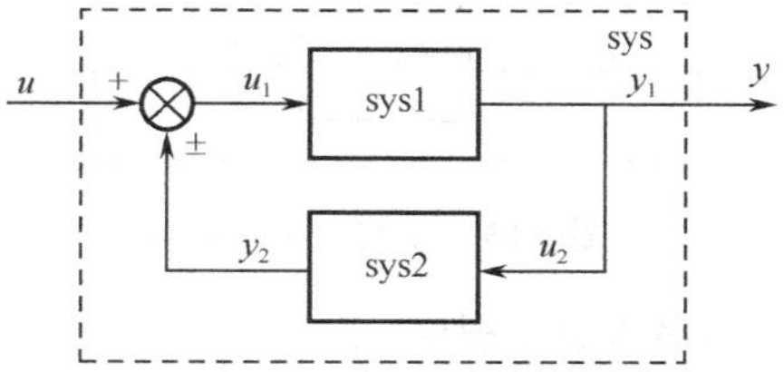

图 3.14　系统的反馈连接

例如，[A，B，C，D]＝feedback(A1，B1，C1，D1，A2，B2，C2，D2)，可将两个系统按反馈方式连接起来，sysl 的所有输出连接到 sys2 的输入，sys2 的所有输出连接到 sysl 的输入，合成后系统的输入与输出数等同 sys1。

用状态方程表示时，系统 sys1 [A_1,B_1,C_1,D_1]和 sys2 [A_2,B_2,C_2,D_2]负反馈连接，合成系统的模型是：

$$\boldsymbol{A}=\begin{bmatrix}\boldsymbol{A}_1-\boldsymbol{B}_1\boldsymbol{Z}\boldsymbol{D}_2\boldsymbol{C}_1 & -\boldsymbol{B}_1\boldsymbol{Z}\boldsymbol{C}_2\\ \boldsymbol{B}_2(\boldsymbol{I}-\boldsymbol{D}_1\boldsymbol{Z}\boldsymbol{D}_2)\boldsymbol{C}_1 & \boldsymbol{A}_2-\boldsymbol{B}_2\boldsymbol{D}_1\boldsymbol{Z}\boldsymbol{C}_2\end{bmatrix}$$

$$\boldsymbol{B}=\begin{bmatrix}\boldsymbol{B}_1\boldsymbol{Z}\\ \boldsymbol{B}_2\boldsymbol{D}_1\boldsymbol{Z}\end{bmatrix}$$

$$\boldsymbol{C}=\begin{bmatrix}(\boldsymbol{I}-\boldsymbol{D}_1\boldsymbol{Z}\boldsymbol{D}_2)\boldsymbol{C}_1 & -\boldsymbol{D}_1\boldsymbol{Z}\boldsymbol{C}_2\end{bmatrix}$$

$$\boldsymbol{D}=\boldsymbol{D}_1\boldsymbol{Z}$$

$$\boldsymbol{Z}=(\boldsymbol{I}+\boldsymbol{D}_1\boldsymbol{D}_2)^{-1}$$

组成正反馈时，只需要在上式中，将 $\boldsymbol{Z}=(\boldsymbol{I}-\boldsymbol{D}_1\boldsymbol{D}_2)$ 代入即可。

由[num，den]＝feedback(numl，den1，num2，den2，sign)也可得到类似的连接，只是子系统和闭环系统均以传递函数形式表示。

若用传递函数表示，系统 sys1（传递函数 G_1）与系统 sys2（传递函数 G_2）正反馈连接时，合成系统的传递函数是：

$$G(s)=\frac{G_1(s)}{1-G_1(s)G_2(s)}$$

负反馈连接时，合成系统的传递函数是：

$$G(s)=\frac{G_1(s)}{1+G_1(s)G_2(s)}$$

[A，B，C，D]＝feedback(A1，B1，C1，D1，A2，B2，C2，D2，input，output)
则将 sys1 的指定输出(output)连接到 sys2 的输入，sys2 的输出连接到 sys1 的指定输入(input)，以此构成闭环系统，如图 3.15 所示。这是反馈的一般情况，即 sys1 的部分输出信号 y_1，作为 sys2 的输入信号，最终成为反馈信号；sys2 的输出信号只是作为反馈信号，参与了 sys1 部分输入信号的合成，即部分输出信号成为部分反馈信号。

在 MATLAB 的早期版本中，利用 cloop 函数构成反馈结构，新版本改用 feedback 函数，二者的用法类似。

【例 3.22】 某系统如图 3.16 所示，试写出闭环传递函数的多项式模型。

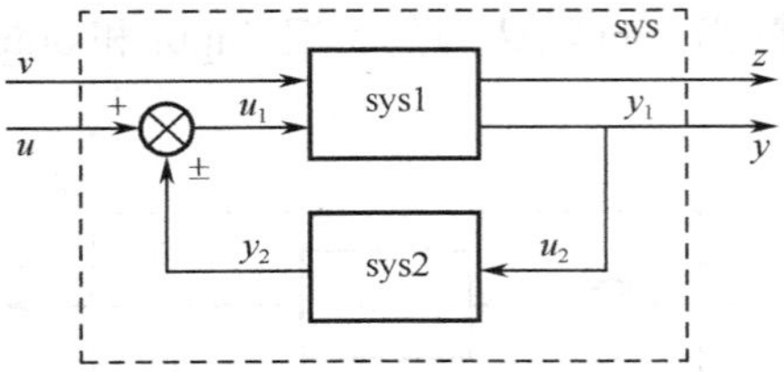

图 3.15　系统的反馈连接

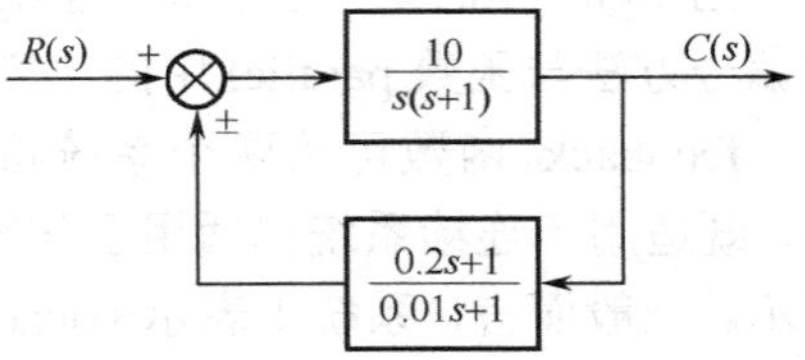

图 3.16　反馈系统

MATLAB 程序：

```
num1 = [10];denl = [1 1 0];
num2 = [0.2 1];den2 = [0.01 1];
[num,den] = feedback (num1,den1,num2,den2, -1)
printsys (num,den)
num/den =
                0.1 s + 10
        ........................
        0.01 s^3 + 1.01 s^2 + 3 s + 10
```

程序说明：

函数[ ] = feedback () 用于计算一般反馈系统的闭环传递函数。前向传递函数为 $G(s)=\frac{\text{num1}}{\text{den1}}$，反馈传递函数为 $H(s)=\frac{\text{num2}}{\text{den2}}$。右变量为 $G(s)$与 $H(s)$的参数，左变量返回系统的闭环参数，反馈极性 1 为正反馈，-1 为负反馈，默认时做负反馈计算。

3.4.4　系统扩展

系统扩展就是把两个或多个子系统组合成一个系统组。MATLAB 提供系统扩展的函数 APPEND，调用格式为：

$$\text{sys=append(sys1,sys2,}\cdots) \tag{3-62}$$

其中，sysl，sys2⋯ 如图 3.17 所示。

若 sysl，sys2，⋯用传递函数形式描述，则

$$\text{sys}=\begin{bmatrix} \text{sys1} & & 0 & \\ & \text{sys2} & & \\ 0 & & \text{sys3} & \\ & & & \ddots \end{bmatrix}$$

若 sysl 和 sys2 用状态空间形式描述，则

$$\begin{bmatrix}\dot{x}_1\\\dot{x}_2\end{bmatrix}=\begin{bmatrix}\boldsymbol{A}_1 & 0\\0 & \boldsymbol{A}_2\end{bmatrix}\begin{bmatrix}x_1\\x_2\end{bmatrix}+\begin{bmatrix}\boldsymbol{B}_1 & 0\\0 & \boldsymbol{B}_2\end{bmatrix}\begin{bmatrix}u_1\\u_2\end{bmatrix}$$

$$\begin{bmatrix}y_1\\y_2\end{bmatrix}=\begin{bmatrix}\boldsymbol{C}_1 & 0\\0 & \boldsymbol{C}_2\end{bmatrix}\begin{bmatrix}x_1\\x_2\end{bmatrix}+\begin{bmatrix}\boldsymbol{D}_1 & 0\\0 & \boldsymbol{D}_2\end{bmatrix}\begin{bmatrix}u_1\\u_2\end{bmatrix}$$

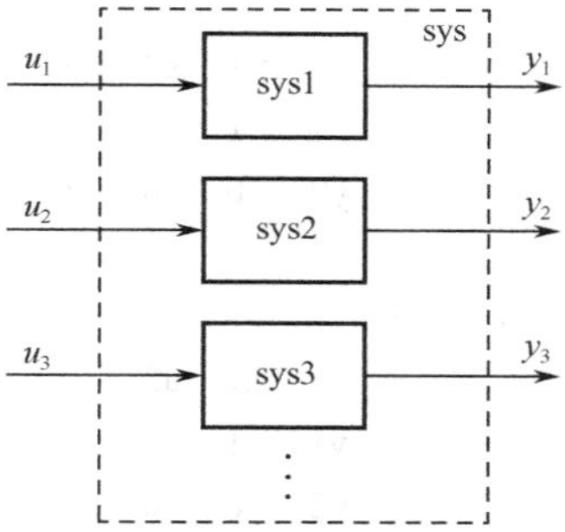

图 3.17　系统扩展

【例 3.23】　系统 1 为：

$$\dot{x}_1=\begin{bmatrix}0 & 1\\1 & -2\end{bmatrix}x_1+\begin{bmatrix}0\\1\end{bmatrix}u_1$$

$$y_1=\begin{bmatrix}1 & 3\end{bmatrix}x_1+u_1$$

系统 2 为：

$$\dot{x}_2=\begin{bmatrix}0 & 1\\-1 & -3\end{bmatrix}x_2+\begin{bmatrix}0\\1\end{bmatrix}u_2$$

$$y_2=\begin{bmatrix}1 & 4\end{bmatrix}x_2$$

求系统 1 和 2 的扩展。

MATLAB 程序：

```
A1=[0   1; 1   -2];
B1=[0   1];
C1=[1   3];
D1=1;
A2=[0   1; -1   -3];
B2=[0   1];
C2=[1   4];
D2=0;
sys1=ss(A1,B1,C1,D1);
sys2=ss(A2,B2 ,C2 ,D2);
sys=append(sys1,sys2)
```

运行结果如下：

```
a =
          x1  x2  x3    x4
     x1    0   1   0     0
     x2    1  -2   0     0
     x3    0   0   0     1
     x4    0   0  -1    -3
b =
          u1  u2
     x1    0   0
     x2    1   0
     x3    0   0
     x4    0   1
```

```
c =
        x1  x2  x3  x4
   y1    1   3   0   0
   y2    0   0   1   4

d =
        u1  u2
   y1    1   0
   y2    0   0

Continuous-time model.
```

本 章 小 结

系统的数学模型是对系统分析和设计的基础，学会建立系统的数学模型，熟悉其表示方法是使用 MATLAB 进行系统仿真的第一步。通过本章的学习，读者应该会利用机理法建立简单系统的数学模型，熟悉其在 MATLAB 中的几种表示形式，能将一个复杂系统在 MATLAB 中表示出来，为后续的仿真实验打好基础。

思考练习题

1．建立系统数学模型的方法有哪些？

2．如何用机理法建立系统的数学模型？

3．数学模型的形式有哪些？

4．对同一系统，为什么会有不同形式的数学模型？

5．在 MATLAB 中，系统的数学模型有几种表现形式？

6．如何实现不同数学模型之间的相互转换？

7．已知系统的传递函数，试在 MATLAB 中表示他们：

（1）$\dfrac{U_2(s)}{U_1(s)}=\dfrac{R_2}{R_1+R_2}\dfrac{1+R_1C_1s}{1+\dfrac{R_2}{R_1+R_2}R_1C_1s}$

（2）$\dfrac{U_2(s)}{U_1(s)}=\dfrac{R_2(R_1+R_3)C_1C_2s^2+(R_1C_1+R_2C_2+R_3C_1)s+1}{(R_1R_2+R_2R_3+R_1R_3)C_1C_2s^2+(R_1C_1+R_2C_2+R_1C_2+R_3C_1)s+1}$

8．求下列各传递函数的状态空间表示：

（1）$g(s)=\dfrac{(s-1)(s-2)}{(s+1)(s-2)(s+3)}$

（2）$g(s)=\dfrac{2s^3+s^2+7s}{s^4+3s^3+5s^2+4s}$

（3）$g(s)=\dfrac{3s^3+s^2+s+1}{s^3+1}$

（4） $g(s)=\dfrac{1}{(s+3)^3}$

9．求下列各传递函数的零、极点模型：

（1） $g(s)=\dfrac{s^2+s-6}{s^4+10s^3+35s^2+50s+24}$

（2） $g(s)=\dfrac{4s^2+17s+16}{s^3+7s^2+16s+12}$

（3） $g(s)=\dfrac{2s^2+5s+1}{s^3+6s^2+12s+8}$

（4） $g(s)=\dfrac{(s+1)^3}{s^3}$

10．质量为 m 的重物自 100 米处下落，寻找其下落的时间和落地时的速度之间的关系。

11．质量为 m 的乒乓球，自 1 米处落下，试建立其位移与速度关系模型。

12．质量为 m 的摆锤，悬挂于 k 处，试建立其切向速度与角位移关系模型（分考虑空气阻力与不考虑阻力两种情况）。

13．质量为 m 的小车，沿坡度为 α 的河堤，加速到 v 时飞越河面，试建立飞越距离 x 与 α 和 v 之间的关系。

14．系统 1、系统 2 的方程如下：

$$\begin{bmatrix}\dot{x}_{11}\\ \dot{x}_{12}\\ \dot{x}_{13}\end{bmatrix}=\begin{bmatrix}1&4&4\\2&2&1\\3&6&2\end{bmatrix}\begin{bmatrix}x_{11}\\x_{12}\\x_{13}\end{bmatrix}+\begin{bmatrix}0&1&0\\1&0&0\\0&0&1\end{bmatrix}\begin{bmatrix}u_{11}\\u_{12}\\u_{13}\end{bmatrix}$$

$$\begin{bmatrix}y_{11}\\y_{12}\end{bmatrix}=\begin{bmatrix}0&0&1\\0&1&1\end{bmatrix}\begin{bmatrix}x_{11}\\x_{12}\\x_{13}\end{bmatrix}+\begin{bmatrix}0&1&0\\1&0&1\end{bmatrix}\begin{bmatrix}u_{11}\\u_{12}\\u_{13}\end{bmatrix}$$

$$\begin{bmatrix}\dot{x}_{21}\\ \dot{x}_{22}\\ \dot{x}_{23}\end{bmatrix}=\begin{bmatrix}1&-1&0\\3&-2&1\\1&6&-1\end{bmatrix}\begin{bmatrix}x_{21}\\x_{22}\\x_{23}\end{bmatrix}+\begin{bmatrix}1&0&0\\0&1&0\\0&0&1\end{bmatrix}\begin{bmatrix}u_{21}\\u_{22}\\u_{23}\end{bmatrix}$$

$$\begin{bmatrix}y_{21}\\y_{22}\end{bmatrix}=\begin{bmatrix}0&1&0\\1&0&1\end{bmatrix}\begin{bmatrix}x_{21}\\x_{22}\\x_{23}\end{bmatrix}+\begin{bmatrix}1&1&0\\1&0&1\end{bmatrix}\begin{bmatrix}u_{21}\\u_{22}\\u_{23}\end{bmatrix}$$

求部分并联后的状态方程，要求 u_{11} 与 u_{22} 连接，u_{13} 与 u_{23} 连接，y_{11} 与 y_{21} 连接。

第 4 章 系统的仿真分析

本章要点：

1. 仿真的方法与过程；
2. 实际系统的建模与表示；
3. 仿真程序的编写与调试；
4. 仿真结果的分析。

系统仿真的基本思路是建立被仿真对象的数学模型，借助仿真工具对其进行表示，求解模型的输出，通过寻找输入输出之间的关系，达到分析和了解系统性能的目的。

本章从读者熟悉的系统稳定性、时域分析、频域分析和根轨迹分析等开始，介绍如何进行仿真分析；通过电路分析和日常生活中的实例，介绍从问题分析、数学建模、程序编写到仿真结果分析的全过程。

4.1 系统的稳定性分析

稳定是系统能够正常运行的首要条件。有关稳定性的定义和理论较多。系统稳定性的严格定义和理论阐述是由俄国学者李雅普诺夫（Lyapunov）于 1892 年提出的，它主要用于判别时变系统和非线性系统的稳定性。

稳定性的一般定义是：设一线性定常系统原处于某一平衡状态，若它瞬间受到某一扰动作用而偏离了原来的平衡状态，当此扰动撤销后，系统仍能回到原有的平衡状态，则称该系统是稳定的。反之，系统为不稳定。线性系统的稳定性取决于系统的固有特征（结构、参数），与系统的输入信号无关。

基于稳定性研究的问题是扰动作用去除后系统的运动情况，它与系统的输入信号无关，只取决于系统本身的特征，因而可用系统的脉冲响应函数来描述。如果脉冲响应函数是收敛的，即有：

$$\lim_{x \to \infty} g(t) = 0 \tag{4-1}$$

表示系统仍能回到原有的平衡状态，因而系统是稳定的。由此可知，系统的稳定与其脉冲响应函数的收敛是一致的。

由于单位脉冲函数的拉氏变换等于 1，所以系统的脉冲响应函数就是系统闭环传递函数的拉氏反变换，连续系统的稳定性可以根据闭环极点在 s 平面内的位置予以确定，如果一个连续系统的闭环极点都位于左半 s 平面，则该系统是稳定的。

离散系统的稳定性可以根据闭环极点在 z 平面的位置予以确定。如果一个离散系统的闭环极点都位于 z 平面的单位圆内，则该系统是稳定的。

系统稳定性的判别理论上一般有两种方法，其一就是根据特征方程各项系数进行分析的间接判别法，如罗斯（Routh）表和朱利（Jury）判据等，其二则是直接求解特征方程特征根的直接判别法。

在 MATLAB 中，可以方便地求得系统的零、极点，因此，直接求根法比间接判别法有更多的优势。除了可以求出线性系统的极点，判断系统的稳定性外，还可以判断系统是否为最小相位系统。所谓最小相位系统首先是指一个稳定的系统，同时对于连续系统而言，系统的所有零点都位于 s 平面的左半平面，即零点的实部小于零，对于一个离散系统而言，系统的所有零点都位于 z 平面的单位圆内。

4.1.1 间接判别法

线性系统稳定的充要条件是闭环特征方程式的根必须都位于 s 的左半平面。这种不用求根而直接判别系统稳定性的方法，就是所谓的间接判别方法。

令系统的闭环特征方程为：

$$\alpha_0 s^n + \alpha_1 s^{n-1} + \alpha_2 s^{n-2} + \cdots + \alpha_{n-1} s + \alpha_n = 0 \quad \alpha_0 > 0 \tag{4-2}$$

由数学知识可以知道如果方程式的根都是负实部，或其实部为负的复数根，则其特征方程式的各项系数均为正值，且无零系数。

劳斯稳定判据就是直接根据特征方程的系数来判别系统稳定性的一种间接方法（不用直接求根，因为求根很复杂），它是由劳斯（E.J.Routh）于 1877 年首先提出的。

设系统特征方程式如式（4-2）所示，将各项系数按下面的格式排成劳斯表：

$$\begin{array}{lllll}
s^n & a_0 & a_2 & a_4 & a_6 \ \cdots \\
s^{n-1} & a_1 & a_3 & a_5 & a_7 \ \cdots \\
s^{n-2} & b_1 & b_2 & b_3 & b_4 \ \cdots \\
s^{n-3} & c_1 & c_2 & c_3 & \cdots \\
\vdots & & & & \\
s^2 & d_1 & d_2 & d_3 & \\
s^1 & e_1 & e_2 & & \\
s^0 & f_1 & & &
\end{array}$$

表中，

$$b_1 = \frac{a_1 a_2 - a_0 a_3}{a_1}, b_2 = \frac{a_1 a_4 - a_0 a_5}{a_1}, b_3 = \frac{a_1 a_6 - a_0 a_7}{a_1} \cdots$$

$$c_1 = \frac{b_1 a_3 - a_1 b_2}{b_1}, c_2 = \frac{b_1 a_5 - a_1 b_3}{b_1}, c_3 = \frac{b_1 a_7 - a_1 b_4}{b_1} \cdots$$

$$\vdots$$

$$f_1 = \frac{e_1 d_2 - d_1 e_2}{e_1}$$

这样可求得 $n+1$ 行系数。

劳斯稳定判据的规则：

根据所列劳斯表第一列系数符号的变化，就可以判别特征方程式的根在 s 平面上的具体分布，过程如下：

① 如果劳斯表中第一列的系数均为正值，则其特征方程式的根都在 s 的左半平面，相应的系统是稳定的。

② 如果劳斯表中第一列系数的符号有变化，其变化的次数等于该特征方程式的根在 s 的右半平面上的个数，相应的系统为不稳定的。

【例 4.1】 已知一调速系统的特征方程式为：$s^3+41.5s^2+517s+2.3\times10^4=0$，试用劳斯判据判别系统的稳定性。

解：列劳斯表。

s^3	1	517	0
s^2	41.5	2.3×10^4	0
s^1	-38.5		
s^0	2.3×10^4		

由于该表第一列系数的符号变化了两次，所以该方程中有两个根在 s 的右半平面，因而系统是不稳定的。

4.1.2 直接判别法

1. 直接求根判定系统稳定性

在特征方程不易求根的情况下，常采用间接的方法来判定系统的稳定性，但随着 MATLAB 等工具的出现，直接对特征方程求根判定系统稳定性已变得轻而易举。MATLAB 提供了直接求取系统所有零、极点的函数，可以直接根据零、极点的分布情况对系统的稳定性以及是否为最小相位系统进行判断。

【例 4.2】 已知单位负反馈系统的开环传递函数为：

$$G(s)=\frac{1}{2s^4+3s^3+s^2+5s+4}$$

可以利用下面的 MATLAB 程序来判别系统的稳定性。

```
numo=[1];
deno=[2 3 1 5 4];
numc=numo;
denc=numo+deno;                %求系统闭环传递函数的分子分母多项式系数
[z,p]=tf2zp(numc,denc)
ii= find(real(p)>0);
n=length (ii);                 %闭环极点实部大于 0 的个数
if (n>0),disp('system is unable');
end
```

运行结果为：

```
z =
   Empty matrix: 0-by-1
p =
   0.4357 + 1.0925i
   0.4357 - 1.0925i
  -1.2048
  -1.0000
system is unable
```

说明：[z，p]=tf2zp(numc，denc)函数的功能为变系统多项式传递函数为零、极点形式；函数 real(p)表示极点 p 的实部；find()函数用来得到满足指定条件的数组下标向量。

本例中的条件式 real(p>0)，其含义是找出极点向量 p 中满足实部的值大于 0 的所有元素下标，并将结果返回到 ii 向量中去。这样如果找到了实部大于 0 的极点，则会将该极点的序号返回到 ii 下。如果最终的结果里 ii 的元素个数大于 0，则认为找到了不稳定极点，因而给出系统不稳定的提示，若产生的 ii 向量的元素个数为 0，则认为没有找到不稳定的极点，因而得出系统稳定的结论。

【例 4.3】 已知一个离散系统的闭环传递函数为：

$$G(s)=\frac{2z^2+1.56z+1}{5z^3+1.4z^2-1.3z+0.68}$$

利用下面的 MATLAB 语句来判定该系统的稳定性。

```
num= [2 1.56 1];
den= [5 1.4 -1.3 0.68];
[z,p]=tf2zp (num,den)
ii= find(abs(p)>1);
n=length (ii);
if (n>0),disp('system is unable');
else    disp('system is able');
end
```

运行结果为：

```
z =
-0.3900 + 0.5898i
   -0.3900 - 0.5898i
p =


   -0.8091
    0.2645 + 0.3132i
    0.2645 - 0.3132i

system is able
```

说明：函数 abs（p）表示取极点 p 的绝对值或幅值（复数）。

【例 4.4】 已知某系统的状态方程为：

$$\dot{\boldsymbol{x}}=\begin{bmatrix}1 & 2 & -1 & 2\\ 2 & 6 & 3 & 0\\ 4 & 7 & -8 & -5\\ 7 & 2 & 1 & 6\end{bmatrix}\boldsymbol{x}+\begin{bmatrix}-1\\ 0\\ 0\\ 1\end{bmatrix}\boldsymbol{u}$$

$$\boldsymbol{y}=[-2\quad 5\quad 6\quad 1]\boldsymbol{x}+7\boldsymbol{u}$$

试判断该系统的稳定性，它是否为最小相位系统？

运行下面的程序：

```
clear
close all
%系统描述
a=[1 2 -1 2;2 6 3 0;4 7 -8 -5;7 2 1 6];
b=[-1 0 0 1]';
c=[-2 5 6 1];d=7;
%求系统的零、极点
[z,p,k]=ss2zp(a,b,c,d)
%检验零点的实部；求取零点实部大于零的个数
ii=find(real(z)>0)
n1=length(ii);
%检验极点的实部；求取极点实部大于零的个数
jj=find(real(p)>0)
n2=length(jj);
%判断系统是否稳定
if(n2>0)
    disp('the system is unstable')
    disp('the unstable pole are:')
    disp(p(jj))
    else
    disp('the system is stable')
end
%判断系统是否为最小相位系统
if(n1>0)
    disp('the system is a nonminimal phase one')
else
    disp('the syetem is a minimal phase one')
end
%绘制零极点图
pzmap(p,z)
```

在本例中，find（）函数的条件式为 real（p）>0 和 real（z）>0。对于前者而言，其含义在于求出 p 矩阵中实部大于 0 的所有元素的下标，并将结果返回到 ii 总数组中去。这样，如果找到了实部大于 0 的极点，即认为找到了不稳定的极点，因而给出系统不稳定的提示，若产生的 ii 向量的元素个数为 0，即认为没有找到不稳定的极点，因而系统稳定。条件 real（z）>0 则是判断该系统是否为最小相位系统，其判断方法与稳定性判断相同。

该程序运行结果如下：

```
z =
  -2.5260
   8.0485 + 0.5487i
   8.0485 - 0.5487i
  -8.9995
p =
  -2.4242
```

```
   -8.2656
    7.8449 + 0.3756i
    7.8449 - 0.3756i
k =
       7
ii =
       2
       3
jj =
       3
       4
the system is unstable
the unstable pole are:
    7.8449 + 0.3756i
    7.8449 - 0.3756i
the system is a nonminimal phase one
```

从运行结果可以看出该系统是一个不稳定的系统，也是一个非最小相位系统。该系统的零、极点分别为：

```
z= [-2.5150   8.0242 + 0.5350i   8.0242 -0.5350i   -8.9085]
p=[-2.4242   -8.2656   7.8449 + 0.3756i   7.8449 – 0.3756i]
```

即极点和零点均有在 s 平面右半平面的，其零、极点分别如图 4.1 所示。在零、极点分布图中，叉号表示极点，圈表示零点。

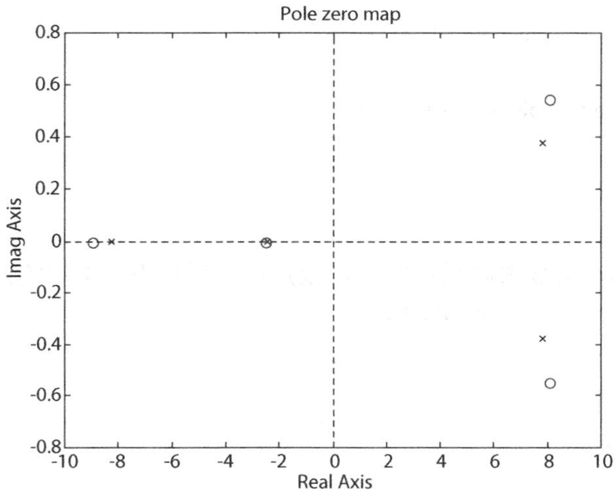

图 4.1　系统零、极点分布图

【例 4.5】　系统的传递函数为：

$$G(s)=\frac{3s^3+16s^2+41s+28}{s^6+14s^5+110s^4+528s^3+1494s^2+2117s+112}$$

试判断该系统的稳定性，是否为最小相位系统？

运行下面的程序：

```
clear
clc
close all
%系统描述
num=[3 16 41 28];
den=[1 14 110 528 1494 2117 112];
%求系统的零、极点
[z,p,k]=tf2zp(num,den)
%检验零点的实部；求取零点实部大于零的个数
ii=find(real(z)>0)
n1=length(ii);
%检验极点的实部；求取极点实部大于零的个数
jj=find(real(p)>0)
n2=length(jj);
%判断系统是否稳定
if(n2>0)
    disp('the system is unstable')
    disp('the unstable pole are:')
    disp(p(jj))
    else
    disp('the system is stable')
end
%判断系统是否为最小相位系统
if(n1>0)
    disp('the system is a nonminimal phase one')
else
    disp('the syetem is a minimal phase one')
end
%绘制零、极点图
pzmap(p,z)
```

这里首先调用 tf2zp 函数求取系统的零、极点，然后用例 4.4 中的方法来判断系统的稳定性与是否为最小相位系统。运行结果如下：

```
z =
  -2.1667 + 2.1538i
  -2.1667 - 2.1538i
  -1.0000
p =
  -1.9474 + 5.0282i
  -1.9474 - 5.0282i
  -4.2998
  -2.8752 + 2.8324i
  -2.8752 - 2.8324i
  -0.0550
```

```
k =
        3
ii =
        0
jj =
        0
the system is stable
the syetem is a minimal phase one
```

即该系统是稳定的，且是最小相位系统，其零、极点分布如图 4.2 所示。

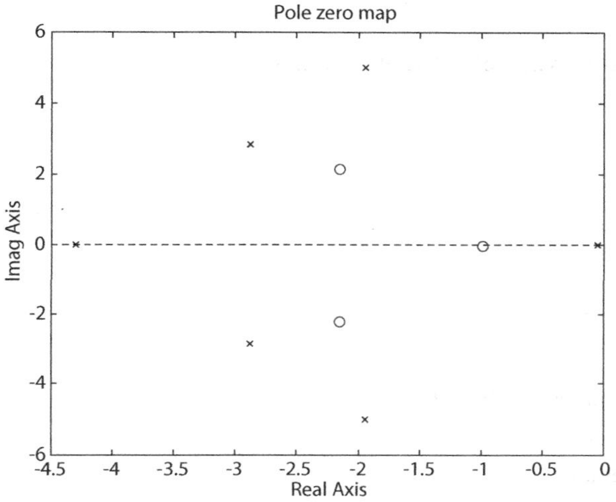

图 4.2　系统的零、极点分布图

【例 4.6】　已知某离散系统的开环传递函数：

$$G(s) = \frac{z^5 + 6z^4 + 4z^3 + 8z^2 + 9z + 2}{z^5 + 3z^3}$$

试判断系统是否稳定?是否为最小相位系统?

运行下面的程序：

```
numo=[1 6 4 8 9 2];
deno=[1 0 3 0 0 0];
%求闭环系统的传递函数
numc = numo;
denc = deno + numo;
%求系统的零、极点
[z,p]=tf2zp(numc,denc);
ii=find(abs(z)>1);
n1=length(ii);
jj=find(abs(p)>1);
n2=length(jj);
if(n1>0)
disp('The system is a Nonminimal Phase One.');
else('The system is a Minimal Phase One.');
```

```
end
if(n2>0)
    disp('The system is Unstable.');
    %如果系统不稳定，显示出不稳定的极点
    disp('The Unstable Poles are:');
  disp(p(jj))
else
    disp('The system is Stable.');
end
%绘制零、极点图
pzmap(p,z);
title('The Poles and Zero map of a Discrate System');
hold;
%绘制单位圆
x=-1:0.001:1;
y1=(1-x.^2).^0.5;
y2=-(1-x.^2).^0.5;
plot(x,y1,x,y2);
```

运行结果如下：

```
The system is a Nonminimal Phase One.
The system is Unstable.
The Unstable Poles are:
        0 + 1.7321i
        0 - 1.7321i
```

从运行结果可以看出，该系统是不稳定的离散系统，不稳定极点如上面运行结果所示，同时该系统也是一个非最小相位系统。

本例中判断系统稳定性的方法和判断系统是否为最小相位系统的方法与连续系统的不同，这是因为在离散系统中，系统稳定应满足所有极点都在 z 平面的单位圆内，系统为最小相位系统应满足所有零点都在下面的单位圆内，因而做相应的调整，如本例中程序所示，即判断所有极点的模是否大于 1 和所有零点的模是否大于 1。该离散系统的零、极点分布如图 4.3 所示。从图中以看出，该系统有四个极点和三个零点位于单位圆以外。因而该系统并不是最小相位系统，同时也不是稳定系统，这与直接由本例中程序所运算出的结果是完全符合的。

2. 绘制系统零、极点图，判定稳定性

利用 MATLAB 的 pzmap 和 zplane 函数形象地绘出连续离散系统的零、极点图，从而判断系统的稳定性。

【例 4.7】 考虑例 4.2，可运行下面的 MATLAB 程序，来绘制连续系统的零、极点图，如图 4.4 所示。

```
numo= [1];
deno= [2 3 1 5 4];
numc= numo;
denc= numo + deno;
```

pzmap (numc, denc)

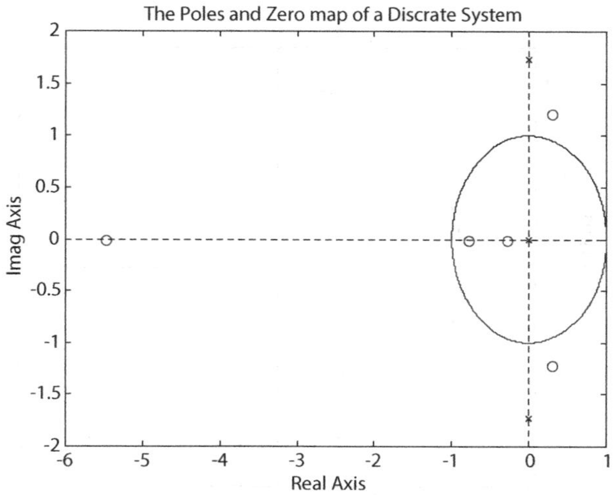

图 4.3　系统零、极点分布图

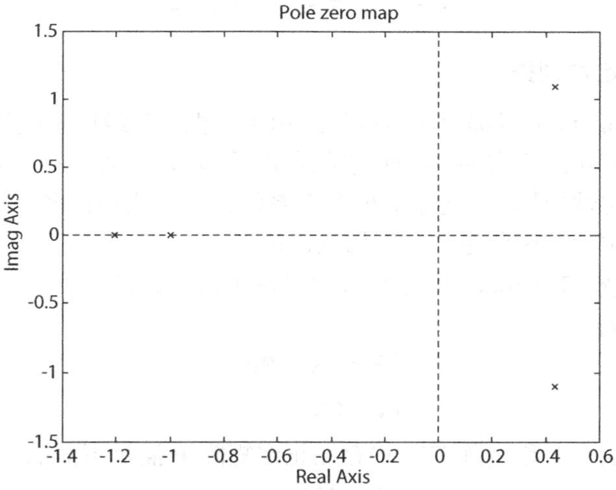

图 4.4　系统的零、极点分布图

由图 4.4 可看出，该系统有两个极点位于右半平面，所以很容易判断它是不稳定的。

【例 4.8】　考虑例 4.3，可运行下面的 MATLAB 程序，来绘制离散系统的零、极点图，如图 4.5 所示。

```
num= [2 1.56 1];
den= [5 1.4 -1.3 0.68];
pzmap(num,den);
%绘制单位圆
hold;
x=-1:0.001:1;
y1=(1-x.^2).^0.5;
y2=-(1-x.^2).^0.5;
plot(x,y1,x,y2);
```

由图 4.5 可看出，该离散系统的零、极点都位于 z 平面的单位圆内，所以可判断它为最小相位系统。

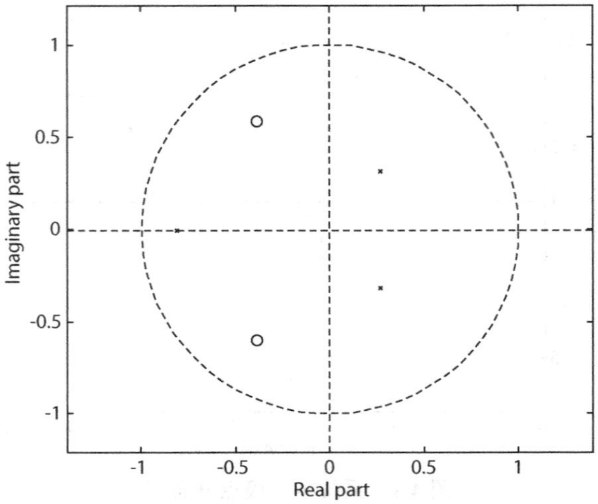

图 4.5　系统零、极点分布图

3. Lyapunov 稳定性判据

早在 1892 年，Lyapunov 就提出了一种可适用于线性、非线性系统稳定性分析的方法。稳定性是相对于某个平衡状态而言的。线性定常系统，因为只有唯一的一个平衡点，所以我们可以笼统地讲系统的稳定性问题。但对于其他类型系统则有可能存在多个平衡点，不同平衡点有可能表现出不同的稳定性，因此必须分别加以讨论。

对于线性定常系统，Lyapunov 稳定性判据可基于以下定理：

设线性定常系统为：

$$\begin{cases} \dot{\boldsymbol{x}} = \boldsymbol{A}\boldsymbol{x} + \boldsymbol{B}\boldsymbol{u} \\ \boldsymbol{y} = \boldsymbol{C}\boldsymbol{x} \end{cases} \tag{4-3}$$

如果对任意给定的正定实对称矩阵 $\boldsymbol{W}$，均存在正定矩阵 $\boldsymbol{V}$ 满足下面的方程：

$$\boldsymbol{A}^{\mathrm{T}}\boldsymbol{V} + \boldsymbol{V}\boldsymbol{A} = -\boldsymbol{W} \tag{4-4}$$

则称系统是稳定的，上述方程称为 Lyapunov 方程。

Lyapunov 方程可以利用 MATLAB 工具箱中提供的 1yap 函数求解，该函数的调用格式为：

V＝Lyap(A，w)

【例 4.9】　已知系统的状态方程为：

$$\dot{x} = \begin{bmatrix} 2.25 & -5 & -1.25 & -0.5 \\ 2.25 & -4.25 & -1.25 & -0.25 \\ 0.25 & -0.5 & -1.25 & -1 \\ 1.25 & -1.75 & -0.25 & -0.75 \end{bmatrix} x + \begin{bmatrix} 0 \\ 1 \\ 0 \\ 2 \end{bmatrix} u$$

试判别其稳定性。

运行下面的 MATLAB 程序。

```
A =[2.25 -5 -1.25 -0.5;2.25 -4.25 -1.25 -0.25;0.25 -0.5 -1.25 -1;1.25 -1.75 -0.25 -0.75];
W= diag([1 1 1 1 ]);
```

```
V= lyap(A, W);
```

运行结果为:

```
V =
     5.8617     2.6931    -0.7622     2.3518
     2.6931     1.7113    -0.8302     1.2974
    -0.7622    -0.8302     1.2694    -0.8623
     2.3518     1.2974    -0.8623     1.8465
```

利用下面的 MATLAB 程序来判定矩阵 $\boldsymbol{V}$ 是否正定：

```
delt1= det ( V(1,1) )
delt2= det ( V(2,2) )
delt3= det ( V(3,3) )
delt4= det (V)
```

运行结果为

```
delt1= 5.8617
det2= 1.7113
det3=1.2694
det4= 1.2124
```

4.2 系统的时域分析

时域分析是对系统进行分析、评价的最直接、最基本的方法。

时域分析实质上就是研究系统在某一典型输入信号作用下，系统的输出随时间变化的情况，从而分析和评价系统的性能。即对系统进行时域分析，就是以系统的数学模型为对象，从给定初始值出发，以某种数值算法计算系统各个时刻的输出响应，由此来分析系统的性能。

简而言之，时域分析就是求解系统的微分方程或差分方程的过程。

4.2.1 系统的时域性能指标

在分析和设计系统时，常选用一些典型信号作为输入信号，根据系统对这些信号的响应特性来分析和评价系统的性能。常用的典型输入信号有阶跃信号、斜坡信号、加速度信号、脉冲信号和正弦信号等。

系统的时域输出响应可分为暂态响应和稳态响应两部分，用动（暂）态指标和稳态指标来表征。

1．系统的性能指标

1）动（暂）态性能指标

系统的动（暂）态响应性能指标是在零初始条件下，根据系统的单位阶跃响应来定义的（见图 4.6）。典型的动（暂）态响应性能指标有：

（1）上升时间 t_{r}：单位阶跃响应第一次到达稳态值的时间。

（2）峰值时间 t_p：单位阶跃响应曲线到达第一个峰值的时间。

（3）超调量 σ_p：阶跃响应最大值 y_{max} 和稳态值 $y(\infty)$ 的差值与稳态值 $y(\infty)$ 的比。

$$\sigma_p = \frac{y_{max} - y(\infty)}{y(\infty)} \tag{4-5}$$

（4）调整时间 t_s：系统输出衰减到一定误差带内，并且不再超出误差带的时间称为调整时间。误差带一般取±2%或±5%。

注意：上述性能指标定义的前提为系统是稳定的。

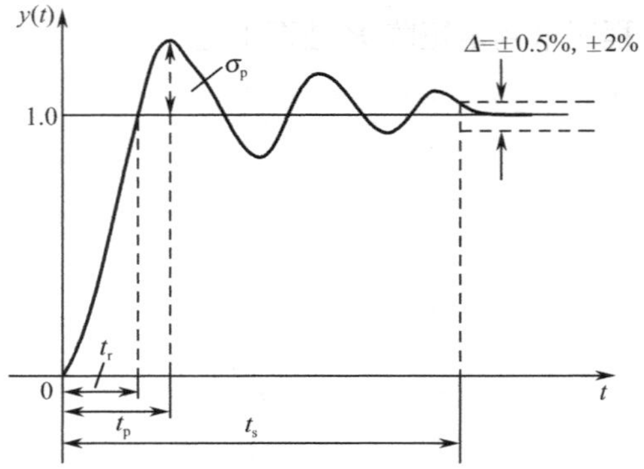

图 4.6　系统的阶跃响应曲线

稳定系统的单位阶跃响应有衰减振荡和单调变化两种，以上是针对系统阶跃响应曲线为衰减振荡情况下定义的性能指标，若系统单位阶跃响应曲线单调变化，则无峰值时间 t_p 和超调量 σ_p，调整时间 t_s 定义不变，上升时间 t_r 定义为响应曲线达到稳态值 90%时的时间，即 $y(t_r) = y(\infty) \times 90\%$。

2）稳态性能指标

稳态误差（e_{ss}）是描述系统稳态性能的一种性能指标，通常在阶跃信号、斜波信号或加速度信号的作用下进行测定或计算。当时间趋于无穷大时，若系统的输出量不等于输入量或输入量的确定函数，则该系统存在稳态误差。

如果一个线性系统是稳定的，那么从任何初始条件开始，经过一段时间就可以认为它的过渡过程已经结束，进入与初始条件无关而仅由外作用决定的状态，即稳态。系统在稳态下的精度如何，是它的一个重要的技术指标，稳态误差是对系统精度或抗扰动能力的一种度量。

2. 二阶系统的数学模型和动态性能指标计算

1）二阶系统的闭环传递函数

典型二阶系统的结构如图 4.7 所示。

$$G(s) = \frac{Y(s)}{R(s)} = \frac{k}{Ts^2 + s + k} \tag{4-6}$$

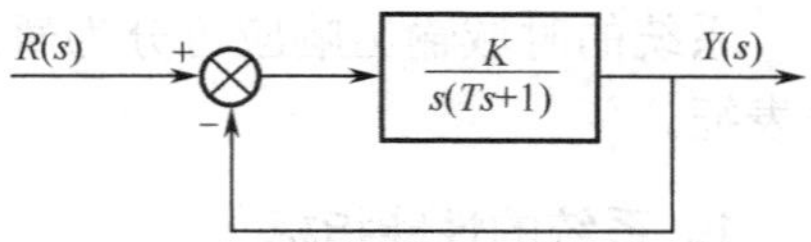

图 4.7　二阶系统的结构图

可将式（4-6）可改写成标准形式：

$$G(s) = \frac{\omega_n^2}{s^2 + 2\xi\omega_n s + \omega_n^2} \tag{4-7}$$

其中，ω_n —— 无阻尼自然振荡频率，$\omega_n = \sqrt{\frac{k}{T}}$；$\xi$ —— 阻尼比，$\xi = \frac{1}{2\sqrt{Tk}}$。

2）二阶系统动态性能指标的计算（$0<\xi<1$的欠阻尼情况）

（1）上升时间

$$t_r = \frac{\pi - \theta}{\omega_d}$$

其中，$\theta = \arctan\frac{\sqrt{1-\xi^2}}{\xi}$，　　$\omega_d = \omega_n\sqrt{1-\xi^2}$

（2）峰值时间

$$t_p = \frac{\pi}{\omega_d} = \frac{\pi}{\omega_n\sqrt{1-\xi^2}}$$

（3）超调量

$$\sigma_p\% = e^{-\pi\zeta/\sqrt{1-\zeta^2}} \times 100\%$$

（4）调整时间

$$t_s = \begin{cases} \dfrac{3}{\xi\omega_n} & (\varDelta = \pm 5\%) \\ \dfrac{4}{\xi\omega_n} & (\varDelta = \pm 2\%) \end{cases}$$

（5）其他性能指标：衰减指数 m 和衰减率 ψ

Ⅰ．衰减指数 m

$$m = \frac{\xi}{\sqrt{1-\xi^2}} = \frac{\xi\omega_n}{\omega_d}$$

Ⅱ．衰减率 ψ

$$\psi = e^{-2\pi\xi/\sqrt{1-\xi^2}} = e^{-2\pi m}$$

4.2.2 时域分析常用函数

时域分析探究系统对输入和扰动在时域内的表现，通过观察上升时间、调节时间、超调量和稳态误差等系统特征参数实现。对时域分析问题，MATLAB 提供了大量的函数，部分如表 4.1 所示。

表 4.1　部分常用时域分析函数

函　　数	说　　明
Step	连续系统的阶跃响应
Impulse	连续系统的脉冲响应
Initial	连续系统的零输入响应
Lsim	连续系统对任意输入的响应
Dstep	离散系统的阶跃响应
Dimpulse	离散系统的脉冲响应

续表

函　数	说　明
Dinitial	离散系统的零输入响应
Dlsim	离散系统对任意输入的响应
Convar	连续系统对白噪声的方差响应
Dconvar	离散系统对白噪声的方差响应
Filter	数字滤波器

读者可以利用 help 命令来了解更多的函数及其使用。部分函数的用法举例如下：

1．initial 函数，求连续系统的零输入响应

[y,x,t]＝initial(A，B，C，D，x0)

[y,x,t]＝initial(A，B，C，D，x0，t)

[y,x,t]＝initial(num，den，x0)

[y,x,t]＝initial(num，den，x0，t)

initial 函数可以计算出连续时间线性系统由于初始状态所引起的响应(即零输入响应)。当该函数不带输出变量时，可绘制出系统的零输入响应曲线；当带输出变量时，只得到系统零输入响应的输出数据，而不直接绘制曲线。

【例 4.10】 某三阶系统如下所示：

$$\begin{bmatrix}\dot{x}_1\\ \dot{x}_2\\ \dot{x}_3\end{bmatrix}=\begin{bmatrix}1 & -1 & 0.5\\ 2 & -2 & 0.3\\ 1 & -4 & -0.1\end{bmatrix}\begin{bmatrix}x_1\\ x_2\\ x_3\end{bmatrix}+\begin{bmatrix}0\\ 0\\ 1\end{bmatrix}u$$

$$y=\begin{bmatrix}0 & 0 & 1\end{bmatrix}\begin{bmatrix}x_1\\ x_2\\ x_3\end{bmatrix}$$

当初始状态 x0=[1 0 0]时，求该系统的零输入响应。运行下面的程序：

```
A=[1 -1 0.5;2 -2 0.3;1 -4 -0.1];
B=[0 0 1]';
C=[0 0 1];
D=0;
x0=[1 0 0]';
t=0:0.1:20;
initial(A,B,C,D,x0,t);
title('The Initial Condition Response');
```

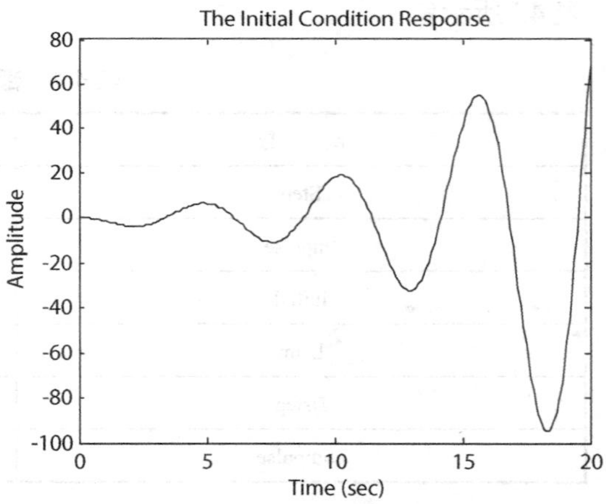

图 4.8　连续系统的零输入响应曲线

得到的响应曲线如图 4.8 所示。

2．dinitial 函数，求离散系统的零输入响应

```
[y,x,t]=dinitial(A,B,C,D,x0)
[y,x,t]=dinitial(A,B,C,D,x0,t)
```

```
[y,x,t]=dinitial(num,den,x0)
[y,x,t]=dinitial(num,den,x0,t)
```

使用方法同 initial 函数。

【例 4.11】 已知离散二阶系统为：

$$\begin{bmatrix} x_1(n+1) \\ x_2(n+1) \end{bmatrix} = \begin{bmatrix} -0.6 & -0.3162 \\ 0.3162 & 0 \end{bmatrix} \begin{bmatrix} x_1(n) \\ x_2(n) \end{bmatrix} + \begin{bmatrix} 1 \\ 0 \end{bmatrix} u$$

$$y = \begin{bmatrix} 2.4 & 6.0083 \end{bmatrix} \begin{bmatrix} x_1(n) \\ x_2(n) \end{bmatrix} + u$$

当系统的初始状态为 $\boldsymbol{x}_0 = \begin{bmatrix} 1 & 0 \end{bmatrix}^{\mathrm{T}}$ 时，求系统的零输入响应。

运行下面的程序：

```
A=[-0.6 -0.3162;0.3162 0];
B=[1 0]';
C=[2.4 6.0083];
D=1;
x0=[1 0]';
dinitial(A,B,C,D,x0);
```

得到该离散系统的零输入响应曲线如图 4.9 所示。

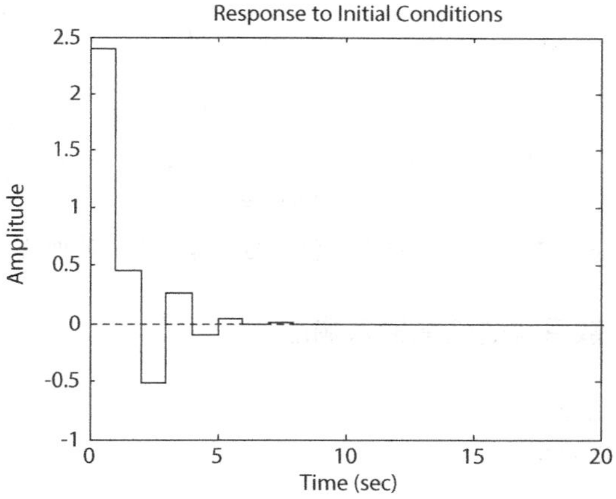

图 4.9　离散系统的零输入响应曲线

3. lsim 函数，求连续系统的任意输入响应

```
[y,x,t]=lsim(A,B,C,D,u,t)
[y,x,t]=lsim(A,B,C,D,u,x0,t)
[y,x,t]=lsim(num,den,u,t)
[y,x,t]=lsim(num,den,u,x0,t)
```

lsim 函数可以求连续系统的任意输入响应，在不带输出变量时，可以绘制出系统的输出响应曲线；当带输出变量时，只得到系统的输入响应数据，而不直接绘制响应曲线。

【例 4.12】 已知某系统为：

$$H(s)=\frac{s^3+6.8s^2+13.85s+8.05}{s^5+11.2s^4+46.4s^3+88.4s^2+77.4s+25.2}$$

求周期为 6s 的方波输出响应。

运行下面的程序：

```
num=[1.0000 6.8000 13.8500 8.0500];
den=[1.0000 11.2000 46.4000 88.4000 77.4000 25.2000];
t=0:0.1:15;
%构造周期为 6 的方波
period=6;
u=(rem(t,period)>=period./2);
lsim(num,den,u,t);
```

运行后得到如图 4.10 所示的输出响应曲线。

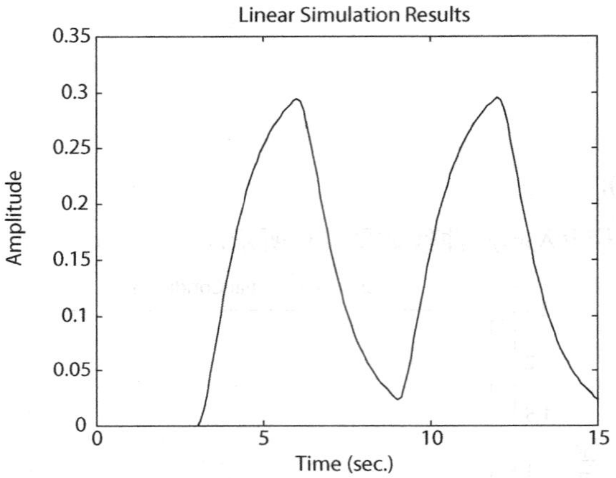

图 4.10　连续系统对方波信号的零状态响应曲线

4．dlsim 函数，求离散系统的任意输入响应

```
[y,x,t]=dlsim(A,B,C,D,u,t)
[y,x,t]=dlsim(A,B,C,D,u,x0,t)
[y,x,t]=dlsim(num,den,u,t)
[y,x,t]=dlsim(num,den,u,x0,t)
```

用法同 lsim 函数。

【例 4.13】　已知某二阶系统为：

$$H(z)=\frac{2z^2-3.4z+1.5}{z^2-1.6z+0.8}$$

运行下面的程序：

```
num=[2 -3.4 1.5];
den=[1 -1.6 0.8];
u=rand(50,1);
dlsim(num,den,u)
```

得到系统对随机信号的响应曲线，如图 4.11 所示。

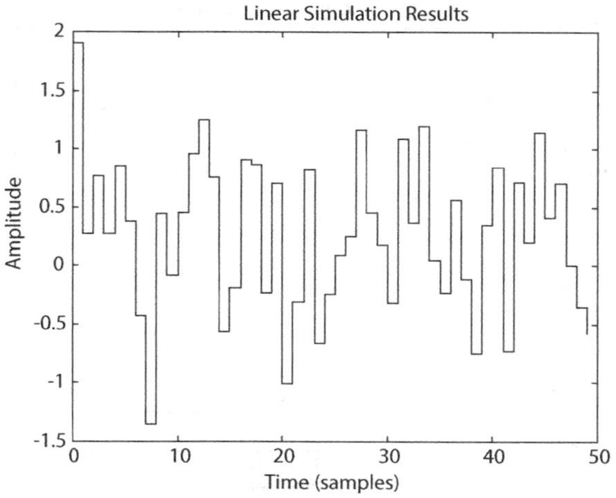

图 4.11　离散系统对随机信号的零状态响应曲线

5. impulse 函数，求连续系统的冲激响应

impulse 函数的使用格式：

```
[y,x,t]=impulse(num,den);
[y,x,t]=impulse(num,den， t)
[y,x,t]=impulse(A,B,C,D,uvt)
[y,x,t]=impulse(A,B,C,D,u,t)
impulse(num,den); impulse(num,den,t)
impulse(A,B,C,D); impulse(A,B,C,D,t)
```

impulse 函数的用法同上。

dimpulse 函数的用法与 impulse 函数相同。

【例 4.14】　已知系统的开环传递函数为 $G_0(s)=\dfrac{20}{s^4+8s^3+36s^2+40s}$，求该系统在单位负反馈下的单位脉冲激励响应。

运行下面的程序：

```
%开环传递函数描述
numo=20;
deno=[1 8 36 40 0];
%求闭环传递函数
[numc,denc]=cloop(numo,deno, -1);
%绘制闭环系统的脉冲激励响应曲线
t=1:0.1:10;
[y,x]=impulse(numc,denc,t);
plot(t,y)
title('the impulse responce')
xlabel('time-sec')
```

程序的运行结果如图 4.12 所示。

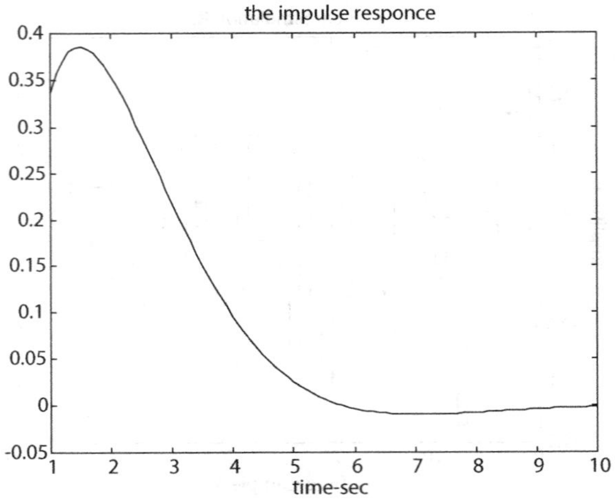

图 4.12　闭环系统的冲激响应曲线

6．step 函数，求连续系统的阶跃响应

step 函数的使用格式：

```
[y,x,t]= step(num,den);
[y,x,t]= step(num,den,t)
[y,x,t]= step(A,B,C,D,u,t)
[y,x,t]= step(A,B,C,D,u,t)
step(num,den); step(num,den,t)
step(A,B,C,D); step(A,B,C,D,t)
```

step 函数的用法与 impulse 函数的用法基本一致。

dstep 函数的用法与 step 函数相同。

【例 4.15】 已知某典型二阶系统的传递函数为 $G_0(s)=\dfrac{w_n^2}{s^2+2\xi w_n^2 s+w_n^2}, \xi=0.6, w_n=5$, 求系统的阶跃响应。

运行下面的程序：

```
%系统传递函数描述
wn=5;
alfh=0.6;
num=wn^2;
den=[1 2*alfh*wn wn^2];
%绘制闭环系统的阶跃响应曲线
t=0:0.02:5;
y=step(num,den,t);
plot(t,y)
title('two orders linear system step responce')
xlabel('time-sec')
```

```
ylabel('y(t)')
grid on
```

该系统的阶跃响应曲线如图 4.13 所示。

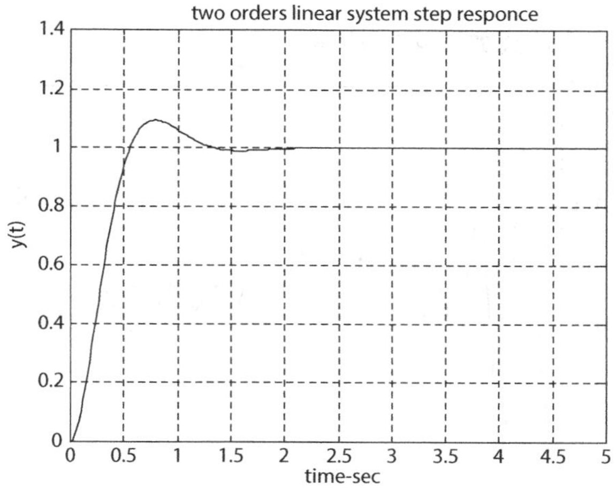

图 4.13　二阶闭环系统的阶跃响应曲线

【例 4.16】　已知某闭环系统的传递函数为$G_0(s)=\dfrac{10s+25}{0.16s^3+1.96s^2+10s+25}$，求其阶跃响应。

运行下面的程序：

```
%系统传递函数描述
num=[10 25];
den=[0.16 1.96 10 25];
%绘制闭环系统的阶跃响应曲线
t=0:0.02:5;
y=step(num,den,t);
plot(t,y)
xlabel('time-sec')
ylabel('y(t)')
grid
```

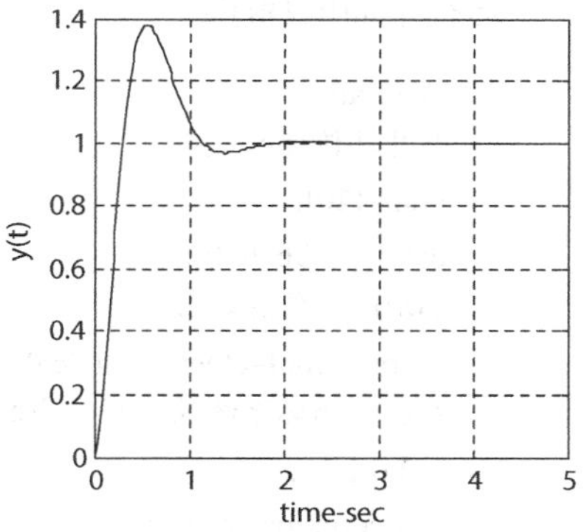

图 4.14　三阶闭环系统的阶跃响应曲线

该系统的阶跃响应曲线如图 4.14 所示。

【例 4.17】　系统传递函数为$G(s)=\dfrac{1}{(s^2+0.1s+5)(s^3+2s^2+3s+4)}$，绘制该系统的阶跃响应曲线。

运行下面的程序：

```
clear all
num=1;
den=conv([1 0.1 5],[1 2 3 4]);
%绘制系统的阶跃响应曲线
t=0:0.1:40;
```

```
y=step(num,den,t);
t1=0:1:40;
y1=step(num,den,t1);
plot(t,y,'r',t1,y1)
```

该高阶系统的阶跃响应曲线如图 4.15 所示。

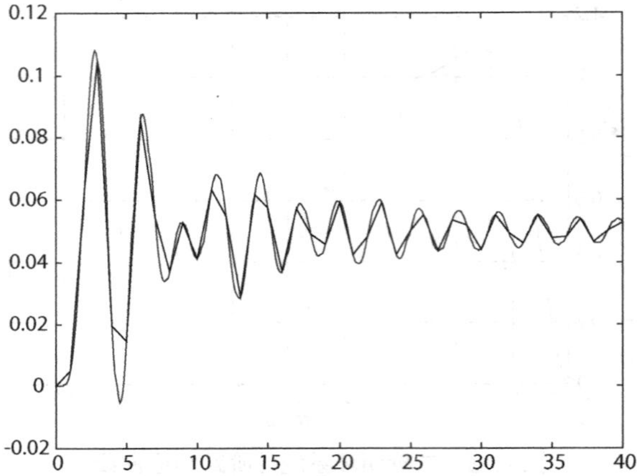

图 4.15　高阶系统的阶跃响应曲线

【例 4.18】　已知系统的开环传递函数为 $G_0(s)=\dfrac{20}{s^4+8s^3+36s^2+40s}$，求该系统在单位负反馈下的单位阶跃响应。

运行下面的程序：

```
close all
%开环传递函数描述
num=[20];
den=[1 8 36 40 0];
%求闭环传递函数
[numc,denc]=cloop(num,den);
%绘制闭环系统的阶跃响应曲线
t=0:0.1:10;
y=step(numc,denc,t);
plot(t,y) ;
title('the step responce') ;
xlabel('time-sec') ;
```

该系统的阶跃响应曲线如图 4.16 所示。

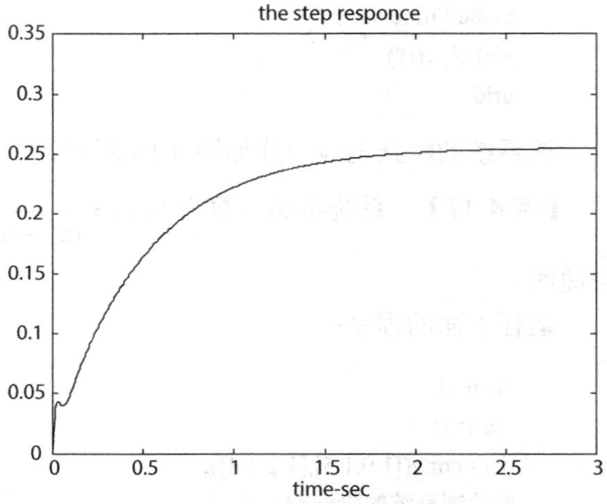

图 4.16　闭环系统的阶跃响应曲线

4.2.3　时域分析应用实例

【例 4.19】　某 2 输入 2 输出系统为：

$$\begin{bmatrix}\dot{x}_1\\ \dot{x}_2\\ \dot{x}_3\\ \dot{x}_4\end{bmatrix}=\begin{bmatrix}-2.5 & -1.22 & 0 & 0\\ 1.22 & 0 & 0 & 0\\ 1 & -1.14 & -3.2 & -2.56\\ 0 & 0 & 2.56 & 0\end{bmatrix}\begin{bmatrix}x_1\\ x_2\\ x_3\\ x_4\end{bmatrix}+\begin{bmatrix}4 & 1\\ 2 & 0\\ 2 & 0\\ 0 & 0\end{bmatrix}\begin{bmatrix}u_1\\ u_2\end{bmatrix}$$

$$\begin{bmatrix}y_1\\ y_2\end{bmatrix}=\begin{bmatrix}0 & 1 & 0 & 3\\ 0 & 0 & 0 & 1\end{bmatrix}\begin{bmatrix}x_1\\ x_2\\ x_3\\ x_4\end{bmatrix}+\begin{bmatrix}0 & -2\\ -2 & 0\end{bmatrix}\begin{bmatrix}u_1\\ u_2\end{bmatrix}$$

求该系统的单位阶跃响应和单位冲激响应。

运行下面的 MATLAB 程序。

```
%系统状态空间描述
a=[-2.5 -1.22 0 0;1.22 0 0 0;1 -1.14 -3.2 -2.56;0 0 2.56 0];
b=[4 1;2 0;2 0;0 0];
c=[0 1 0 3;0 0 0 1];
d=[0 -2;  -2 0];
%绘制闭环系统的单位阶跃响应曲线
figure(1)
step(a,b,c,d)
title('step response')
xlabel('time-sec')
ylabel('amplitude')
%绘制闭环系统的单位脉冲响应曲线
figure(2)
impulse(a,b,c,d)
title('impulse response')
xlabel('time-sec')
ylabel('amplitude')
```

该系统的响应曲线如图 4.17 和图 4.18 所示。

【例 4.20】 某系统框图如图 4.19 所示，求 d 和 e 的值，使系统的阶跃响应满足：（1）超调量不大于 40%，（2）峰值时间为 0.8 秒。

由图可得闭环传递函数为：

$$G_c(s)=\frac{d}{s^2+(d\cdot e+1)s+d}$$

由典型二阶系统特征参数计算公式：

$$\sigma_p=e^{-\zeta\pi/\sqrt{1-\zeta^2}}\times 100，\quad t_p=\pi/\left(w_n\cdot\sqrt{1-\zeta^2}\right)$$

得：

$$\zeta = \ln\frac{100}{\sigma}\Bigg/\left[\pi^2+\left(\ln\frac{100}{\sigma}\right)^2\right]^{\frac{1}{2}}, \quad w_n = \pi\Big/\left(t_{\mathrm{p}}\cdot\sqrt{1-\zeta^2}\right)$$

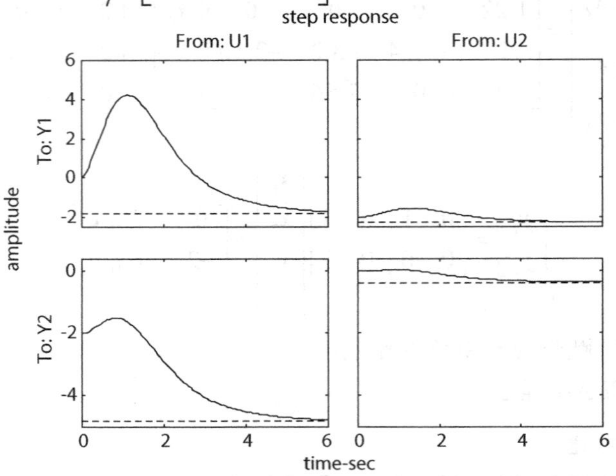

图 4.17　闭环系统的单位阶跃响应曲线

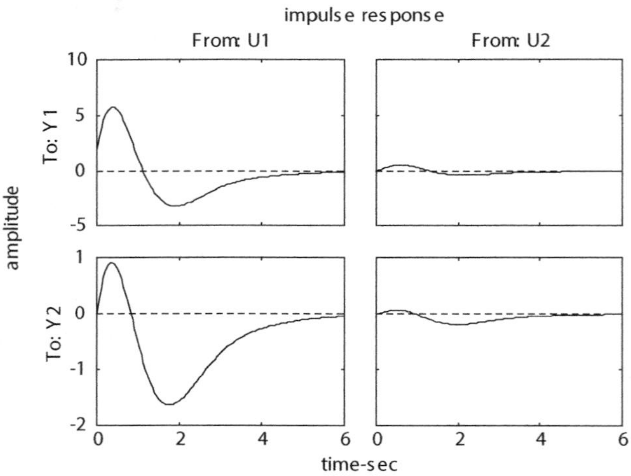

图 4.18　闭环系统的单位冲激响应曲线

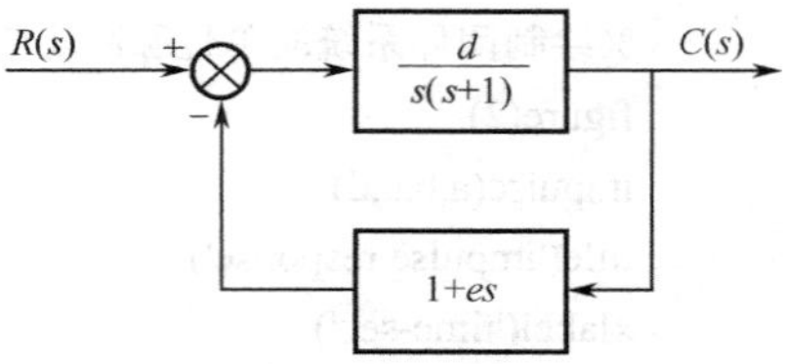

图 4.19　系统组成图

运行下面的程序：

```
clear all
%输入期望的超调量及峰值时间
pos=input('please input expect pos(%)=');
tp=input('please input expect tp=');
z=log(100/pos)/sqrt(pi^2+(log(100/pos))^2);
wn=pi/(tp*sqrt(1-z^2));
num=wn^2;
den=[1 2*z*wn wn^2];
t=0:0.02:4;
y=step(num,den,t);
plot(t,y)
```

```
xlabel('time-sec')
ylabel('y(t)')
grid
d=wn^2
e=(2*z*wn-1)/d
运行结果：
please input expect pos(%)=40
please input expect tp=0.8
d =
    16.7331
e =
     0.0771
```

该系统的响应曲线如图 4.20 所示。

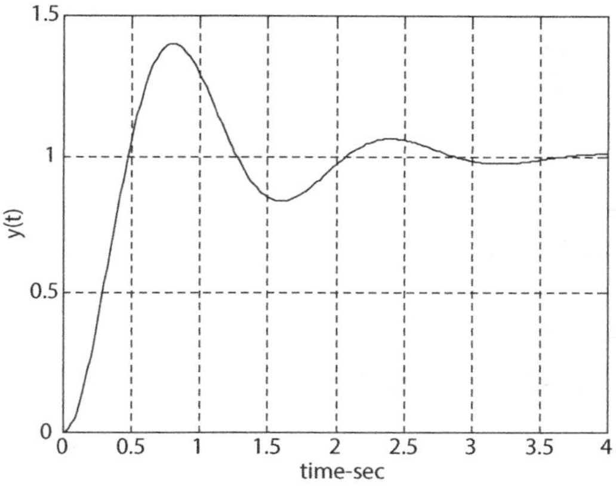

图 4.20　系统的阶跃响应曲线

【例 4.21】　根据典型二阶系统的参数阻尼比 α 和自然振荡频率 w_n，求该系统的单位阶跃响应参数：超调量 σ_p；峰值时间 t_p；上升时间 t_r；调节时间 t_s（稳态误差为±2%）。

运行下面的程序，并分析计算结果。

```
%输入典型二阶系统参数，确定系统传递函数模型
alph=input('please input alph=');
wn=input('please input wn=');
num=wn^2;
den=[1 2*alph*wn wn^2];
%判断系统是否稳定
[z,p,k]=tf2zp(num,den);
ii=find(real(z)>0);
n1=length(ii);
jj=find(real(p)>0);
n2=length(jj);
if(n2>0)
    disp('the system is unstable')
    disp('it is no use for getting 动态参数')
```

```
    else
        %调用求取二阶系统阶跃响应动态参数的函数文件
    [y,x,t]=step(num,den);
    plot(t,y)
    [pos,tp,tr,ts2]=stepchar(y,t)
end
```

【例 4.22】 已知系统 $G(s)=\dfrac{3}{(s+1+3i)(s+1-3i)}$，计算系统的瞬态性能指标（稳态误差为±2%）。

输入以下 MATLAB 命令：

```
clear
% 系统模型输入
num=3;
den=conv([1 1+3i],[1 1-3i]);
% 求系统的单位阶跃响应
[y,x,t]=step(num,den);
% 求响应的稳态值
finalvalue=dcgain(num,den)
% 求响应的峰值及对应的下标
[yss,n]=max(y);
% 计算超调量及峰值时间
percentovershoot=100*(yss-finalvalue)/finalvalue
timetopeak=t(n)
% 计算上升时间
n=1;
while y(n)<0.1*finalvalue
    n=n+1;
end
m=1;
while y(m)<0.9*finalvalue
    m=m+1;
end
risetime=t(m)-t(n)
% 计算调整时间
k=length(t);
while (y(k)>0.98*finalvalue)&(y(k)<1.02*finalvalue)
        k=k-1;
end
settlingtime=t(k)
```

【例 4.23】 已知系统框图如图 4.21 所示，$G(s)=\dfrac{7(s+1)}{s(s+3)(s^2+4s+5)}$，求系统的单位阶跃响应。

输入以下 MATLAB 命令：

```
num=[7 7];
den=[conv(conv([1 0],[1 3]),[1 4 5])];
g=tf(num,den);
gg=feedback(g, 1, -1);
[y, t, x]=step(gg)
plot(t, y)
```

系统的单位阶跃响应曲线如图 4.22 所示。

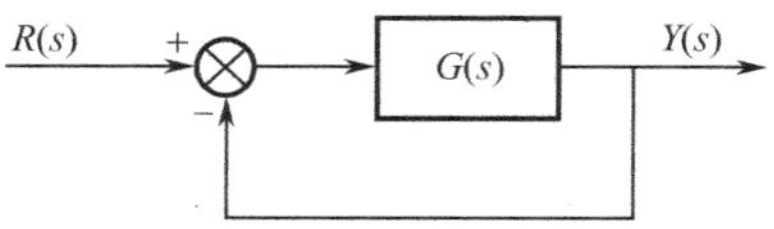

图 4.21　系统的结构图

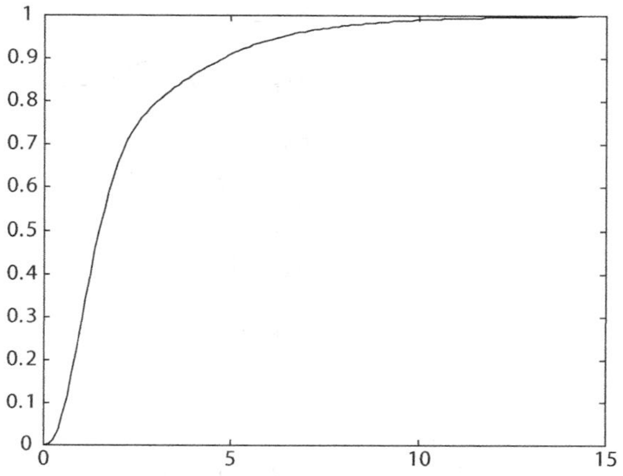

图 4.22　系统的单位阶跃响应曲线

【例 4.24】　已知系统的框图如图 4.21 所示，其中：

$$G(s)=G_0(s)e^{-\tau s}=\frac{s^3+7s^2+24s+24}{s^4+10s^3+35s^2+50s+24}e^{-0.5\tau}$$

求该系统的阶跃响应。

运行以下的 MATLAB 程序：

```
den=[1 10 35 50 24 ];
num=[1 7 24 24];
g=tf(num,den);
tau=0.5;
y1=[ ];
t=0:0.1:10;
for i=1:5
[np,dp]=pade(tau,i);%利用 pade 函数对时间延迟进行近似处理
g1=tf(np,dp);
gg=g*g1;
ggg=feedback(gg,1, -1);
 [y,t,x]=step(ggg,t);
y= y';              %求矩阵 y 的转置
y1=[y1;y];
end
plot(t,y1)
```

```
text(0.25, -0.07,'n=1')
```

对系统进行 1 阶、2 阶、3 阶、4 阶、5 阶 Pade 近似后得到的阶跃响应曲线如图 4.24 所示。

从图 4.23 可以看出，纯滞后时间段有振荡，而这在实际系统中根本不可能出现。所以可得出这样一个结论：在初始时间段 pade 近似并不精确。

为了消除初始时间段的振荡，实际应用中一般只对闭环传递函数分母项的延迟进行处理，可得近似的系统闭环传递函数为：

$$\Phi(s) \approx \frac{G_c(s)G_0(s)e^{-\tau s}}{1+G_c(s)G_0(s)H(s)p_{n,\tau}(s)}$$

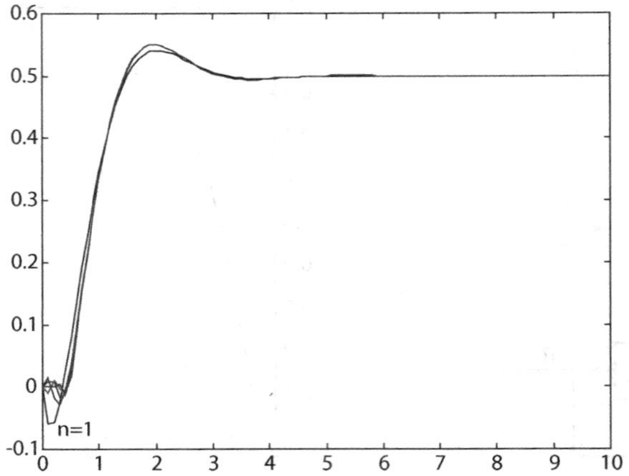

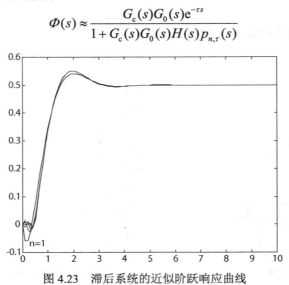

图 4.23　滞后系统的近似阶跃响应曲线

其等效的闭环系统框图如图 4.24 所示。

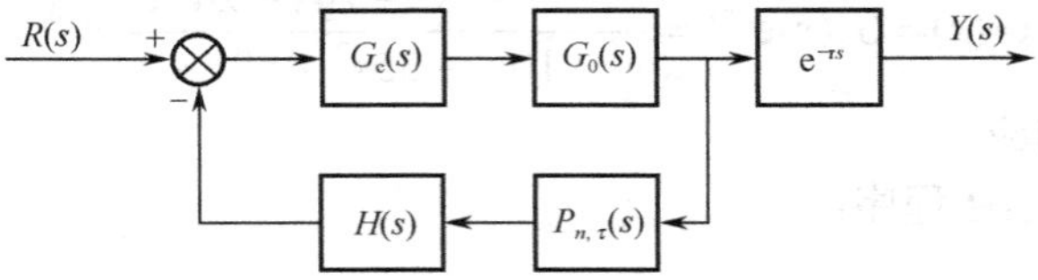

图 4.24　pade 近似的等效闭环系统框图

运行以下的 MATLAB 程序求阶跃响应：

```
den=[1 10 35 50 24 ];
num=[1 7 24 24];
g=tf(num,den);
tau=0.5;
y1=[ ];
t=0:0.1:8;
for i=1:5
[np,dp]=pade(tau,i);
g1=tf(np,dp);
gg=feedback(g,g1, -1);
set(gg,'Td',tau);
[y,t,x]=step(gg,t);
```

```
y=y';              %求矩阵 y 的转置
y1=[y1;y];
end
plot(t,y1);
```

对该系统进行 1 阶、2 阶、3 阶、4 阶、5 阶 pade 近似后得到的阶跃响应曲线如图 4.26 所示。

从图 4.25 中可看出，只对系统分母多项式中的时间延迟环节 pade 近似，可以有效地消除初始时间段的振荡，而且还可看出 1 阶、2 阶、3 阶、4 阶、5 阶 pade 近似得到的阶跃响应曲线几乎重合。所以对于此种近似方法，即使使用 1 阶 pade 近似，也可对原系统进行相当精确的近似，实际应用中，一般采用 3 阶 pade 近似。

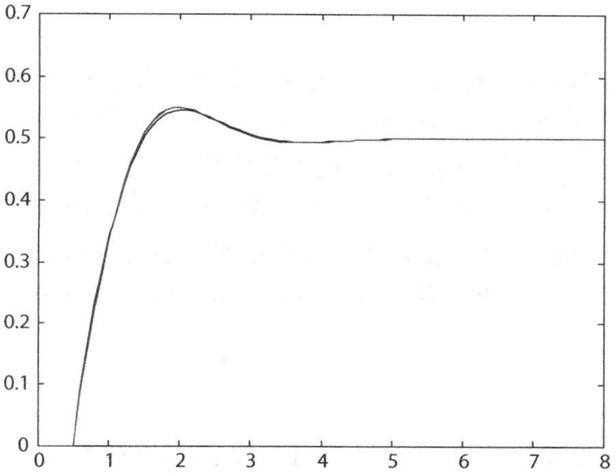

图 4.25　滞后系统的近似阶跃响应曲线

4.3　系统的频域分析

4.3.1　频域分析的基本概念

频域分析法是研究系统性能与信号频率之间关系的一种经典方法，主要有奈奎斯特图（Nyquist 图）、波特图（Bode 图）和尼科尔图（Nichols 图）等，借助 MATLAB 软件，运行它提供的频率分析函数，能够方便、简单、快捷地对系统进行分析。

1．频域特性的概念

线性定常系统在正弦输入信号的作用下，其输出的稳态分量是与输入信号同频率的正弦函数，输出稳态分量与输入正弦信号的复数比称为频率特性，其数学式表示为：

$$G(\mathrm{j}\omega)=\frac{Y(\mathrm{j}\omega)}{X(\mathrm{j}\omega)} \tag{4-8}$$

式（4－8）还可以表示为：

$$G(\mathrm{j}\omega)=R(\omega)+\mathrm{j}I(\omega) \tag{4-9}$$

式中，$R(\omega)$为实频特性，$I(\omega)$为虚频特性。

或

$$G(\mathrm{j}\omega)=A(\omega)\mathrm{e}^{\mathrm{j}\phi(\omega)} \tag{4-10}$$

式中，$A(\omega)=|G(\mathrm{j}\omega)|$为幅频特性，$\phi(\omega)=\angle G(\mathrm{j}\omega)$为相频特性。

$$R(\omega)=A(\omega)\cos\phi(\omega)$$
$$I(\omega)=A(\omega)\sin\phi(\omega)$$
$$A(\omega)=\sqrt{R^2(\omega)+I^2(\omega)}$$
$$\phi(\omega)=\arctan\frac{I(\omega)}{R(\omega)}$$

2. 奈奎斯特图

奈奎斯特图又称极坐标图，是当角频率 ω 从 0 到∞变化时，表示在极坐标上的频率响应 $G(\mathrm{j}\omega)$的幅值 $A(\omega)$和相角 $f(\omega)$的一条关系曲线。极坐标图的优点是能显示出频率 ω 的分布情况。

3. 波特图

对数频率特性图（波特图）有两张，一张为对数幅频特性曲线，另一张是对数相频特性曲线。前者以频率 ω 为横坐标，并采用对数分度，将 $20\lg|G(\mathrm{j}\omega)|$ 的函数值作为纵坐标，并以分贝（dB）为单位均匀分度。后者的横坐标也以频率 ω 为横坐标（也用对数分度），纵坐标则为相位 $\phi(\omega)$，以度（°）为单位均匀分度，两张图合起来称为波特图。其优点是可将幅值相乘转化为对数幅值相加，而且在只需要频率响应的粗略信息时常可归结为绘制由直线段组成的渐近特性线，作图非常简便。如果需要精确曲线，则可在渐近线的基础上进行修正，绘制也比较简单。

4. 尼科尔斯曲线

尼科尔斯曲线又称对数幅相图。它是在直角坐标上以频率 ω 为参量表示的对数幅值 $20\log|G(\mathrm{j}\omega)|$与相位 $\phi(\omega)$ 的一种关系图。对数幅相图很容易根据波特图上的对数幅值特性和相角特性来绘制。尼科尔斯图的优点是能较容易地确定系统的相对稳定性。

5. 稳定裕量（又称稳定裕度）

稳定裕量是衡量系统相对稳定性的指标，稳定裕量分为相位裕量和增益裕量（又称相角裕量和幅值裕量）两种。

1）相位裕量 γ

当开环幅频特性曲线（奈氏曲线）的幅值为 1 时，其相角 $\phi(\omega_c)$ 与−180°（即负实轴）的差 γ（γ_c），称为相位裕量（相位裕度），即

$$\gamma=\phi(\omega_c)-(-180^\circ)=180^\circ+\phi(\omega_c) \tag{4-11}$$

其中，ω_c 称为系统的截止频率。

2）幅值裕量 h

幅值裕量定义为奈氏曲线与负实轴相交处的幅值的倒数，即

$$h=\frac{1}{|G(\mathrm{j}\omega_x)H(\mathrm{j}\omega_x)|} \tag{4-12}$$

其中，ω_x 称为系统的穿越频率。

其含义是，对于闭环稳定系统，如果系统开环幅频特性再增大几倍，则系统处于临界稳定状态。

6. 频域指标与时域指标之间的关系

1）典型二阶系统频域与时域指标间的关系

截止频率： $\omega_c = \omega_n \sqrt{\sqrt{1+4\xi^4} - 2\xi^2}$

相位裕量： $\gamma = \arctan \dfrac{2\xi}{\sqrt{\sqrt{1+4\xi^4} - 2\xi^2}}$

带宽频率： $\omega_b = \omega_n \sqrt{(1-2\xi^2) + \sqrt{2-4\xi^2+4\xi^4}}$

谐振频率： $\omega_r = \omega_n \sqrt{1-2\xi^2} \quad (0 < \xi < 0.707)$

谐振峰值： $M_r = \dfrac{1}{2\xi\sqrt{1-2\xi^2}} \quad (0 < \xi < 0.707)$

2）高阶系统频域与时域指标之间的近似关系

谐振峰值： $M_r \approx \dfrac{1}{\sin\gamma}$

超调量： $\sigma_p\% = [0.16 + 0.4(M_r - 1)] \times 100\% \quad (1 \leqslant M_r \leqslant 1.8)$

调整时间： $t_s = \dfrac{K\pi}{\omega_c}$

式中， $K = 2 + 1.5(M_r - 1) + 2.5(M_r - 1)^2 \quad (1 \leqslant M_r \leqslant 1.8)$

4.3.2 频域分析常用函数

为了研究系统的频率响应，MATLAB 提供了大量的函数，部分如表 4.2 所示。

表 4.2 部分常用频域分析函数

函　数	说　明
bode	连续系统的波特图
dbode	离散系统的波特图
fbode	连续系统快速波特图
freqs	模拟滤波特性
freqz	数字滤波特性
nichols	连续系统的尼科尔斯曲线
dnichols	离散系统的尼科尔斯曲线
nyquist	连续系统的奈奎斯特曲线
dnyquist	离散系统的奈奎斯特曲线
sigma	连续奇异值频率图
dsigma	离散奇异值频率图
margin	求增益裕量和相位裕量及对应的转折频率
ugrid	尼科尔斯方格图

读者可以利用 help 命令来了解更多的函数及其使用。部分函数的用法举例如下：

1. nichols 函数

该函数用来绘制连续系统的尼科尔斯频率响应曲线。

```
[mag,phase,w]= nichols(A,B,C,D)
[mag,phase,w]= nichols(A,B,C,D,iu)
[mag,phase,w]= nichols(A,B,C,D,iu,w)
[mag,phase,w]= nichols(num,den )
[mag,phase,w]= nichols(num,den,w)
```

nichols 函数可以绘制连续系统的尼科尔斯频率响应曲线，尼科尔斯曲线可用于分析开环和闭环系统的特性。当不带输出变量时，该函数可以直接绘制出系统的尼科尔斯曲线；当带输出变量时，只得到尼科尔斯曲线的数据，而不直接绘制出尼科尔斯曲线。

【例 4.25】 一个四阶系统：

$$H(s)=\frac{-s^4+20s^3-20s^2+180s+300}{s^4+20s^3+182s^2+425s+50}$$

绘制其尼科尔斯曲线。

运行下面的程序：

```
num=[-1 20 -20 180 300];
den= [1 20 182 524 50];
nichols(num,den);
ngrid  %绘制网格线
```

结果如图 4.26 所示。

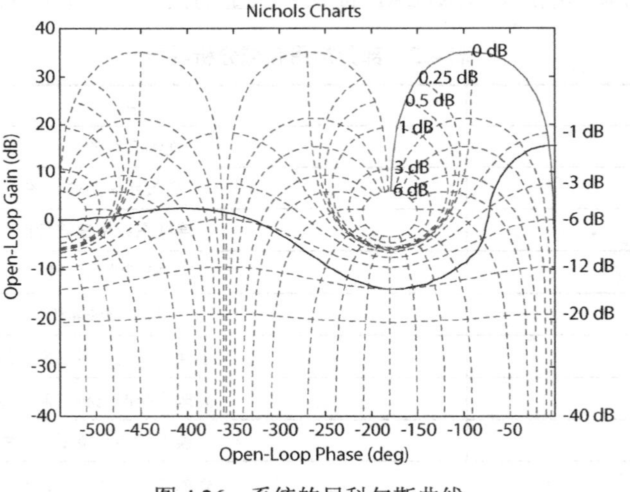

图 4.26 系统的尼科尔斯曲线

2. dnichols 函数

该函数用来绘制离散系统的尼科尔斯频率响应曲线。

```
[mag,phase,w]=dnichols(A,B,C,D,Ts)
[mag,phase,w]=dnichols(A,B,C,D,Ts,iu)
[mag,phase,w]=dnichols(A,B,C,D,Ts,iu,w)
[mag,phase,w]=dnichols(num,den,Ts)
```

```
[mag,phase,w]=dnichols(num,den,Ts,w)
```

dnichols 函数的用法与 nichols 函数类似。

【例 4.26】 某五阶系统：

$$H(z)=\frac{z+1.23}{z^5+1.2z^4+1.56z^3+2z^2+0.91z+0.43}$$

取样时间为 0.02s，绘制其尼科尔斯曲线。

运行下面的程序：

```
num=[1   1.23];
den=[1   1.2   1.56   2   0.91   0.43];
ts=0.02;
dnichols(num,den,ts);
ngrid
```

结果如图 4.27 所示。

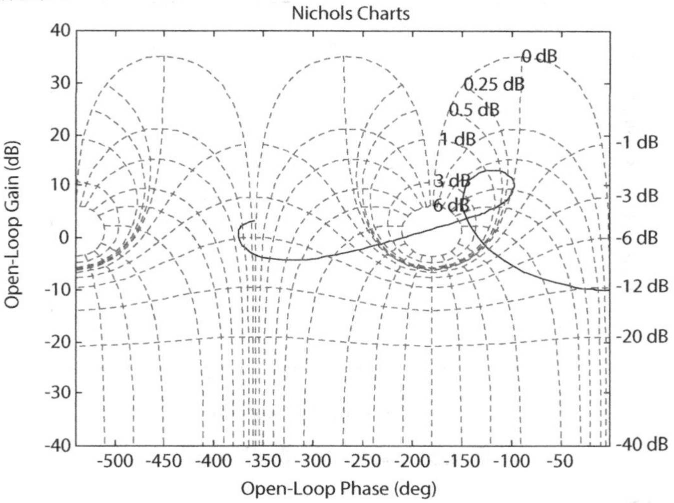

图 4.27 系统的尼科尔斯曲线

3. margin 函数

该函数用来求系统的幅值和相位裕量。

```
[gm,pm,wcp,wcg]=margin(mag,phase,w)
[gm,pm,wcp,wcg]=margin(num,den,w)
[gm,pm,wcp,wcg]=margin(A,B,C,D,w)
```

margin 函数可以从系统的频率响应数据中计算出幅值裕量、相位裕量和相关频率。幅值和相位裕量是针对开环单输入单输出系统而言的，它表征闭环系统的相对稳定性。

【例 4.27】 已知某三阶系统：

$$\dot{\boldsymbol{x}}=\begin{bmatrix}-1.5 & 0 & 0\\ -0.5 & -2 & -1.4142\\ 0 & 1.4142 & 0\end{bmatrix}\boldsymbol{x}+\begin{bmatrix}1\\1\\0\end{bmatrix}\boldsymbol{u}$$

$$\boldsymbol{y}=[0 \quad 0 \quad 0.7071]\boldsymbol{u}$$

求其幅值和相位裕度。

margin 函数通常放在 bode 函数之后，先由 bode 函数得到幅值和相位裕量，然后利用 margin 函数绘制出标有幅值和相位裕量的波特图。

运行下面的程序：

```
clear all
A=[-1.5   0   0;   -0.5   -2   -1.4142;   0   1.4142   0];
B=[1   1   0]';
C=[0   0   0.7071];
D=0;
[mag,phase,w]=bode(A,B,C,D);
Margin(mag,phase,w);
```

得到的结果如图 4.28 所示。

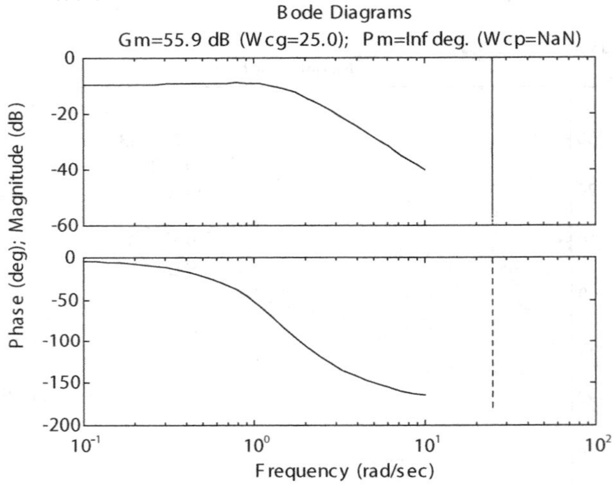

图 4.28　系统的裕量与波特图

4. bode 函数（波特图）

该函数用来绘制连续系统的对数频率特性图。

```
[mag,phase,w]= bode(A,B,C,D)
[mag,phase,w]= bode(A,B,C,D,iu)
[mag,phase,w]= bode(A,B,C,D,iu,w)
[mag,phase,w]= bode(num,den )
[mag,phase,w]= bode(num,den,w)
```

bode 函数用来绘制系统的对数频率特性图，包括对数幅频特性图和对数相频特性图。横坐标为频率 w，采用对数分度，单位为弧度/秒；纵坐标均匀分度，为幅值函数 $20\lg A(w)$，以 dB 表示。

【例 4.28】 某系统的开环传递函数为 $G(s)=\dfrac{\varpi_n^2}{s^2+2\xi\varpi_n s+\varpi_n^2}$，若 ω_n=5，试绘制 ξ 为不同值时的波特图。

当ξ取［0.1；0.2；2］时该二阶系统的波特图可直接由 bode 函数得到。运行下面的程序：

```
omega_n=5;
kosai=[0.1;0.2;2];
w=logspace(-1,1,100);
num=[omega_n^2];
for ii=1:3
    den=[1 2*kosai(ii)*omega_n omega_n^2];
    [mag, pha, w1]=bode(num,den,w);
    subplot(2,1,1);
    hold on
    semilogx(w1,mag);
    subplot(2,1,2);
    hold on
    semilogx(w1,pha);
end
subplot(2,1,1);
grid on
title('Bode plot');
xlabel('Frequency(rad/sec)');
ylabel('Gain dB');
text(5.5,4.5,'0.1');
subplot(2,1,2);
grid on
xlabel('Frequency(rad/sec)');
ylabel('phase deg');
text(4, -20,'0.1');
text(2.5, -90,'2.0');
```

绘制的波特图如图 4.29 所示。

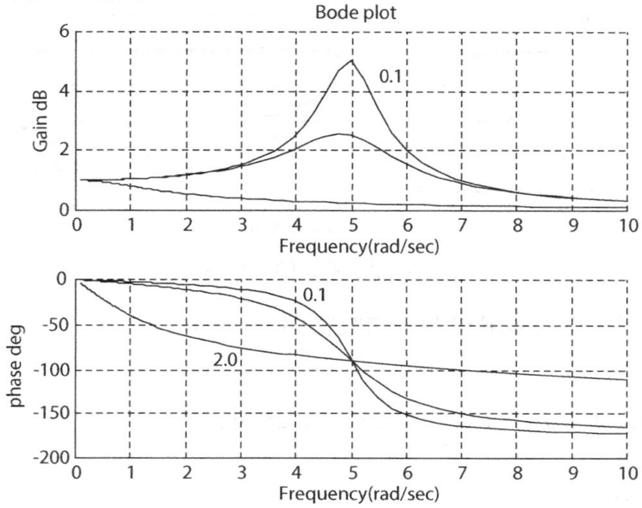

图 4.29　系统的波特图

【例 4.29】 当典型二阶系统的自然振荡频率固定时，绘制其阻尼比变化时的波特图。

运行下面的程序：

```
wn=6;
kosi=[0.1:0.1:1.0];
%在对数空间上生成从 10^(-1)到 10^1 共 100 个数据的横坐标
w=logspace(-1,1,100);
num=wn^2;
for kos=kosi
    den=[1 2*kos*wn wn^2];
    [mag,pha,w1]=bode(num,den,w);
    % 注意 mag 的单位不是分贝，若需要分贝表示
    % 可以通过 20*log10(mag)进行转换
    subplot(211);
    hold on;
    semilogx(w1,mag)
    % 注意在所绘制的图形窗口会发现 x 轴并没有取对数分度
    subplot(212)
    hold on;
    semilogx(w,mag)
end
```

结果如图 4.30 所示。

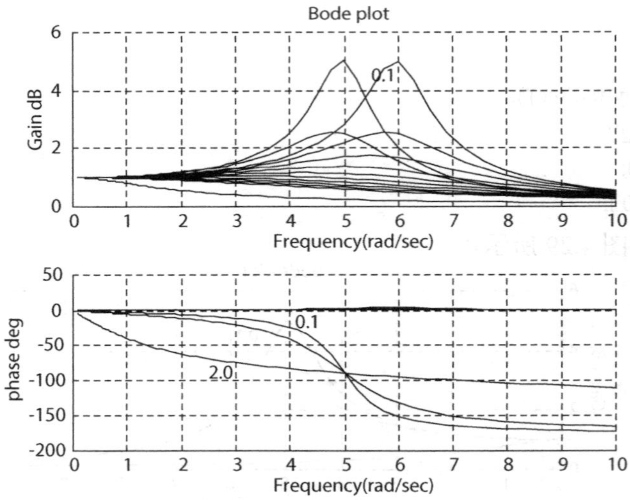

图 4.30　系统的波特图

【例 4.30】 绘制多输入多输出系统的波特图。

运行下面的程序：

```
a=[-2.5 -1.22 0 0;1.22 0 0 0;1 -1.14 -3.2 -2.56;...0 0 2.56 0];
b=[4 1;2 0;2 0;0 0];
c=[0 1 0 3;0 0 0 1];
d=[0 -2;  -2 0];
```

```
figure(1)
bode(a,b,c,d) % 绘制所有输入与所有输出的波特图
figure(2)
% 只绘制第一个输入与所有输出的波特图
bode(a,b,c,d,1)
```

结果如图 4.31 和图 4.32 所示。

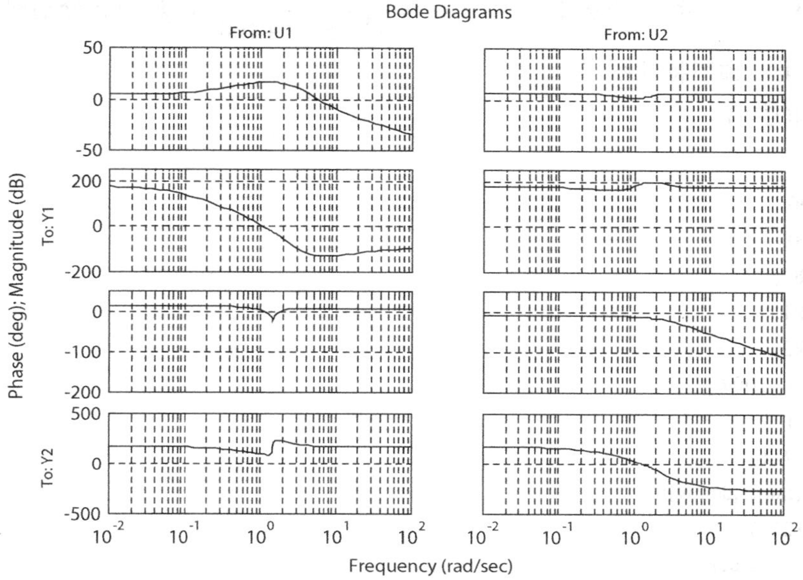

图 4.31　两个输入与两个输出的波特图

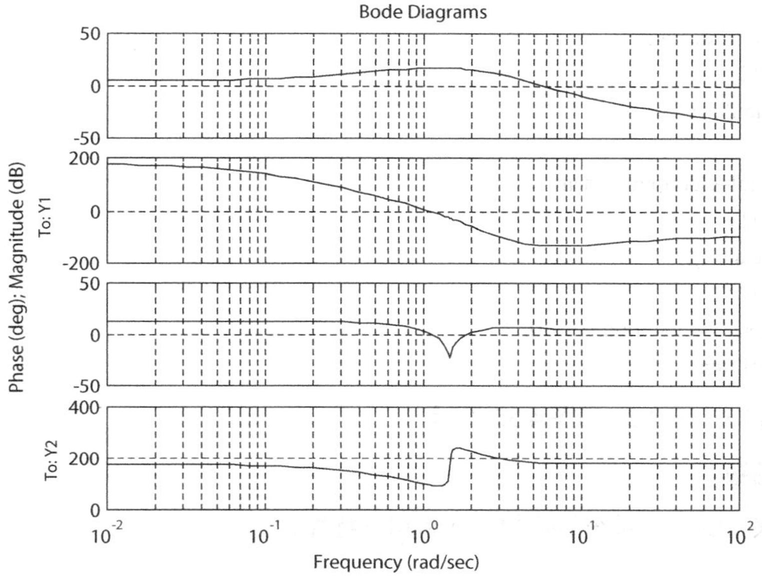

图 4.32　第一个输入与两个输出的波特图

5. nyquist 函数

该函数用来绘制系统的极坐标频率特性图。

```
nyquist (A,B,C,D)
nyquist (A,B,C,D,iu)
nyquist (A,B,C,D,iu,w)
nyquist (num,den )
nyquist (num,den,w)
```

【例 4.31】 已知系统的传递函数为$G(s)=\dfrac{k}{s^3+52s^2+100s}$，求当 k 分别取 1300 和 5200 时，系统的极坐标频率特性图。

运行下面的程序：

```
clear all
k1=1300;
k2=5200;
w=8:1:80;
num1=k1;
num2=k2;
den=[1 52 100 0];
figure(1)
subplot(211)
nyquist(num1,den,w);
subplot(212)
pzmap(num1,den);
figure(2)
subplot(211)
nyquist(num2,den,w);
subplot(212)
pzmap(num2,den);
figure(3)
[numc,denc]=cloop(num2,den);
subplot(211)
step(numc,denc)
subplot(212)
[numc1,denc1]=cloop(num1,den);
step(numc1,denc1)
```

结果如图 4.33、图 4.34 和图 4.35 所示。

6. freqs 函数

该函数用来绘制连续系统的幅频特性和相频特性。

```
[h,w]=freqs (A,B,C,D)
[h,w]=freqs (A,B,C,D,iu)
[h,w]=freqs (A,B,C,D,iu,w)
[h,w]=freqs (num,den )
[h,w]=freqs (num,den,w)
```

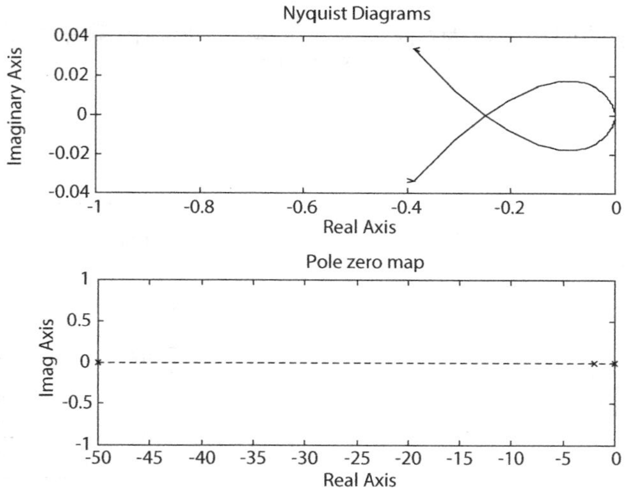

图 4.33　*k*=1300 时系统的极坐标频率特性图与零、极点分布

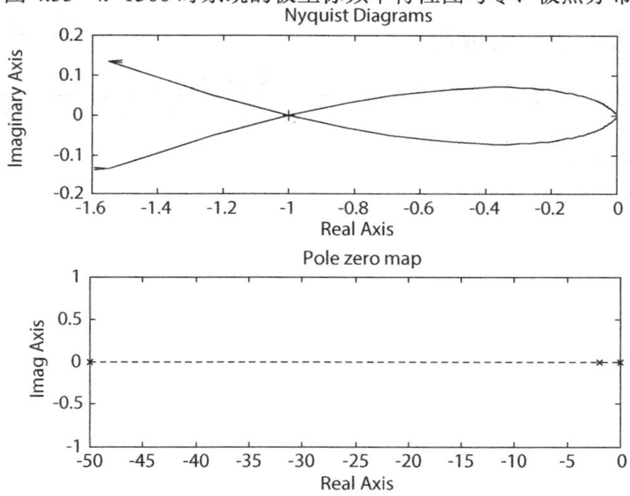

图 4.34　*k* =5200 时系统的极坐标频率特性图与零、极点分布

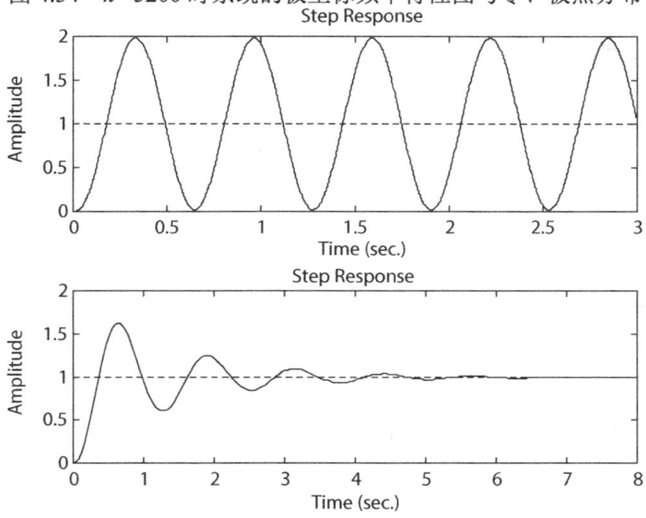

图 4.35　*k* =1300 和 5200 时系统的阶跃响应曲线

【例 4.32】 系统的闭环函数为$G(s)=\dfrac{k}{s^2+2s+4}$，绘制该系统的幅频特性曲线。

运行下面的程序：

```
num=4;
den=[1 2 4];
w=0:0.01:3;
g=freqs(num,den,w);
mag=abs(g);
plot(w,mag);
xlabel('Frequency-rad/s');
ylabel('Magnitude');
grid;
axis([0 3 0.5 1.2])
title('幅频特性图');
```

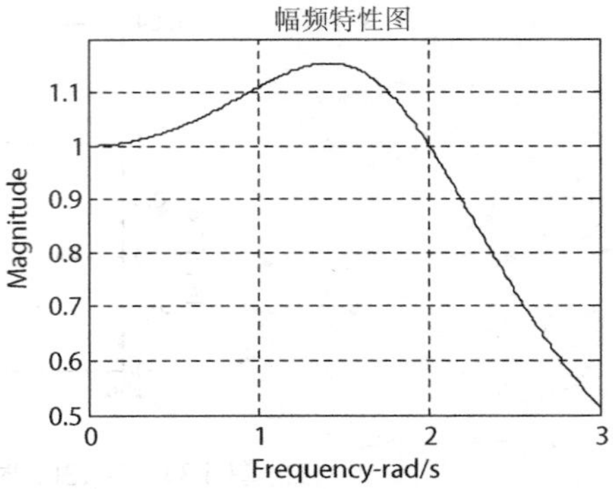

图 4.36 系统的幅频特性曲线

系统的幅频特性曲线如图 4.36 所示。

【例 4.33】 系统的传递函数为$G(s)=\dfrac{2.5\times4}{(s+2.5)(s^2+2s+4)}=\dfrac{10}{s^3+4.5s^2+9s+10}$，求该系统的阶跃响应和频率响应。

运行下面的程序：

```
num=10;
den=[1 4.5 9 10];
t=0:0.02:4;
e=step(num,den,t);
w=0:0.01:3;
g=freqs(num,den,w);
mag=abs(g);
subplot(2,1,1);
plot(t,e);
title('Step Response');
xlabel('Time-Sec');
ylabel('y(t) ');
grid;
subplot(2,1,2);
plot(w,mag);
title('Frequency Response');
xlabel('Frequency-rad/s');
ylabel('Magnitude');
grid;
```

该系统的阶跃响应和频率响应曲线如图 4.37 所示。

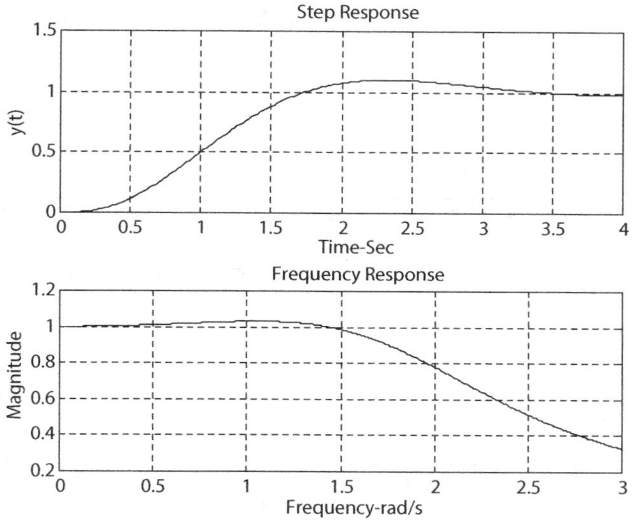

图 4.37　系统的阶跃响应和频率响应曲线

4.3.3　频域分析应用实例

【例 4.34】　已知某系统的开环传递函数为$G(s)=\dfrac{26}{(s+6)(s-1)}$。

要求：（1）绘制系统的奈奎斯特曲线，判断闭环系统的稳定性，求出系统的单位阶跃响应。（2）给系统增加一个开环极点 p=2，求此时的奈奎斯特曲线，判断此时闭环系统的稳定性，并绘制系统的单位阶跃响应曲线。

运行下面的程序：

```
k=26;
z=[];
p=[-6 1];
[num,den]=zp2tf(z,p,k);
figure(1)
subplot(211)
nyquist(num,den)
subplot(212)
pzmap(p,z)
figure(2)
[numc,denc]=cloop(num,den);
step(numc,denc)
```

问题 1 的结果如图 4.38 和图 4.39 所示。

从图 4.38 可以看出，奈奎斯特曲线按逆时针包围（-1，0j）点一圈，同时开环系统只有一个位于 s 平面右半平面的极点，因此，根据控制理论中的奈奎斯特稳定性判据，以此构成的闭环系统是稳定的，这一点也可以从图 4.39 中闭环系统的阶跃响应得到证实。

给系统增加一个开环极点，则系统变为$H(s)=\dfrac{26}{(s+6)(s-1)(s-2)}$。

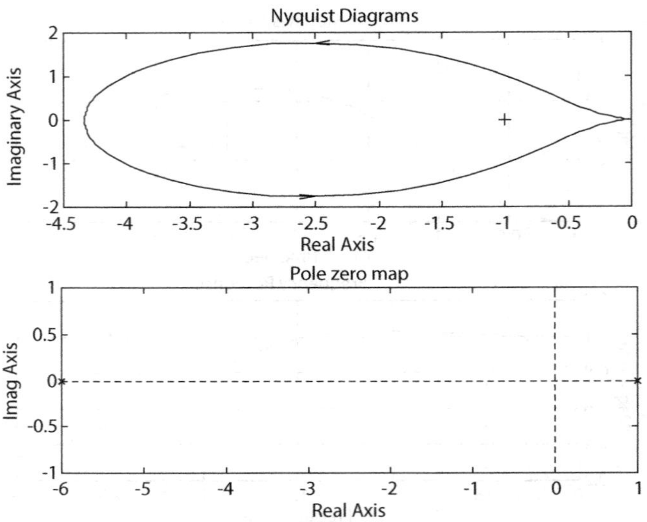

图 4.38　系统的奈奎斯特曲线与零极点图

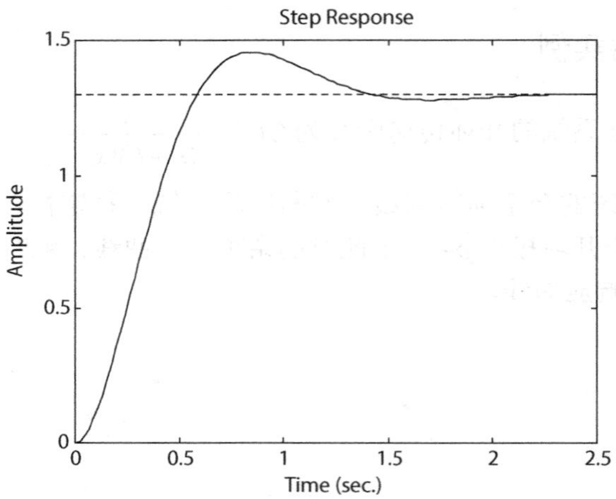

图 4.39　系统的阶跃响应曲线

运行下面的程序：

```
k=26;
z=[];
p=[-6 1 2];
[num,den]=zp2tf(z,p,k);
figure(1)
subplot(211)
nyquist(num,den)
title('nyquist diagrams')
subplot(212)
pzmap(p,z)
figure(2)
[numc,denc]=cloop(num,den);
step(numc,denc)
```

title('step response')

问题 2 的结果如图 4.40 和图 4.41 所示。

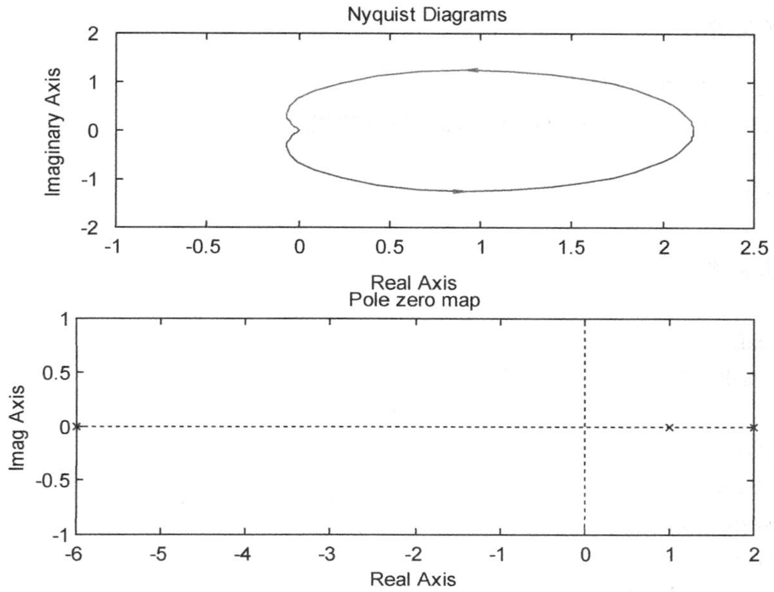

图 4.40　系统的奈奎斯特曲线与零极点图

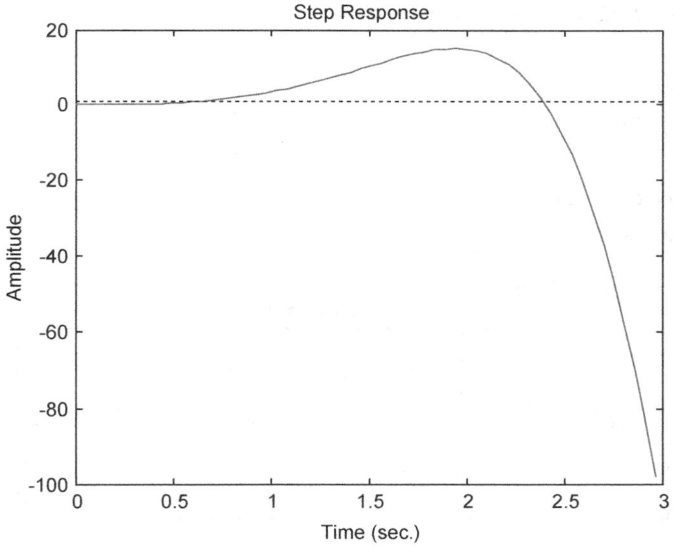

图 4.41　系统的阶跃响应曲线

从图 4.40 和图 4.41 可知，增加一个开环极点后系统是不稳定的。

【例 4.35】　线性时不变系统为：

$$\dot{\boldsymbol{x}}=\begin{bmatrix}-0.6 & -1.04 & 0 & 0\\ 1.04 & 0 & 0 & 0\\ 0 & 0.96 & -0.7 & -0.32\\ 0 & 0 & 0.32 & 0\end{bmatrix}\boldsymbol{x}+\begin{bmatrix}1\\ 0\\ 0\\ 0\end{bmatrix}\boldsymbol{u}$$

$$\boldsymbol{y}=[0\quad 0\quad 0\quad 0.32]\boldsymbol{x}$$

绘制该系统的波特图和奈奎斯特图，判断其稳定性；如果系统稳定，求稳定裕量，并绘制系统的单位冲激响应，以验证判断结论。

运行下面的程序：

```
% 系统的状态空间系统描述
a=[-0.6 -1.04 0 0;1.04 0 0 0;0 0.96 -0.7 -0.32; 0 0 0.32 0];
b=[1 0 0 0]';
c=[0 0 0 0.32];
d=0;
% 绘制波特图
figure(1)
bode(a,b,c,d);
% 2 绘制幅相曲线
figure(2)
subplot(211)
nyquist(a,b,c,d);
[z,p,k]=ss2zp(a,b,c,d);
subplot(212)
[rm,im]=nyquist(a,b,c,d);
plot(rm,im)
%绘制带有稳定裕量及相应频率显示的波特图
figure(3)
margin(a,b,c,d);
%绘制冲激响应曲线
figure(4)
[ac,bc,cc,dc]=cloop(a,b,c,d);
impulse(ac,bc,cc,dc) ;
```

结果如图 4.42～图 4.45 所示。

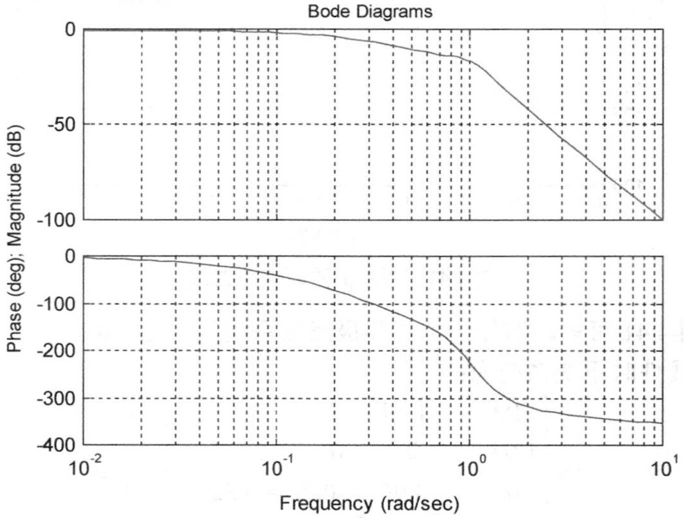

图 4.42　系统的波特图

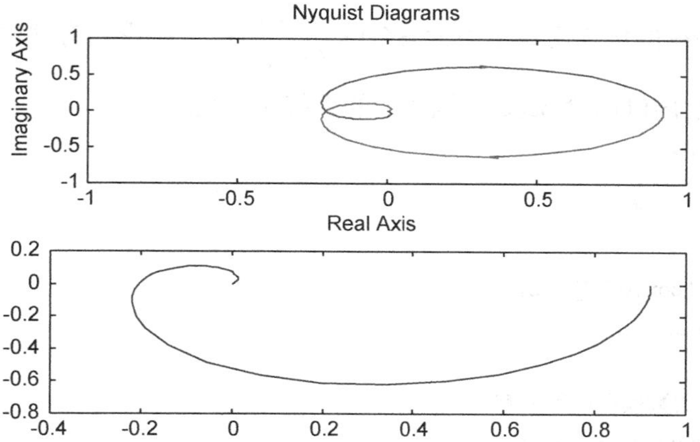

图 4.43　系统的奈奎斯特图

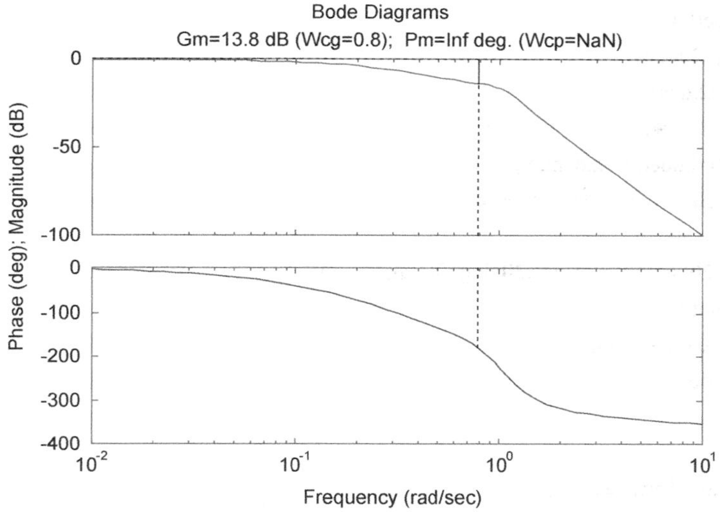

图 4.44　带有稳定裕量及相应频率显示的波特图

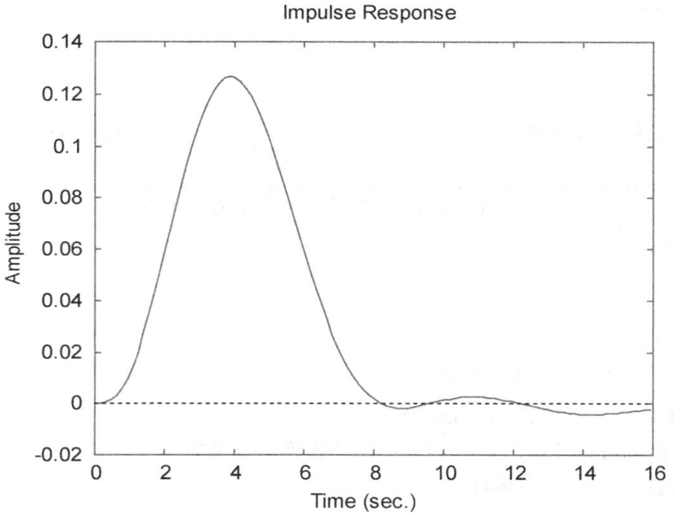

图 4.45　系统的冲激响应曲线

【例 4.36】 系统的传递函数模型为$H(s)=\dfrac{s+1}{(s+2)^3}e^{-0.5s}$，求其有理传递函数的频率响应，然后在同一张图上绘出以四阶 pade 近似表示的系统频率响应。

运行下面的程序：

```
%有理传递函数模型
num=[1 1];
den=conv([1 2],conv([1 2],[1 2]));
w=logspace(-1,2);
t=0.5;
%求有理传递函数模型的频率响应
[mag1,pha1]=bode(num,den,w);
%求系统的等效传递函数
[n2,d2]=pade(t,4);
numt=conv(n2,num);
dent=conv(d2,den);
%求系统的频率响应
[mag2,pha2]=bode(numt,dent,w);
%在同一张图上绘制频率响应曲线
subplot(211)
semilogx(w,20*log10(mag1),w,20*log10(mag2),'r--');
title('bode plot')
xlabel('frequency-rad/s');
ylabel('gain db');
grid on
subplot(212)
semilogx(w,pha1,w,pha2,'r--');
xlabel('frequency-rad/s');
ylabel('phase deg');
grid on
```

结果如图 4.46 所示。

【例 4.37】 系统结构图如图 4.47 所示，试用 Nyquist（奈奎斯特）频率曲线判断系统的稳定性。其中$G_1(s)=10$，$G_2(s)=\dfrac{16.7s}{(0.85s+1)(0.25s+1)(0.0625s+1)}$。

运行下面的程序：

```
clc
clear all
num1=[16.7 0]; %内环的开环传递函数模型
den1=conv([0.85 1],conv([0.25 1],[0.0625 1]));
[num2,den2]=cloop(num1,den1); % 内环的闭环传递函数模型
num3=10*num2; %开环传递函数模型
den3=den2;
[z,p,k]=tf2zp(num3,den3);
```

```
figure(1)
nyquist(num3,den3); %绘制
grid
%绘制冲激响应曲线
figure(2)
[numc,denc]=cloop(num3,den3);
impulse(numc,denc)
title('impulse response')
```

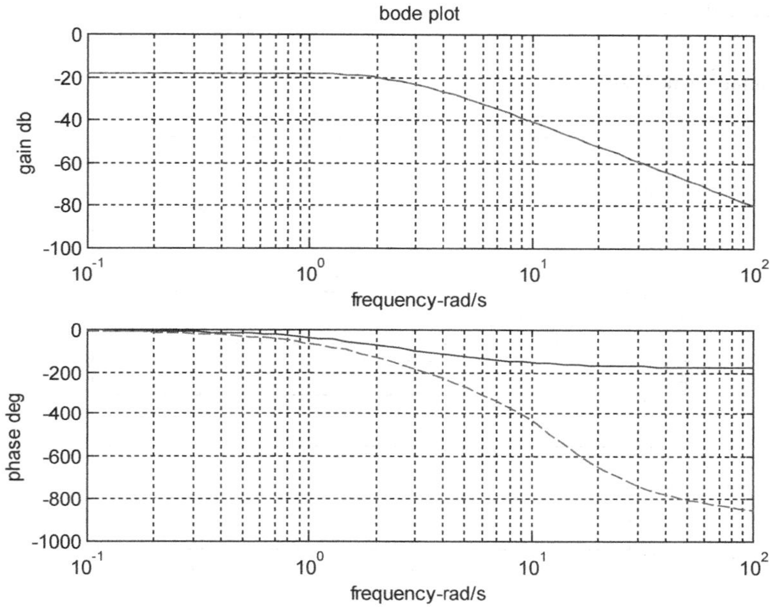

图 4.46　系统的对数幅频特性曲线

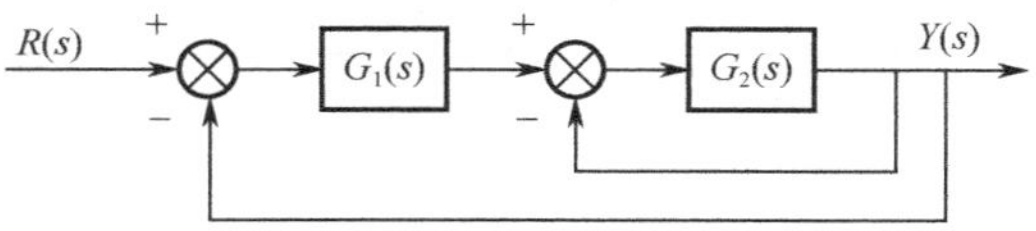

图 4.47　系统结构图

结果如图 4.48 和图 4.49 所示。

【例 4.38】　已知系统的开环传递函数分别为：

$$G(s)=\frac{2}{(s-1)}，G(s)=\frac{2}{s(s-1)}$$

分别绘制系统的奈奎斯特图，判别其稳定性，并绘制闭环系统的单位冲激响应进行验证。MATLAB 程序如下：

```
num1 = 2;
den1 = [1 -1];
num2 = 2;
den2 = conv([1 -1],[1 0]);
[numc1,denc1] = feedback(num1,den1,1,1);
```

```
[numc2,denc2] = feedback(num2,den2,1,1);
figure (1);
subplot(1,2,1);
nyquist(num1,den1);
subplot(1,2,2);
impulse(numc1,denc1,10);
figure (2);
subplot(1,2,1);
nyquist(num2,den2);
subplot(1,2,2);
impulse(numc2,denc2,20);
```

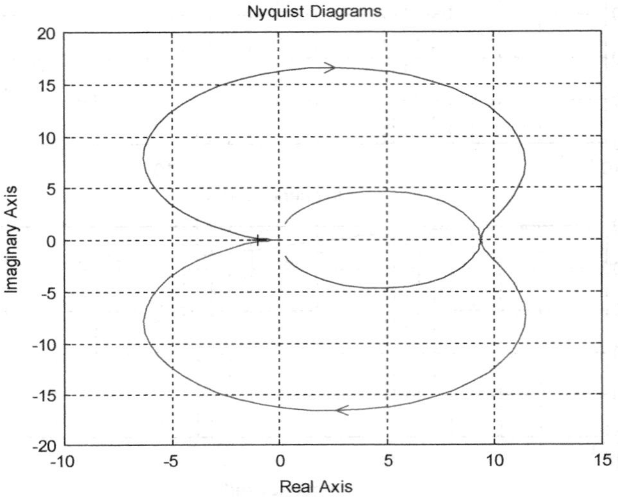

图 4.48　系统的奈奎斯特图

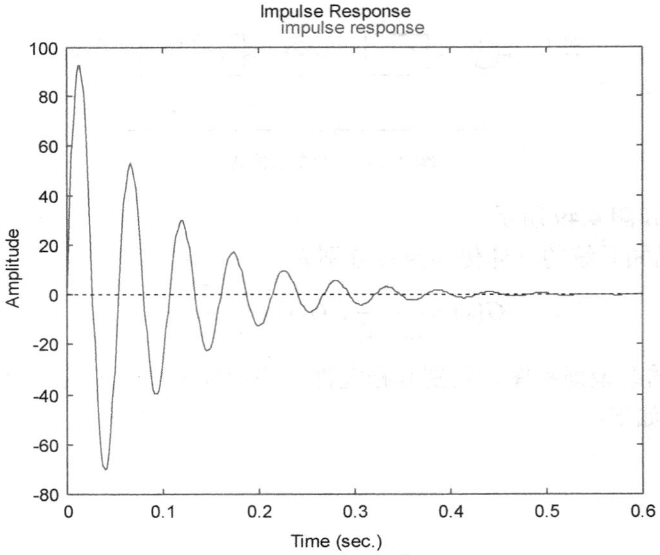

图 4.49　系统的冲激响应曲线

可得到如图 4.50 和图 4.51 所示系统奈奎斯特图和相应的闭环系统的单位冲激响应曲线。

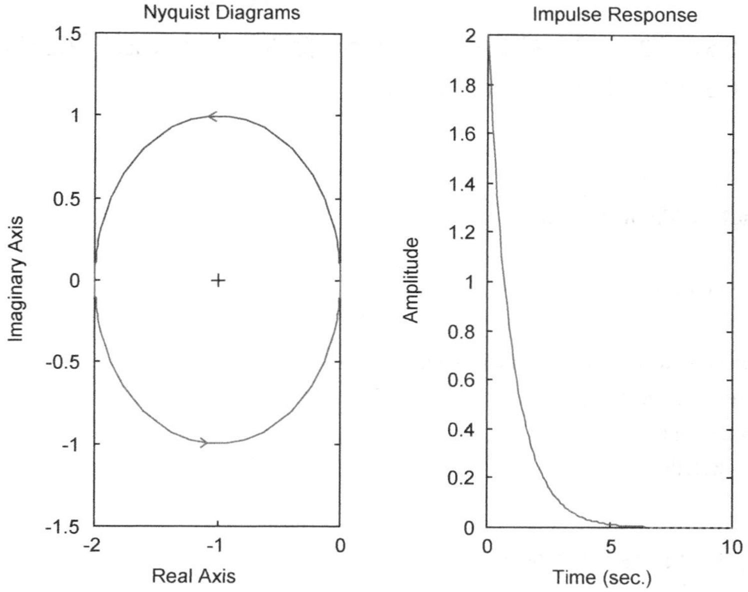

图 4.50　系统 1 的奈奎斯特图和单位冲激响应曲线

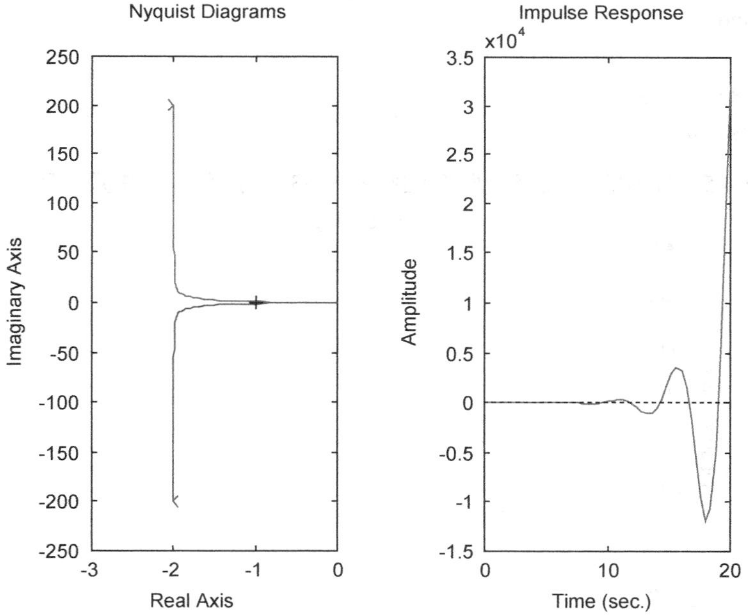

图 4.51　系统 2 的奈奎斯特图和单位冲激响应曲线

从图 4.50 可以看出：Nyquist 逆时针包围（-1，j0）点一圈，而系统 1 有一个开环极点位于右半 s 平面，因此闭环系统稳定，这可由图中的单位冲激响应证实。

从图 4.51 可以看出，Nyquist 顺时针包围（-1，j0）点一圈，而系统（2）有一个开环极点位于右半 s 平面，因此闭环系统不稳定，这可由图中的单位冲激响应证实。

【例 4.39】 某控制系统的开环传递函数为$G(s)=\dfrac{6}{s(s+2)}$，在其输入部分加一个采样器，采样时间分别为 0.5s 和 2s，绘制控制系统的奈奎斯特图并分析系统的稳定性。

采样时间为 0.5s 时，MATLAB 程序如下：

```
num = 6;
den = conv([1 0],[1 2]);
[numd,dend] = c2dm(num,den,0.5);
figure(1);
dnyquist(numd,dend,0.5);
figure(2);
[numd1,dend1] = feedback(numd,dend,1,1);
dimpulse(numd1,dend1,30);
sys1 = numd+dend;
roots(dend) %求根
roots(sys1)
```

执行该程序后，可得到以下结果：

```
ans=
        1.0000
        0.3679
ans =
        0.4080 + 0.7731i
        0.4080 - 0.7731i
```

最后得到图 4.52 所示的系统奈奎斯特图和图 4.53 所示的单位冲激响应。

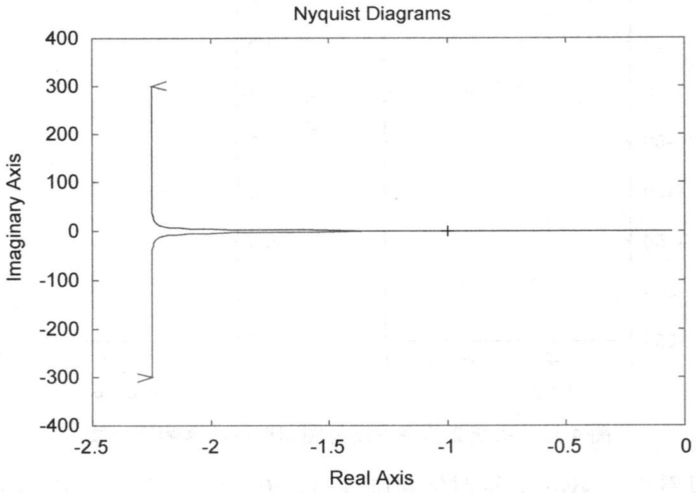

图 4.52 系统的奈奎斯特图

从图 4.52 可以看出，奈奎斯特图没有包围（−1，j0）,而系统开环两个极点均位于单位圆内，因此闭环系统稳定，这可由图 4.53 得到证实。

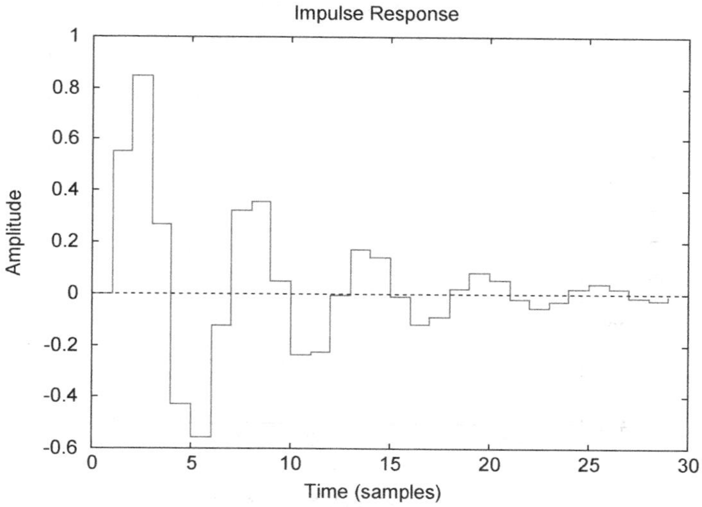

图 4.53　系统的单位冲激响应曲线

采样时间为 2s 时，MATLAB 程序如下：

```
num = 6;
den = conv([1 0],[1 2]);
[numd,dend] = c2dm(num,den,2);
figure(1);
dnyquist(numd,dend,2);
axis([-50 -100 100])
figure(2);
[numd1,dend1] = feedback(numd,dend,1,1);
dimpulse(numd1,dend1,10);
sys1 = numd+dend;
roots(dend) %求根
roots(sys1)
```

执行该程序后，可得到以下结果：

```
ans=
        1.0000
        0.0183
ans =
        -3.0575
        -0.4517
```

最后得到图 4.54 所示的系统奈奎斯特图和图 4.55 所示的单位冲激响应曲线。

从图 4.54 可以看出，奈奎斯特图顺时针包围（-1，j0）点，而系统开环两个极点均位于单位圆内，因此闭环系统不稳定，这可由图 4.55 得到证实。由此可见，增大采样时间对系统稳定是不利的。

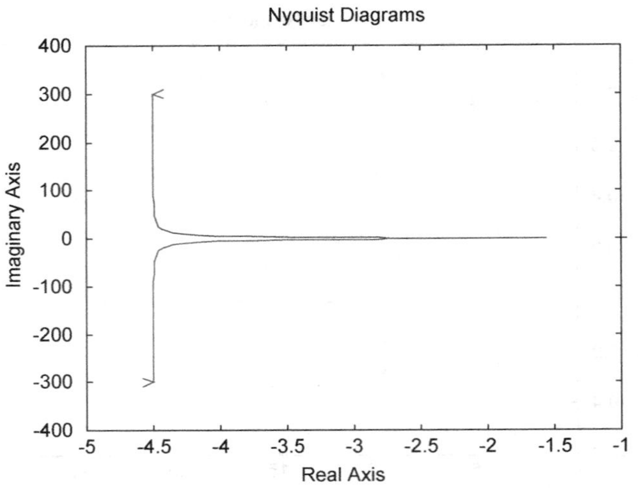

图 4.54　系统的奈奎斯特图

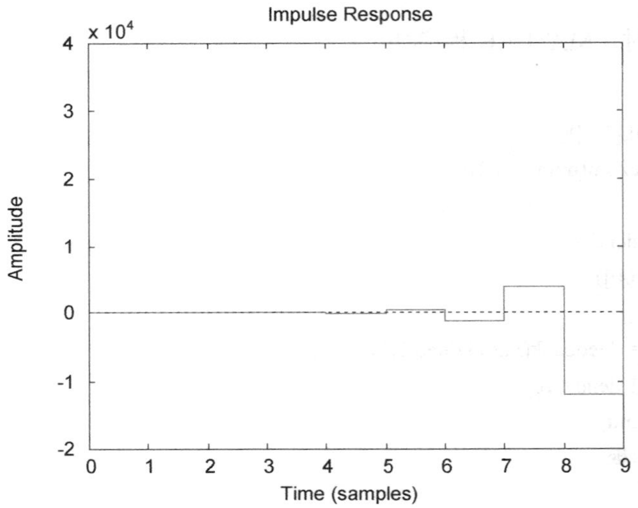

图 4.55　系统的单位冲激响应曲线

【例 4.40】　某一单位反馈控制系统的开环传递函数为$G(s)=\dfrac{k(s+2)}{(s+1)(s^2+2s+4)}$，当 k 分别取 20、10 和 5 时，绘制系统的 Nichols 图，并进行稳定性分析。

MATLAB 程序如下：

```
clc
clear all
num1 = [1 2]; den1 = [1,1];
sys1 = tf (num1, den1);
num2 = [1]; den2 = [1 2 4];
sys2 = tf (num2, den2);
sys = series (sys1, sys2);
k=[20 10 5];
for i = 1:3
```

```
    nichols(k(i)*sys)
    hold on
end
ngrid
axis ([-200 0 -40 40])
```

运行后可得到系统的 Nichols 图，如图 4.56 所示。

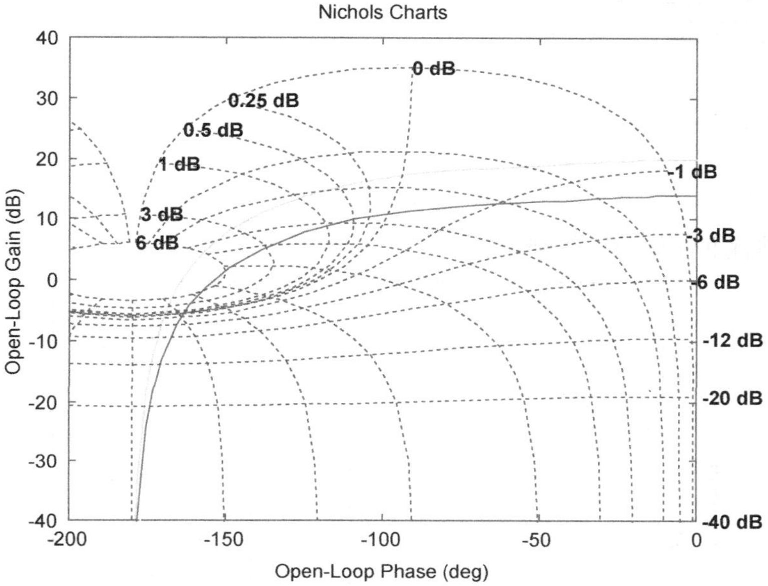

图 4.56　系统的 Nichols 图

从图 4.56 可以看出，该系统有很大的增益裕量和正的相角裕量，闭环系统是稳定的。

前面介绍了使用开环系统的频率特性来分析闭环系统的特性，但是在工程实践中，为了进一步分析和设计系统，常常使用系统的闭环频率特性。

【例 4.41】　系统的闭环传递函数为 $G(s)=\dfrac{4}{s^2+2s+4}$，画出系统的频率特性，并求出系统的谐振峰值和谐振频率。

MATLAB 程序如下：

```
num = 4;
den = [0:0.01:3];
w = [0:0.01:3];
g = freqs (num,den,w);
mag = abs(g);
for I = 2: (length(w)  -1);
    if (mag(i+1) - mag(i)) < 0 &(mag(i)- mag(i-1)) > 0
      mp = mag(i);
      wp = w(i);
    end
end
disp(´mp´); disp(mp);
```

```
disp('wp'); disp(wp);
plot(w, mag);
xlabel ('Frequency(rad/s)');
ylabel ('Magnitude');
grid;
axis([0 3 0.5 1.2]);
title('闭环幅频特性曲线');
```

执行后，可得到如下结果：

```
mp =
     1.1547
wp =
     1.4100
```

系统幅频特性曲线如图 4.57 所示。

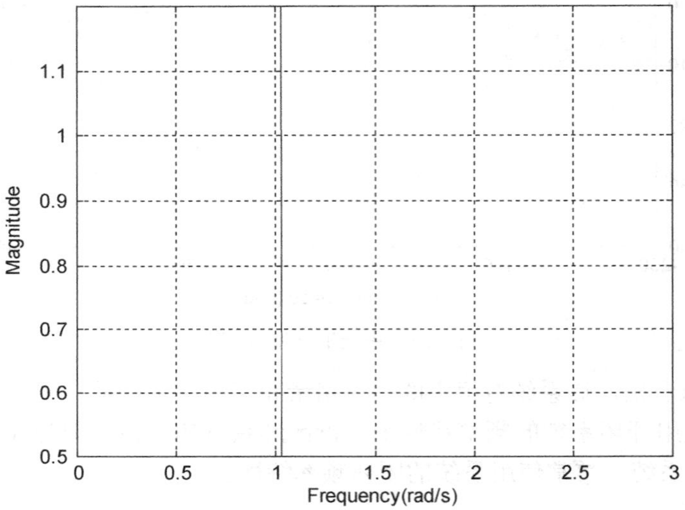

图 4.57　系统的闭环幅频特性曲线

4.4　系统的根轨迹分析

根轨迹法是一种求解闭环特征方程根的简便图解法，它根据系统开环传递函数的极点、零点的分布和一些简单的规则，研究开环系统的某一参数从零到无穷大时，闭环系统极点在 s 平面上的轨迹。利用根轨迹法能够分析系统的稳定性及系统的动态响应特性，也可根据系统动态和稳态特性的要求确定可变参数，达到改变系统性能的目的。在系统的分析和设计中，根轨迹法是一种很实用的工程方法。

4.4.1　概述

根轨迹法是 W．R．Evans 于 1948 年提出的一种求解闭环特征方程根的简便的图解方法，由于它的计算量小和直观化等优点，从其一诞生起就被广泛地应用于工程实际当中。该方法根据系统开环传递函数的零、极点分布，依照一些简单的规则，用作图的方法求出闭环极点的分布，避免了复杂的数学运算。

1. 根轨迹的相关概念

所谓根轨迹是指当开环系统某一参数从零变到无穷大时，闭环系统特征方程的根在 s 平面上的轨迹。一般来说，这一参数常选系统的开环增益 k，在无零、极点对消时，闭环系统特征方程的根就是闭环传递函数的极点。

根轨迹分析方法是分析和设计线性定常系统的图解方法，使用十分简便，利用它可以对系统进行各种性能分析。

1）稳定性

当开环增益 k 从零到无穷大变化时，若根轨迹不会越过虚轴进入右半 s 平面，则这个系统对所有的 k 值都是稳定的。如果根轨迹越过虚轴进入右半 s 平面，则其交点的 k 值就是临界稳定开环增益。

2）稳态性能

若开环系统在坐标原点有一个极点，则根轨迹上的 k 值就是静态速度误差系数，如果给定系统的稳态误差要求，则可由根轨迹确定闭环极点容许的范围。

3）动态性能

当 $0<k<0.5$ 时，所有闭环极点位于实轴上，系统为过阻尼系统，单位阶跃响应为非周期过程；当 $k=0.5$ 时，闭环两个极点重合，系统为临界阻尼系统，单位阶跃响应仍为非周期过程，但速度更快；当 $k>0.5$ 时，闭环极点为复数极点，系统为欠阻尼系统，单位阶跃响应为阻尼振荡过程，且超调量与 k 成正比。

2. 绘制根轨迹的基本条件

根轨迹方程为：

$$G(s)H(s)=-1 \tag{4-13}$$

或写成：

$$G(s)H(s)=\frac{k\prod_{i=1}^{m}(s+z_i)}{\prod_{j=1}^{n}(s+p_j)}-1 \tag{4-14}$$

其中，z_i 为系统的开环零点；p_j 为系统的开环极点。

绘制根轨迹的两个基本条件：

1）幅角条件

$$\angle G(s)H(s)=\sum_{i=1}^{M}\angle(s+z_i)-\sum_{j=1}^{n}\angle(s+p_j)=\pm(2k+1)\pi \tag{4-15}$$

2）幅值条件

$$|G(s)H(s)|=\frac{k\prod_{i=1}^{m}|s+z_i|}{\prod_{j=1}^{n}|s+p_j|}=1$$

或写成：

$$k=\frac{\prod_{j=1}^{n}|s+p_j|}{\prod_{i=1}^{m}|s+z_i|} \tag{4-16}$$

4.4.2 根轨迹分析函数

通常来说，绘制系统的根轨迹是很繁琐的事情，因此在教科书中介绍的是按照一定规则进行绘制的概略根轨迹。在 MATLAB 中，专门提供了绘制根轨迹的有关函数，如表 4.3 所示。

表 4.3 常用根轨迹分析函数

函　数	说　明
rlocus	求系统根轨迹
rlocfind	计算根轨迹增益
sgrid	求连续系统的网络根轨迹
zgrid	求离散系统的网络根轨迹

1. rlocus 函数

该函数用来绘制系统的根轨迹图。

```
[r,k]=rlocus(num,den )
[r,k]=rlocus(num,den,k)
[r,k]=rlocus(A,B,C,D)
[r,k]=rlocus(A,B,C,D,k)
rlocus(num,den )
rlocus(num,den,k)
rlocus(A,B,C,D)
rlocus(A,B,C,D,k)
```

根据系统模型绘制其根轨迹图，开环增益的值从零到无穷大变化。

若传递函数分子系数（num）为负，则利用 rlocus 函数绘制的是系统的零度根轨迹（正反馈系统或非最小相位系统）。

【例 4.42】 已知系统的参数分别为$\boldsymbol{A}=\begin{bmatrix}0 & 3\\ -3 & -1\end{bmatrix}, \boldsymbol{B}=[0\quad 1]', \boldsymbol{C}=[1\quad 3], \boldsymbol{D}=2$ 和 $G(s)=\dfrac{2s+4}{8s^3+3s^2+s}$，试绘制其根轨迹图。

运行下面的程序：

```
clc
clear
close all
% 系统的状态空间描述模型
a=[0 3;  -3 -1];
b=[0 1]';
```

```
c=[1 3];d=2;
subplot(211)
rlocus(a,b,c,d)   % 绘制根轨迹图
% 系统传递函数模型
num=[2 4];
den=[8 3 1 0];
subplot(212)
% rlocus(num,den) % 绘制根轨迹图
[r,k]=rlocus(num,den); % 绘制根轨迹图，返回参数
disp('r 的维数')
size(r)

r 的维数
ans =
2       3
```

结果如图 4.58 所示。

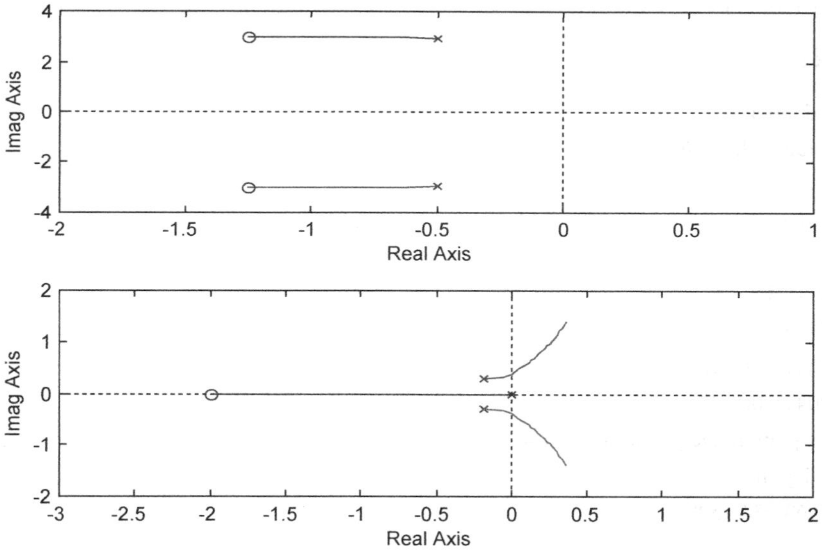

图 4.58　系统的根轨迹图

2．rlocfind 函数

绘制给定的一组根（闭环极点）对应的根轨迹增益。

```
[k,p]= rlocfind(num,den )
[k,p]= rlocfind(num,den,k)
[k,p]= rlocfind(A,B,C,D)
[k,p]= rlocfind(A,B,C,D,k)
rlocfind(num,den )
rlocfind(num,den,k)
rlocfind(A,B,C,D)
```

```
rlocfind(A,B,C,D,k)
```

在已经绘制好的根轨迹图上，该函数将产生一个光标用来选择希望的闭环极点。命令执行结果：k 为对应选择点处根轨迹开环增益，p 为此点处的系统闭环特征根。

【例 4.43】 已知系统开环传递函数为$G(s)=\dfrac{1}{(0.01s^2+s)(0.02s+1)}$，试绘制其根轨迹图，并确定相关参数。

运行下面的程序：

```
clc
clear
close all
num=1;
den=conv([0.01 1 0],[0.02 1]);
rlocus(num,den)
[k1,p]=rlocfind(num,den)
[k2,p]=rlocfind(num,den)
title('root locus')
```

执行结果：

```
selected_point =
  -38.0922 +18.2456i
k1 =
   11.8784
p =
   1.0e+002 *
   -1.0919
   -0.2041 + 0.1129i
   -0.2041 - 0.1129i
Select a point in the graphics window
selected_point =
  -44.3963 +34.1520i
k2 =
    25.2994
p =
   1.0e+002 *
   -1.1638
   -0.1681 + 0.2836i
-0.1681 - 0.2836i
```

结果如图 4.59 所示。

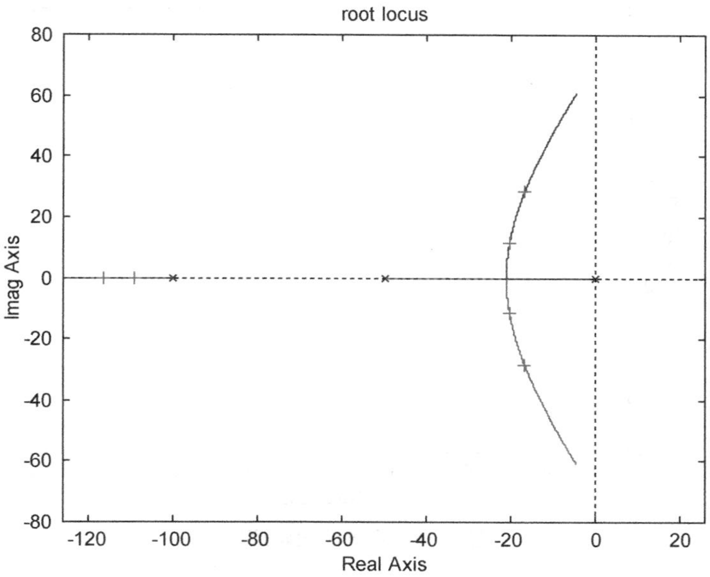

图 4.59　系统的根轨迹图

3．sgrid 函数

在已有的根轨迹图上绘制格线。

sgrid('new')：先清屏，再画格线。

sgrid(z,wn)：　绘制由用户指定的阻尼比矢量 z 和自然振荡频率 wn 的格线。

4.4.3　根轨迹分析应用实例

【例 4.44】　设系统的开环传递函数为 $H(s)=\dfrac{K(s+5)}{s(s+2)(s+3)}$，绘制闭环系统的根轨迹图，并确定交点的增益。

利用 rolcus 函数可绘制出根轨迹图，利用 rlocfind 函数可找出根轨迹上任意一点处的增益和相应的极点，运行下面的程序：

```
clear all
num=[1 5];
den=[1 5 6 0];
rlocus(num,den)
select a point in the graphics window
selected_point =
   -0.8977 - 0.1111i
ans =
  0.5141
```

执行时先绘制出根轨迹（见图 4.60），根据提示在图形窗口中选择根轨迹上的一点，计算开环增益 K 及相应的极点。这时十字光标放在需要选取的根轨迹的交点处，即可得到数据。

结果说明闭环系统有三个极点，如果能够将十字光标准确地放在根轨迹的交点上，应有 p2=p3。

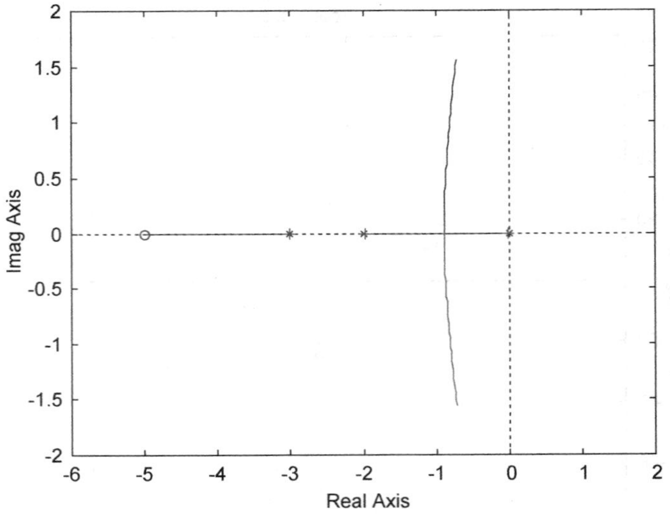

图 4.60　系统的根轨迹图

【例 4.45】　单位负反馈系统的开环传递函数为：

$$G(s)=\frac{k}{s(s+2.73)(s^2+2s+2)}$$

试绘制根轨迹图，并求出与实轴的分离点、与虚轴的交点及对应的增益。

运行下面的 MATLAB 程序：

```
num = 1;
den = conv ( [1 0], conv ( [1 2.73], [1 2 2] ));
rlocus (num, den);
[k, poles] = rlocfind (num,den)
```

利用 rlofind 函数，在图形窗口中显示十字形光标，选择根轨迹与实轴的分离点，则相应的增益由变量 k 记录，与增益相关的所有的极点记录在变量 poles 中。

```
Select a point in the graphics    window
select_point =
- 2.0850- 0.0151i
k =
   2.9289
poles =
-2.0804
-2.0320
-0.3088 + 0.7730i
-0.3088 – 0.7730i
```

也可利用在图形窗口中显示的手形光标，选择根轨迹与虚轴的交点，则直接显示出该点的增益和坐标，如图 4.61 所示。

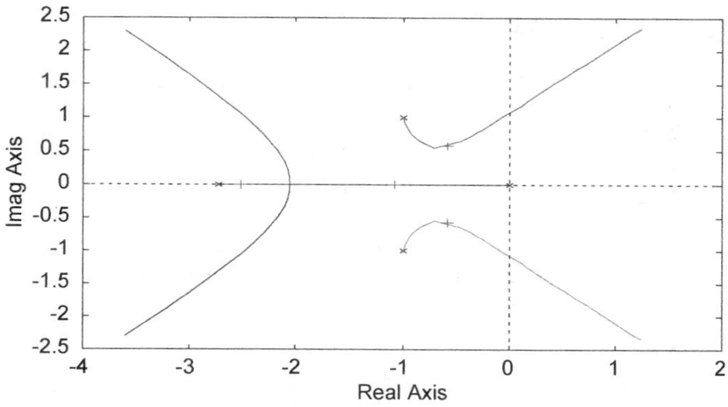

图 4.61　系统的根轨迹图

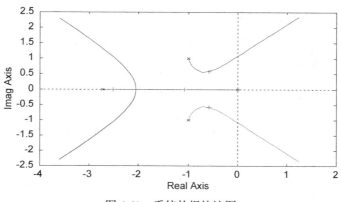

【例 4.46】 设控制系统的开环传递函数为$G(s)=\dfrac{k(s+1)}{s^2(s+a)}$，试绘制在下列条件下的根轨迹图：（1）$a=10$；（2）$a=9$；（3）$a=8$；（4）$a=3$。通过比较上述各条件下的根轨迹，能得出什么结论？

MATLAB 程序如下：

```
num1 = [1 1];
den1 = conv ([1 0 0], [1 10]);
num2= [1 1];
den2= conv ([1 0 0], [1 9]);
num3 = [1 1];
den3 = conv ([1 0 0], [1 8]);
num4 = [1 1];
den4 = conv ([1 0 0], [1 3]);
figure (1)
subplot (2, 2, 1)
rlocus (num1, den1);      %绘制 a =10 时的根轨迹图
axis ( [-10 0 -4 4] )
title ('a= 10')
subplot (2, 2, 2)
rlocus (num2, den2);      %绘制 a =9 时的根轨迹图
axis ( [-9 0 -4 4] )
title ('a= 9')
subplot (2, 2, 3)
rlocus (num3, den3);      %绘制 a =8 时的根轨迹图
axis ( [-8 0 -4 4] )
title ('a= 8')
subplot (2, 2, 4)
rlocus (num4, den4);      %绘制 a =3 时的根轨迹图
axis ( [-8 0 -4 4] )
title ('a= 3')
```

执行后得到系统的根轨迹图如图 4.62 所示。极点向右移动相当于某些惯性或振荡环节的

时间常数增大，使系统的稳定性变坏。

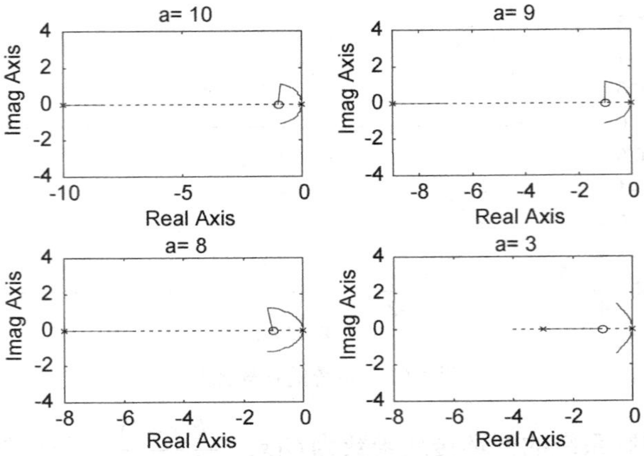

图 4.62　系统的根轨迹图

【例 4.47】　已知某单位反馈系统的开环传递函数为$G(s)=\dfrac{k}{s(0.01s+1)(0.02s+1)}$，绘制系统的闭环根轨迹图，并确定使系统产生重实根和纯虚根的开环增益 k。

运行下面的程序：

```
%根轨迹图的绘制
clc
clear
close all
% 系统开环传递函数模型
num=1;
den=conv([0.01 1 0],[0.02 1]);
rlocus(num,den)
[k1,p]=rlocfind(num,den)   % 绘制根轨迹图
[k2,p]=rlocfind(num,den)
title('root locus')
```

运行结果如图 4.63 所示。

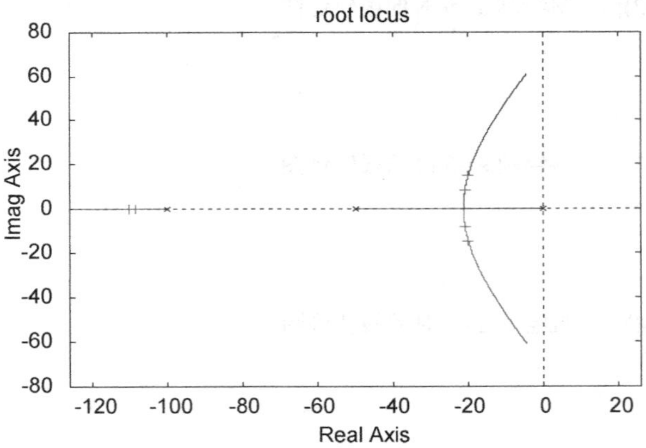

图 4.63　系统的根轨迹图

【例 4.48】 某开环系统传递函数为$G_0(s)=\dfrac{k(s+2)}{(s^2+4s+3)^2}$，绘制系统的闭环根轨迹图，分析其稳定性，并求当 k=55 和 k=56 时系统的闭环冲激响应曲线。

运行下面的程序：

```
% 系统传递函数模型
numo=[1 2];
den=[1 4 3];
deno=conv(den,den);
figure(1)
k=0:0.1:150;
rlocus(numo,deno,k)
title('root locus')
[p,z]=pzmap(numo,deno);
%求出系统临界稳定增益
[k,p1]=rlocfind(numo,deno);
k
%验证系统的稳定性
figure(2)
subplot(211)
k=55;
num2=k*[1 2];
den=[1 4 3];
den2=conv(den,den);
[numc,denc]=cloop(num2,den2, -1);
impulse(numc,denc)
title('impulse response k=55');
subplot(212)
k=56;
num3=k*[1 2];
den=[1 4 3];
den3=conv(den,den);
[numcc,dencc]=cloop(num3,den3, -1);
impulse(numcc,dencc)
title('impulse response k=56');
Select a point in the graphics window
selected_point =
   -0.7235 - 0.0292i
k =
     0.3138
```

结果如图 4.64 和图 4.65 所示。

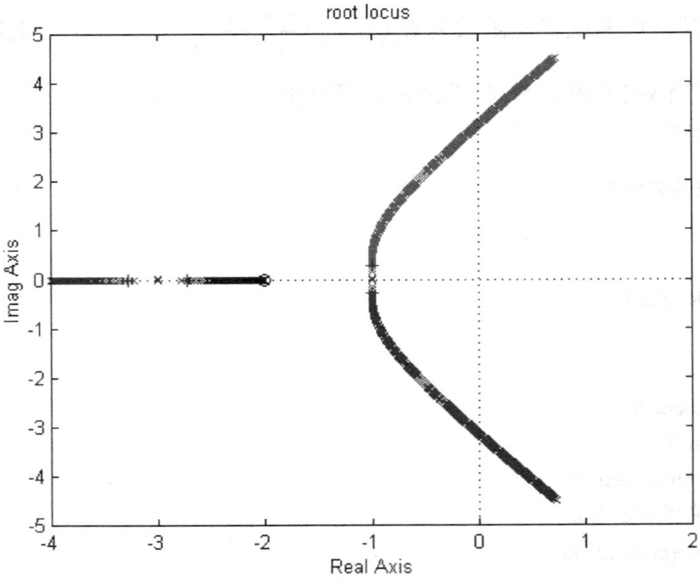

图 4.64　开环系统的根轨迹图

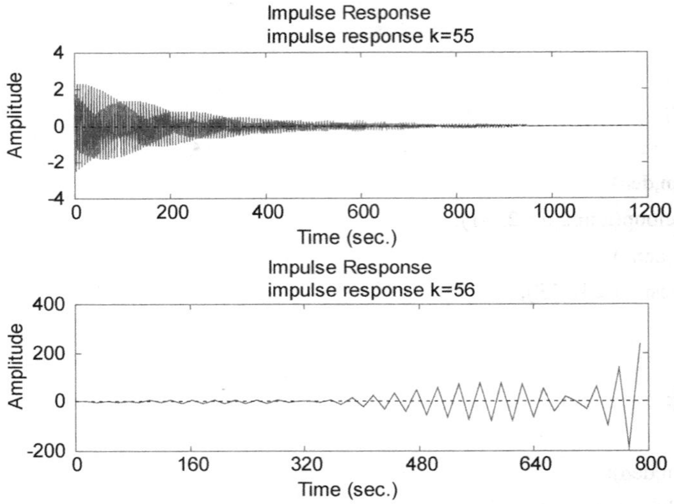

图 4.65　闭环系统的冲激响应曲线

【例 4.49】　某开环系统传递函数为$G(s)=\dfrac{k}{s(s+1)(s+2)}$，确定一个合适的 k 值，使得闭环系统具有较理想的阶跃响应。

运行下面的程序：

```
clear all
num=1;                % 开环系统描述
den=conv([1 0],conv([1 1],[1 2]));
z=[0.1:0.2:1];
wn=[1:6];
```

```
sgrid(z,wn);          %通过 sgrid 指令可以绘出指定阻尼比ξ和自然振荡频率 wn 的栅格线
text(-0.3,2.4,'z=0.1')
text(-0.8,2.4,'z=0.3')
text(-1.2,2.1,'z=0.5')
text(-1.8,1.8,'z=0.7')
text(-2.2,0.9,'z=0.9')
hold on
rlocus(num,den)    % 绘制根轨迹图
axis([-4 1 -4 4])
[k,p]=rlocfind(num,den) %离虚轴近的稳定极点对整个系统的响应贡献大，配合前面所画的ξ及 wn 栅格线，可以找出能产生主导极点阻尼比ξ=0.707 的合适增益。
[numc,denc]=cloop(k,den);
figure(2)
step(numc,denc)    %闭环系统的阶跃响应
Select a point in the graphics window
selected_point =
  -1.3963 - 0.0000i
k =
    0.3341
p =
   -2.1374
   -0.6037
   -0.2589
```

结果如图 4.66 和图 4.67 所示。

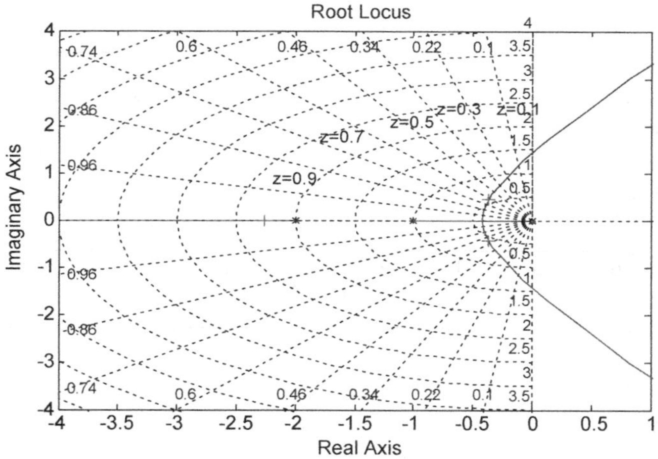

图 4.66　带有网格的根轨迹图

【例 4.50】 某系统的开环传递函数为 $G(s)=\dfrac{k(s+1)}{s^2(s+2)(s+4)}$，分别绘制正、负反馈系统的根轨迹图，分析其稳定性情况。

运行下面的程序：

```
subplot(211)        %绘制常规根轨迹图
num=[1 1];
den=conv([1 0 0],conv([1 2],[1 4]));
rlocus(num,den)
subplot(212)        %绘制零度根轨迹图
num1=-num;
den1=den;
rlocus(num1,den1)
```

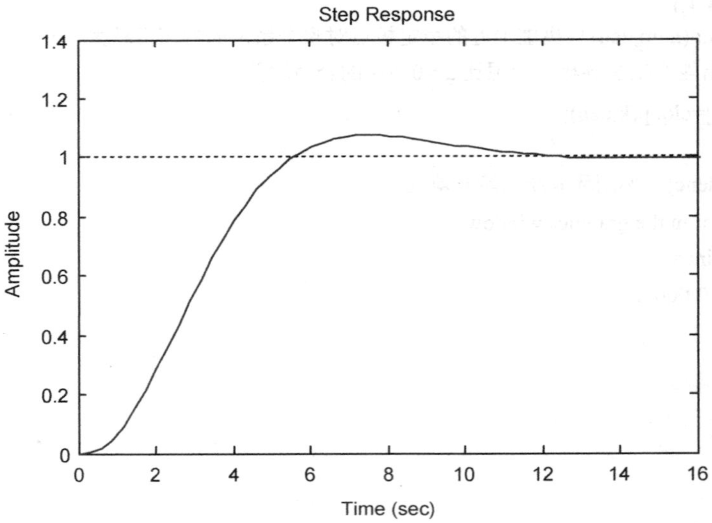

图 4.67　系统的阶跃响应曲线

结果如图 4.68 所示。

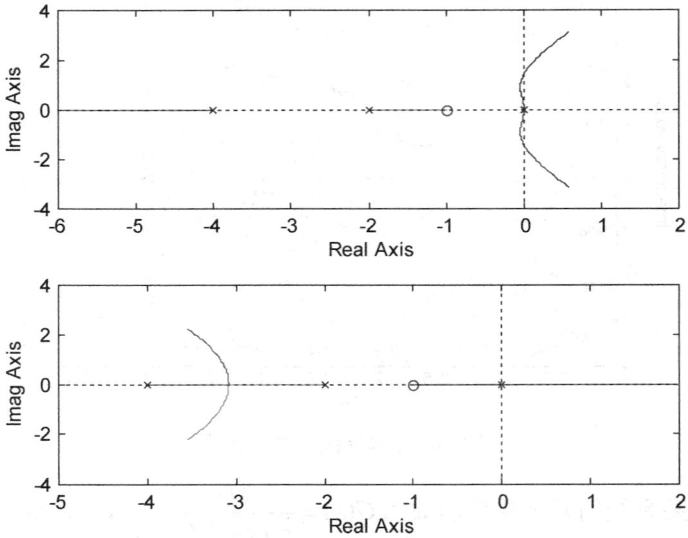

图 4.68　系统的根轨迹图

【例 4.51】　已知一离散系统的开环传递函数为 $H(z)=\dfrac{2z^2-0.5z+2}{z^2-1.8z+0.9}$，绘制该系统的根轨

迹图，添加网格线。

绘制离散根轨迹图也使用 rlocus 函数，绘制离散系统根轨迹图上的网格线应用 zgrid 函数，执行下面的 M 文件：

```
clear all
num = [2 -0.5 2];
den = [1 -1.8 0.9];
rlocus(num,den);
title('Root Locus of Discrete System');
zgrid;
```

得到的根轨迹图如图 4.69 所示。

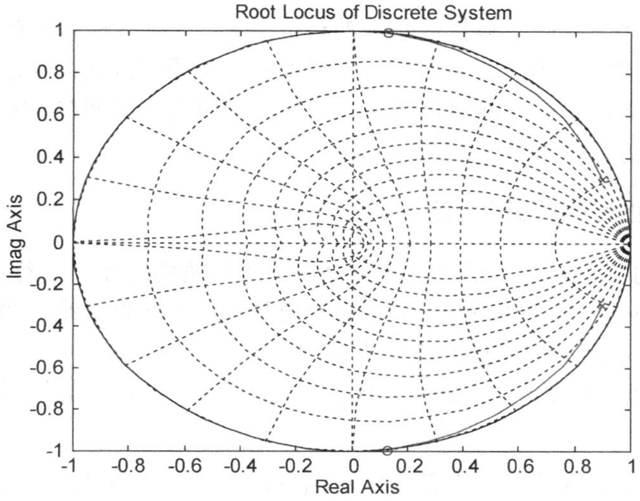

图 4.69　离散系统的根轨迹图

4.5　系统的设计

根据已知的系统结构、参数计算其性能指标，了解系统的性能，这就是所谓的系统分析问题。系统设计则是系统分析的逆过程，即根据要求的性能指标，确定系统的实现方案。

系统的设计过程可以在时域进行，也可以在频域进行。如果对象模型是以传递函数的形式给出的，通常采用频率特性法或根轨迹法，即在原有系统中引入适当的环节，用以对原有系统的某些性能(如相角裕量、剪切频率、误差系数等)进行校正，使校正后的系统达到期望的性能要求；如果对象模型是以状态方程形式描述的，则系统的设计过程是在时域进行的，通常采用状态反馈和极点配置的方法。

4.5.1　系统设计概述

1．系统设计的概念

所谓系统设计，就是在给定的性能指标下，对于给定的对象模型，确定一个能够完成给定任务的装置(常称为校正器或者补偿控制器)，即确定校正器的结构与参数。所谓给定任务是指系统应该要达到的静态与动态指标，系统设计又叫作系统的校正或者系统的校正设计。

2．系统设计的方法

系统设计方法主要有基于微分方程求解的根轨迹法和基于频率特性的波特图法。

（1）当系统的性能指标以超调量、上升时间、调整时间、阻尼比以及希望的闭环极点的无阻尼自振频率等表示时，采用根轨迹法进行校正比较方便。在设计系统时，如果需要对增益以外的参数进行调整，则必须通过引入适当的校正来改变原来的根轨迹，当在开环传递函数上增加极点时，则可以使根轨迹向右移动，一般会降低系统的稳定性，增大系统的调整时间，而当在开环传递函数上增加零点时，则可以使根轨迹向左移动，通常会增加系统的稳定性。

（2）当系统的性能指标以稳态误差、相角裕量、幅值裕量、谐振峰值和带宽等表示时，采用频率法进行校正比较方便，频率法中的串联超前校正主要是利用校正装置的超前相位在穿越频率处对系统进行相位补偿，以提高系统的相位裕量，同时也提高了穿越频率，从而改善了系统的稳定性和快速性，超前校正主要适用于稳态精度不需要改变，暂态性能不佳，而穿越频率附近相位变化平稳的系统；串联滞后校正在于提高系统的开环增益，从而改善系统的稳态性能，而尽量不影响系统原有的动态性能。

4.5.2 基于根轨迹图的校正方法

基于根轨迹图的校正方法（根轨迹法）是借助根轨迹图对系统进行校正。添加开环零点或极点可以使根轨迹的形状发生变化，如果适当选择零、极点的位置，就能够使系统根轨迹通过期望主导极点，并满足系统的稳态增益要求。

根轨迹法的微分超前校正可以改善系统的动态特性，积分滞后校正则可以改善系统的稳态精度。

【例 4.52】 已知系统的开环传递函数为$G(s)=\dfrac{4}{s(s+2)}$，要求$\sigma_{\mathrm{p}}<20\%$，$t_s<2$秒，试用根轨迹法进行微分超前校正。

（1）作原系统的根轨迹图，如图 4.70 所示。

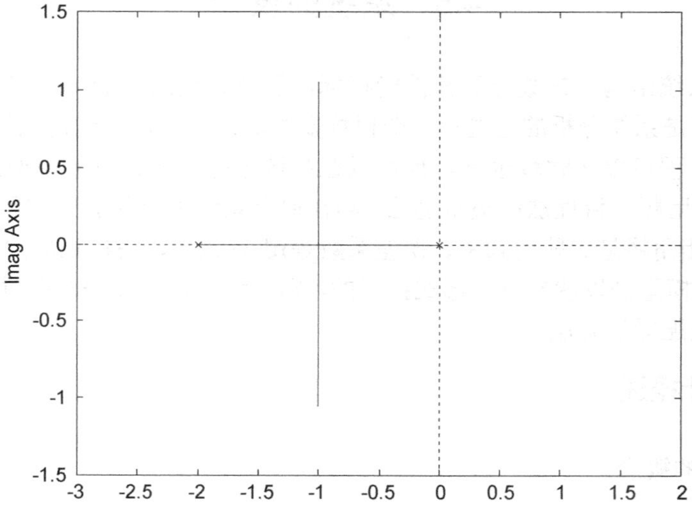

图 4.70 原系统的根轨迹图

```
n=[4];
d=[1 2 0];
rlocus(n,d);
```

（2）确定系统希望的极点位置

由程序计算得：

```
sigma=0.2;
zeta=((log(1/sigma))^2/((pi)^2+(log(1/sigma))^2))^(1/2);
zeta= 0.4559
```

即 $\xi \geqslant 0.4559$，取 $\xi = 0.5$，再由 $t_s(5\%) = \dfrac{3}{\xi w_n} = 1.5$，可以得到 $w_n = 3\text{rad/s}$

从而确定希望的极点为：$-1.5000 + 2.5981\text{i}$，　$-1.5000 - 2.5981\text{i}$。

（3）校正后的系统结构

确定校正装置为：

$$G_c(s) = \frac{4.68(s+2.9)}{(s+5.4)}$$

利用下面的程序画出校正后系统的根轨迹图，如图 4.71 所示。

```
n1=[4.68];n2=[1 2.9];n3=[4];
d1=[1 5.4];d2=[1 0];d3=[1 2];
n=conv(n1,conv(n2,n3));
d=conv(d1,conv(d2,d3));
rlocus(n,d);
```

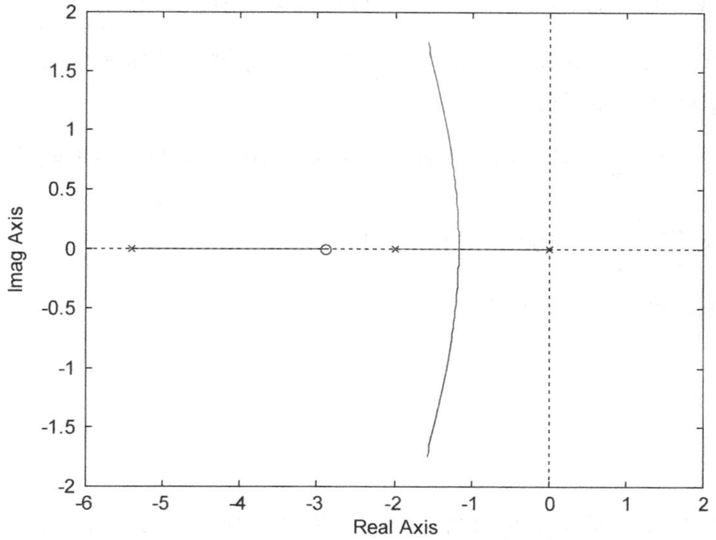

图 4.71　校正后系统的根轨迹图

（4）校正前后系统的时间响应

利用下面的程序可以画出系统的阶跃响应曲线，如图 4.72 所示。

```
step([4],[1 2 4]);
```

```
hold on
[nc,dc]=cloop(n,d, -1);
step(nc,dc);
text(0.2,1.3,'校正后');
text(2,1.3,'校正前');
```

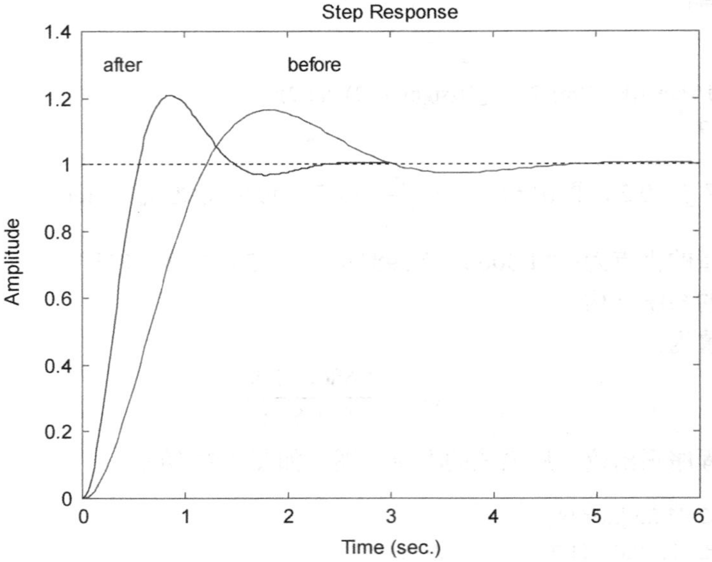

图 4.72　校正前后系统的阶跃响应曲线

从图 4.72 可以知道，校正前 $t_s = 3$ 秒，校正后 $t_s = 1.5$ 秒，校正使系统的响应明显加快。

【例 4.53】　已知单位负反馈系统的开环传递函数为 $G(s) = k_0 \dfrac{2500}{s(s+25)}$，要求 $\sigma_p < 15\%$，$t_s < 0.3$ 秒，$e_{ssv} < 0.01$（单位斜坡响应稳态误差），试用根轨迹法做积分滞后校正。

解：（1）确定稳态误差系数 k_0

对于 1 型系统，有 $e_{ssv} = \dfrac{v_0}{k_v} = \dfrac{1}{k_v} \leqslant 0.01$，故有 $k_v \geqslant 100\text{s}^{-1}$，取 $k_v = 100\text{s}^{-1}$。

又有 $k_v = \lim\limits_{s \to 0} s \cdot \dfrac{2500 \cdot k_0}{s(s+25)} = 100$，则有 $k_0 = 1$

（2）绘制校正前系统的根轨迹图

```
n1=[2500];
d1=conv([1 0],[1 25]);
s1=tf(n1,d1);
rlocus(s1);
```

结果如图 4.73 所示，从图上可以看出系统只有两个极点，没有零点。

（3）确定系统希望的极点位置

由下列程序计算得：

```
sigma=0.15;
zeta=((log(1/sigma))^2/((pi)^2+(log(1/sigma))^2))^(1/2);
```

```
zeta= 0.5169
```

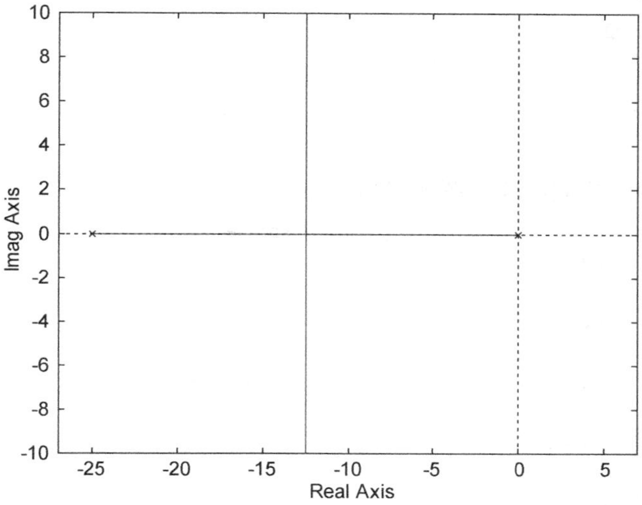

图 4.73　校正前系统的根轨迹图

即 $\xi \geqslant 0.5169$，取 $\xi = 0.54$。

```
wn=7.4;
p=[1 2*wn*zeta wn*wn];
roots(p)
```

从而确定希望的极点为-3.9960+6.2283i-3.9960-6.2283i。

（4）校正后的系统结构

确定校正装置为 $G_c(s) = \dfrac{0.2143s + 0.134}{s + 0.134}$。

利用下面的程序画出校正后系统的根轨迹图，如图 4.74 所示。

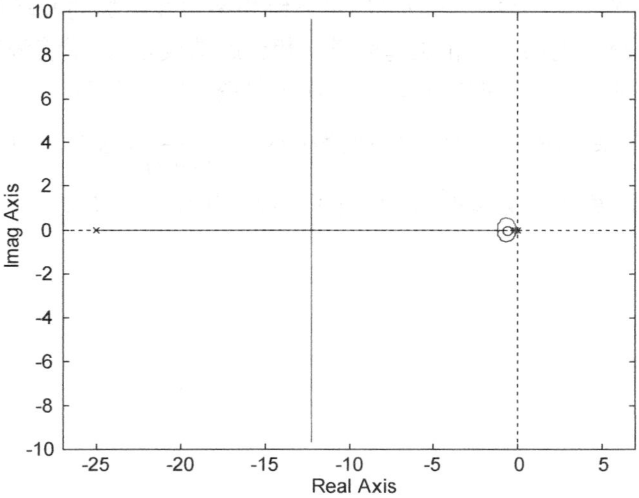

图 4.74　校正后系统的根轨迹图

```
n1=[2500];n2=[0.2143 0.134];n3=[1];
```

```
d1=[1 25];d2=[1 0];d3=[1 0.134];
n=conv(n1,conv(n2,n3));
d=conv(d1,conv(d2,d3));
rlocus(n,d);
 [nc,dc]=cloop(n,d, -1);
step(nc,dc);
```

校正后系统的阶跃响应曲线如图 4.75 所示。

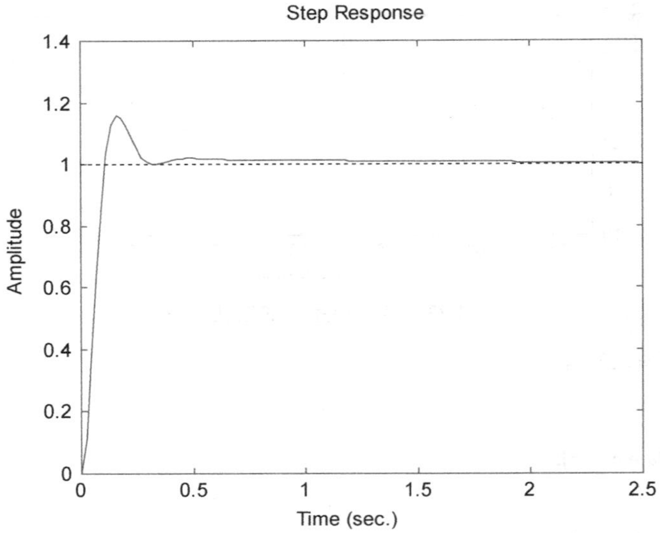

图 4.75　校正后系统的阶跃响应曲线

从图 4.75 可以看出，设计要求的指标基本都得到了满足。

4.5.3　基于波特图的校正方法

基于波特图的系统校正方法，一般以满足系统稳态性能指标的开环增益为基础，借助对系统波特图剪切频率附近提供一个相位超前量（相位超前校正），或将波特图中频与高频段的模值加以衰减（相位滞后校正）的方式，以实现对系统性能的改善。

【例 4.54】　已知某系统的开环传递函数为$G(s)=\dfrac{k}{s(s+1)}$，要求：（1）$r(t)=t$时，$e_{ss}<0.1$弧度；（2）$\omega_c \geqslant 4.4$ 弧度/秒，$\gamma_c \geqslant 45^\circ$，用频率法设计超前校正装置。

运行下列程序：

```
clear all
figure(1)
n1=[10];
d1=[1 1 0];
bode(n1,d1);
hold on
[gm,pm,wg,wp]=margin(n1,d1) ;
[gm,pm,wg,wp]= Inf    17.9642    NaN    3.0842
```

为了满足稳态性能，令 $k=10$，作开环系统的波特图，如图 4.76 所示。可以得到相位裕量为 $\gamma_c = 17.9642 < 45^\circ$，开环截止频率为 3.0842。

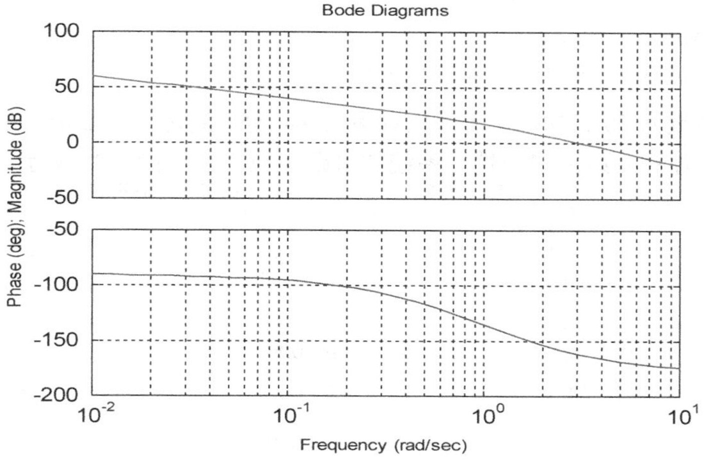

图 4.76　系统的波特图

设计校正装置为：

$$G_c(s) = \frac{0.45s+1}{0.11s+1}$$

```
nc=[0.45 1];
dc=[0.11 1];
bode(nc,dc);
```

校正后系统的开环传递函数为：

$$G_c(s)G_o(s) = \frac{0.45s+1}{0.11s+1} \bullet \frac{10}{s(s+1)}$$

校正环节与校正后系统的波特图如图 4.77 所示。

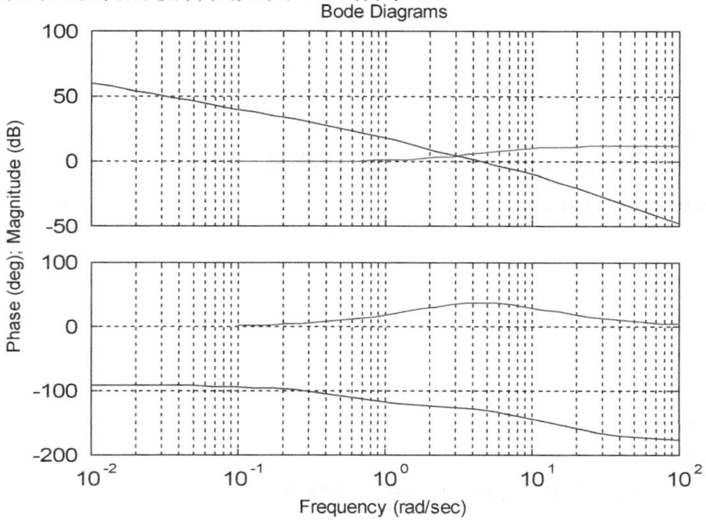

图 4.77　校正环节及校正后系统的波特图

```
n2=conv(n1,nc);
```

```
d2=conv(d1,dc);
bode(n2,d2);
hold on
[gm,pm,wg,wp]=margin(n2,d2)
[gm,pm,wg,wp]= Inf   50.1314   NaN   4.4186
```

系统的相位裕量为 50.1314，开环截止频率为 4.4186，满足设计要求。即加入校正环节后，改善了系统的平稳性和系统的快速性，系统的阶跃响应曲线如图 4.78 所示。

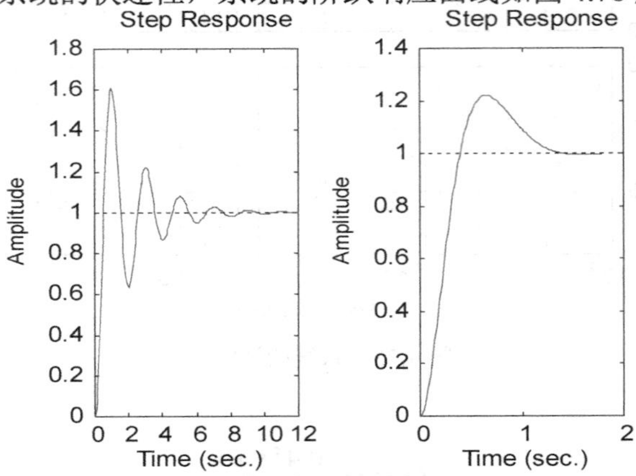

图 4.78　校正前后系统的阶跃响应曲线

图 4.78 左图为原系统的阶跃响应曲线，右图是校正后系统的阶跃响应曲线。

【例 4.55】　已知某系统的开环传递函数为$G(s)=\dfrac{k}{s(0.1s+1)(0.2s+1)}$，要求：(1) $k_v \geqslant 30$；(2) $\omega_c \geqslant 2$ 弧度/秒，$\gamma_c \geqslant 45^\circ$。用频率法设计滞后校正装置。

运行下面的程序：

```
clc
clear all
figure(1)
n1=[30];
d1=conv([1 0],conv([0.1 1],[0.2 1]));
bode(n1,d1);        % 令 k = 30，作开环系统的波特图
[gm,pm,wg,wp]=margin(n1,d1)
figure(2)
nc=[4 1];
dc=[50 1];
bode(nc,dc);
hold on
n2=conv(n1,nc);
d2=conv(d1,dc);
bode(n2,d2);        %校正环节及校正后系统的波特图
%hold on
[gm,pm,wg,wp]=margin(n2,d2)
figure(3)
```

```
[nc1,dc1]=cloop(n1,d1);
[nc2,dc2]=cloop(n2,d2);
subplot(121);
step(nc1,dc1);               % 校正前后系统的阶跃响应图
subplot(122);
step(nc2,dc2);
```

设计滞后校正装置为:

$$G_c(s)=\frac{4s+1}{50s+1}$$

校正后系统的开环传递函数为:

$$G_c(s)G_o(s)=\frac{4s+1}{50s+1}\bullet\frac{30}{s(0.1s+1)(0.2s+1)}$$

原系统的波特图如图 4.79 所示。校正环节及校正后系统的波特图如图 4.80 所示。

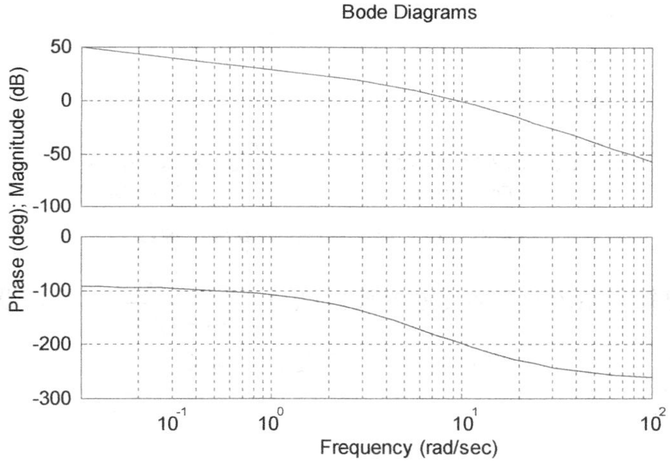

图 4.79 原系统的波特图

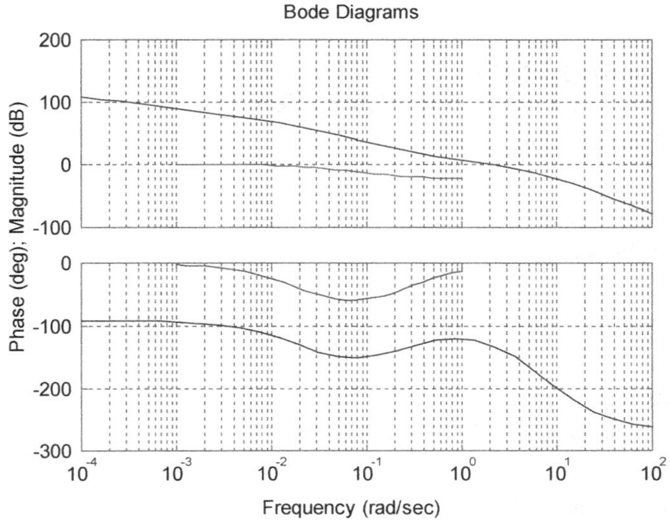

图 4.80 校正环节及校正后系统的波特图

校正后系统的指标为：

[gm,pm,wg,wp]= 5.8182　　48.2960　6.8228　2.1664

即相位裕量是 48.2960，开环截止频率是 2.1664，满足设计要求。

系统的阶跃响应曲线如图 4.81 所示，从图上可以看出，原系统是不稳定的。

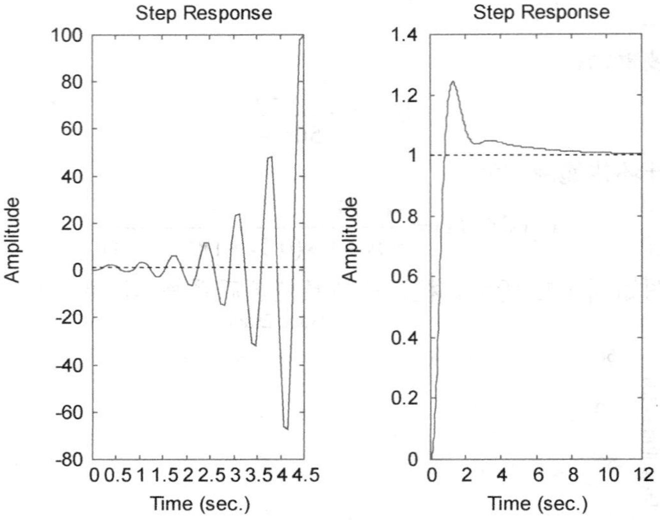

图 4.81　校正前后系统的阶跃响应曲线

【例 4.56】　已知某系统的开环传递函数为 $G(s)=\dfrac{k}{s(s+1)(0.5s+1)}$，设计校正装置，使系统满足下列指标要求：（1）$k_v=10$；（2）$k_g \geqslant 7\,\text{dB}$，$\gamma_c \geqslant 45^\circ$。

运行下面的程序：

```
clear all
figure(1)
n1=[10];
d1=conv([1 0],conv([1 1],[0.5 1]));
bode(n1,d1);        % 令 k=10，作开环系统的波特图
[gm,pm,wg,wp]=margin(n1,d1)
figure(2)
nc=conv([7.14 1],[1.43 1]);
dc=conv([71.4 1],[0.143 1]);
bode(nc,dc);
hold on
n2=conv(n1,nc);
d2=conv(d1,dc);
bode(n2,d2);        % 校正环节及校正后系统的波特图
%hold on
[gm,pm,wg,wp]=margin(n2,d2)
figure(3)
[nc1,dc1]=cloop(n1,d1);
```

```
[nc2,dc2]=cloop(n2,d2);
subplot(121);
step(nc1,dc1);
subplot(122);
step(nc2,dc2);        % 校正前后系统的阶跃响应
```

设计校正装置为：

$$G_c(s) = \frac{(7.14s+1)(1.43s+1)}{(71.4s+1)(0.143s+1)}$$

结果如图 4.82～图 4.84 所示。

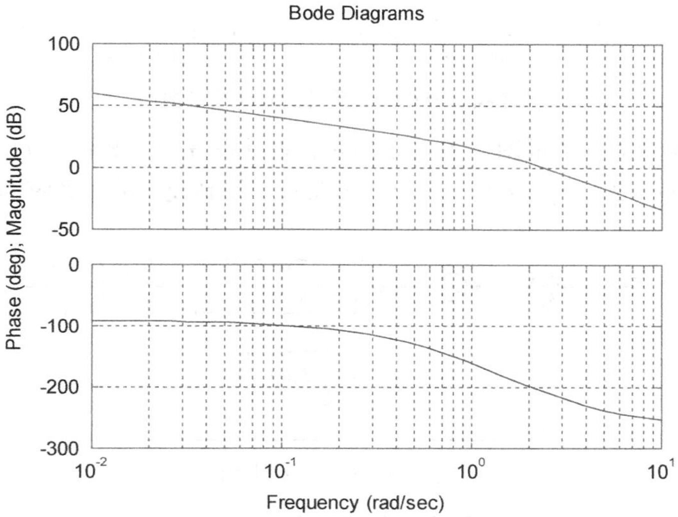

图 4.82　原系统的波特图

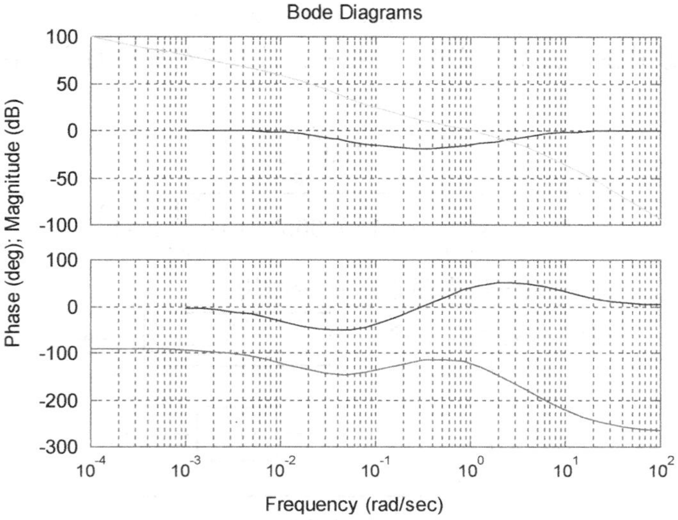

图 4.83　校正环节及校正后系统的波特图

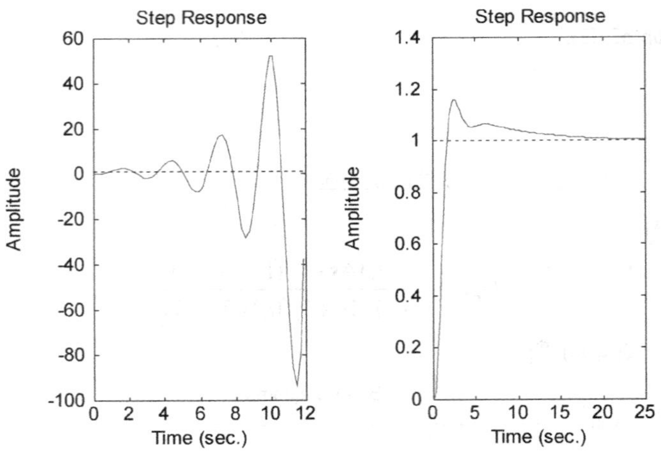

图 4.84　校正前后系统的阶跃响应曲线

【例 4.57】　某随动系统框图如图 4.85 所示，设计反馈校正装置 $H_c(s)$ ，使系统满足下列要求：（1） $k_v=100$ ；（2） $\sigma_p \leqslant 23\%$ ；（3） $t_s \leqslant 0.6\text{s}$ 。绘制校正前后系统的波特图和单位阶跃响应曲线。

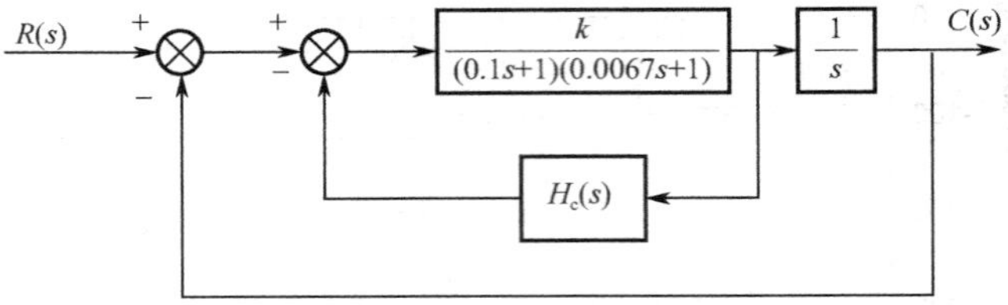

图 4.85　随动系统框图

为满足稳态性能，令 $k=100$ ，则系统的开环传递函数为：

$$G_0(s)=\frac{100}{s(0.1s+1)(0.0067s+1)}$$

作开环系统的波特图，根据系统要求的指标，计算可得期望的校正后系统的开环传递函数为：

$$G_a(s)=\frac{100\left(\frac{1}{5}s+1\right)}{s\left(\frac{1}{0.6}s+1\right)(0.0067s+1)\left(\frac{1}{83}s+1\right)}$$

为了确定 $H_c(s)$ ，可将原系统化为图 4.86 所示结构。

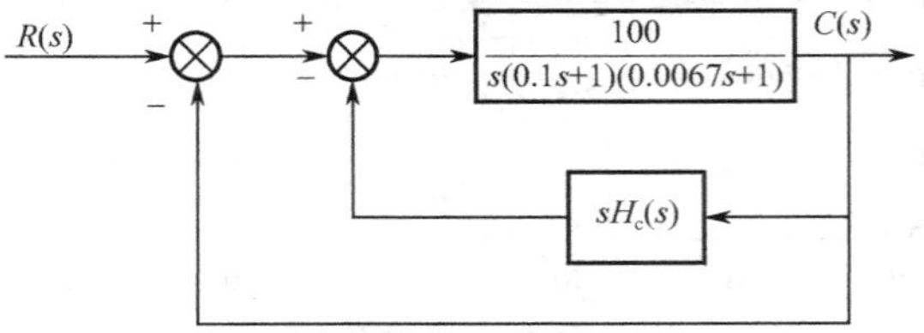

图 4.86　等效结构图

设计校正装置：

$$H_c(s)=\frac{(0.0167s+1)}{(0.2s+1)}$$

```
clc
clear all
G01=tf(100,conv([0.1 1],[0.0067 1]));
G02=tf(1,[1 1]);
H=tf([0.0167 0],[0.2 1]);
G0=G01*G02;
Ga=feedback(G01,H);
G=Ga*G02;
figure(1)
bode(G0,G);
T0=feedback(G0,1);
T=feedback(G,1);
figure(2)
step(T0,T);
```

校正前后系统的波特图如图 4.87 所示。从图 4.88 可以知道，超调和调节时间的指标都得到了满足。

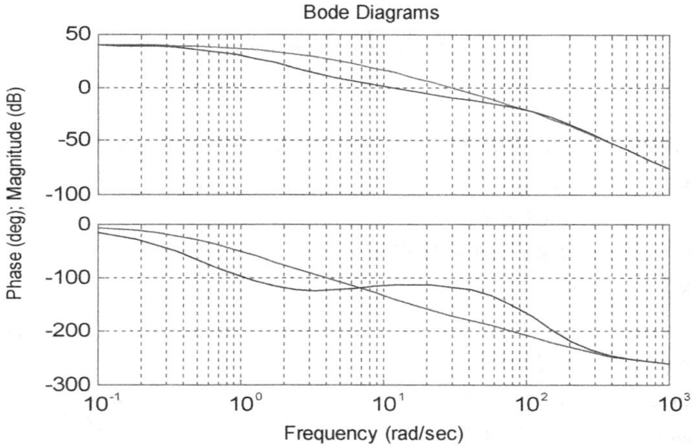

图 4.87　校正前后系统的波特图

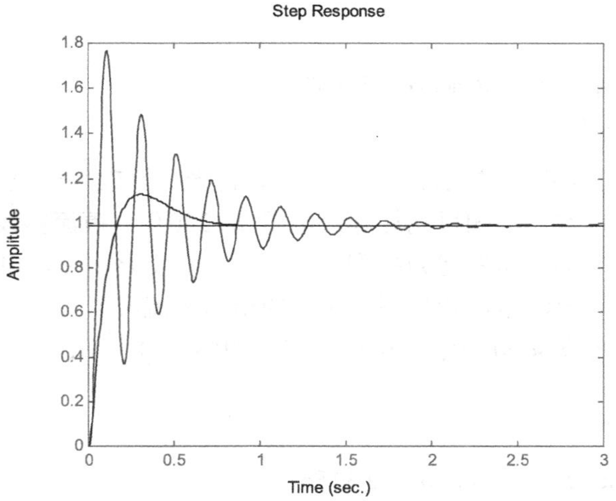

图 4.88　校正前后系统的阶跃响应曲线

4.6 电 路 分 析

本节从读者熟悉的电路分析问题入手，这些问题的求解原理读者已经清楚，主要通过实例了解如何建模、如何表示、如何编程及如何在计算机上做实验。

4.6.1 交流电路分析

交流电路求解的一种主要方法就是相量法，本节通过两个实例，让读者体会如何求解一个电路问题，如何分析实际的电路特点，建立其数学模型，并在计算机上表示和得到期望的结果。

【例 4.58】 已知 R_1=40Ω，R_2=60Ω，C_1=1μF，L_1=0.1mH，$u_s(t)=40\cos 10^4 t$ V。求电压源的平均功率、无功功率和视在功率。

解： 采用相量法求解。

$$Z = Z_c + R_2 + \frac{R_1 Z_{L1}}{R_1 + Z_{L1}}$$

$$\dot{I}_s = \dot{U}_s / Z$$

$$\tilde{S} = \dot{U}_s \dot{I}^* = P + jQ$$

求解程序如下：

```
Us=40;  wo=1e4;  R1=40;  R2=60;  C=1e-6;  L=0.1e-3;  %数据输入
ZC=1/(j*wo*C);          % C1 容抗
ZL=j*wo*L;              % L1 感抗
ZP=R1*ZL/(R1+ZL);       % R1，L1 并联阻抗
ZT=ZC+ZP+R2;            %  总阻抗
Is=Us/ZT;
Sg=0.5*Us*conj(Is);     %复功率
AvePower=real(Sg);      %平均功率
Reactive=imag(Sg);      %无功功率
ApparentPower=0.5*Us*abs(Is);   %视在功率
```

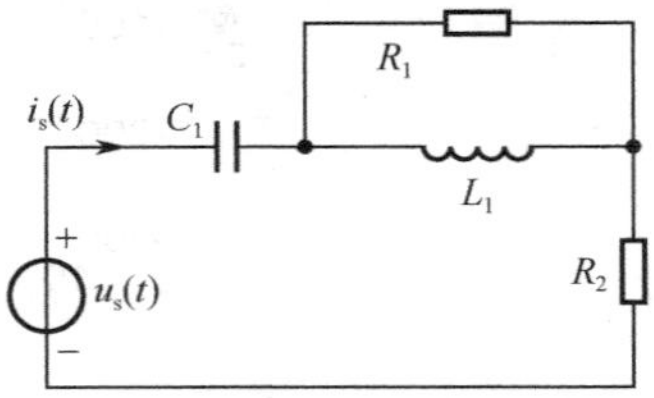

图 4.89　例 4.58 电路

运行结果：

```
AvePower = 3.5825;          Reactive =-5.9087;
ApparentPower = 6.9099
```

【例 4.59】 日光灯在正常发光时启辉器断开，日光灯等效为电阻，在日光灯电路两端并联电容，可以提高功率因数。已知日光灯等效电阻 R=250Ω，镇流器线圈电阻 r=10Ω，镇流器电感 L=1.5H，C=5μF。做出电路等效模型，画出日光灯支路电流、电容支路电流和总电流，镇流器电压、灯管电压和电源电压相量图及相应的电压电流波形。

解： 日光灯电路图如图 4.90 所示，电路原理图如图 4.91 所示。

从图 4.63 可以得到：

$\dot{U}_S = 220$

$\dot{I}_C = j\omega C\dot{U}_S = j100\pi \times 5 \times 10^{-6} \times 220 = j0.3456$

$$\dot{I}_L=\frac{U_S}{R+r+j\omega L}=\frac{220}{250+10+j100\times\pi\times1.5}=0.1975-j0.3579$$

$$\dot{I}_S=\dot{I}_C+\dot{I}_L=j0.3456+0.1975-j0.3579=0.1975-j0.0123$$

$$\dot{U}_Z=\dot{I}_L(r+j\omega L)=(0.1975-j0.3579)\times(10+j100\pi\times1.5)=170.63+j89.491$$

$$\dot{U}_D=\dot{U}_S-\dot{U}_Z=220-(170.63+j89.491)=49.37-j89.491$$

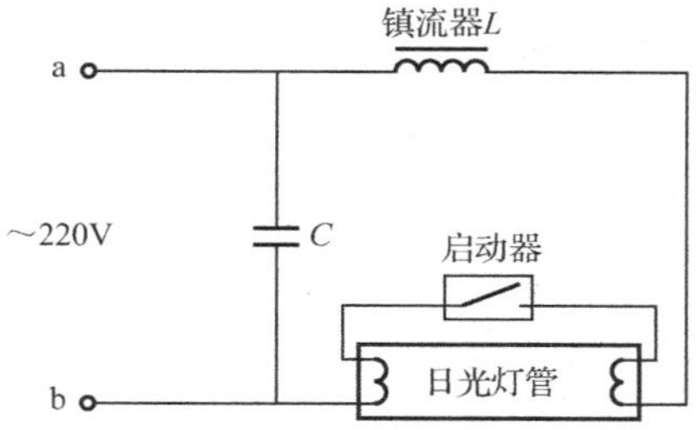

图 4.90　日光灯电路图

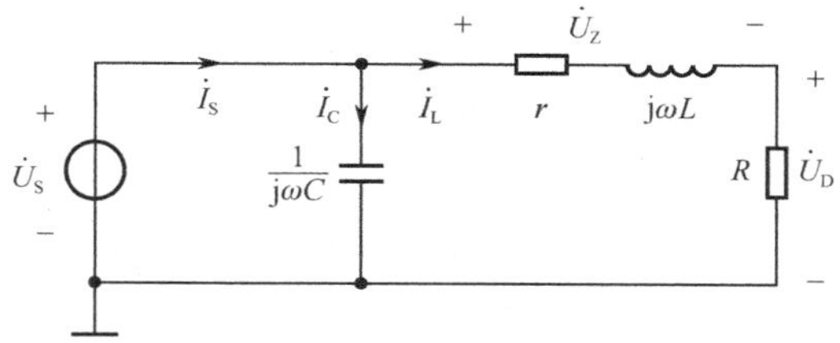

图 4.91　日光灯电路原理图

根据上述分析结论，利用仿真工具进行计算和绘图的程序如下：

```
Us=220;Uz=170.63+89.491j;Ud=49.37-89.491j;
Ic=0.3456j;IL=0.1975-0.3579j;Is=0.1975-0.0123j;
subplot(2,2,1);     %绘制电压曲线图
compass([Us,Uz,Ud]);
subplot(2,2,2);     %绘制电流曲线图
compass([Ic,IL,Is]);
t=0:1e-3:0.1;
w=2*pi*50;
us=220*sin(w*t);
uz=abs(Uz)*sin(w*t+angle(Uz));
ud=abs(Ud)*sin(w*t+angle(Ud));
ic=abs(Ic)*sin(w*t+angle(Ic));
iL=abs(IL)*sin(w*t+angle(IL));
is=abs(Is)*sin(w*t+angle(Is));
subplot(2,2,3);     %绘制电流向量图
plot(t,us,t,uz,t,ud)
subplot(2,2,4);     %绘制电流向量图
plot(t,is,t,ic,t,iL)
```

结果如图 4.92 所示。

从这两个例子可以看出，手工计算比较复杂的相量法，尤其是涉及小数计算时，利用 MATLAB 可以方便地解决。

4.6.2　直流电路分析

直流电路分析有多种方法，也涉及电路换路瞬间的初值计算问题，有些手工计算比较复杂的环节，如积分、微分等，利用 MATLAB 也可以方便地求解。

【例 4.60】　设某脉冲电流 $i(t)$如图 4.93 所示。其中脉冲幅值 $I_p=\frac{\pi}{2}$ mA，周期 $T=6.28$，

脉冲宽度$\tau=\dfrac{T}{2}$。求$i(t)$的有效值。

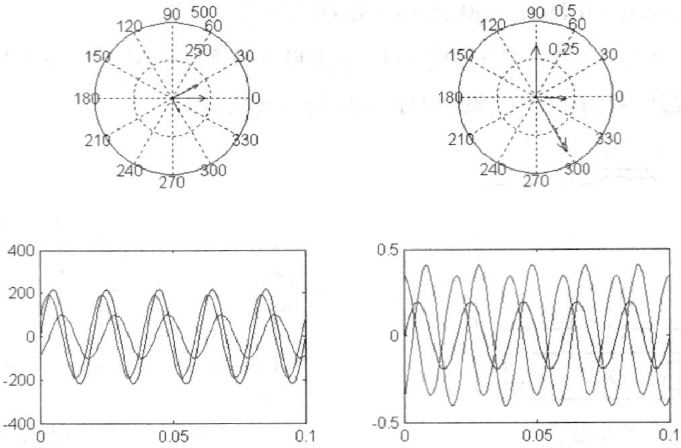

图 4.92　日光灯电路各个部分的电压与电流

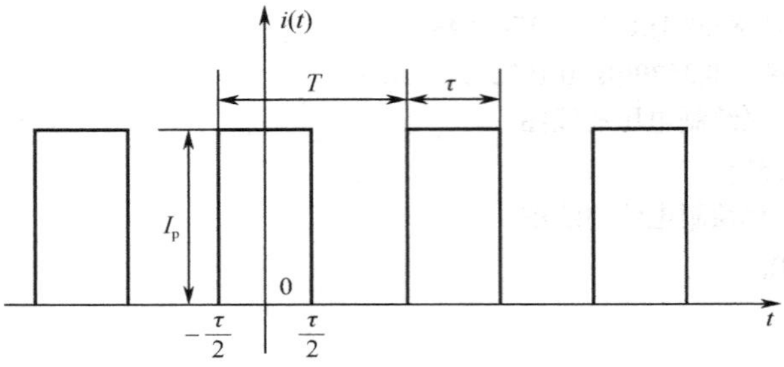

图 4.93　脉冲电流

解：根据有效值的定义：

$$I=\sqrt{\frac{\int_0^T i(t)^2\,\mathrm{d}t}{T}}=\sqrt{\frac{\int_0^{T/2}(\pi/2)^2\,\mathrm{d}t}{T}}$$

编写的程序如下：

```
clear;
T=6.28;
t=0:1e-3:T/2;                %1e-3 为计算步长;
it=zeros(1,length(t));       %开设电流向量空间;
it(:)=pi/2;                  %电流向量幅值;
I=sqrt(trapz(t,it.^2)/T) ;   %求电流均方根，得有效值
```

运行结果：I=1.1107(mA)

【例 4.61】　在图 4.94 中，$u_s(t)=20\varepsilon(t)$ V，$C=1\mu F$，分别画出 $R=1k\Omega$，$R=10k\Omega$，$R=20k\Omega$ 时的 $u_c(t)$波形。

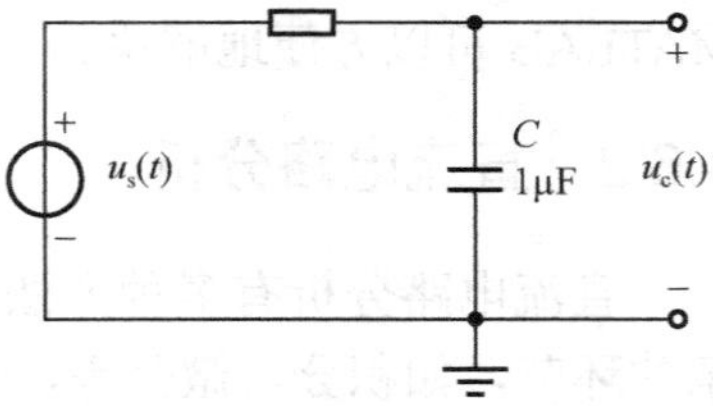

图 4.94　电路图

根据电路分析的三要素法，编写程序如下：

```
C = 1e-6;
R=[1e3, 10e3, 20e3];
```

```
tau=R*C;
t = 0:0.001:0.04;                          %生成时间序列
for k=1:3
uc(k,:)=20*(1-exp(-t/tau(k)));             %分别生成 R=1kΩ、10kΩ 和 20kΩ 时曲线 y 坐标数据
end
plot(t,uc(1,:),'o',t,uc(2,:),'x', t,uc(3,:),'p') ;   %画出曲线
axis([0 0.04 0 25])                        %控制坐标轴范围；x：0~0.04；y：0~25
title('时间常数对充电曲线的影响')
xlabel('Time, s')
ylabel('电容电压')
text(0.006, 18.0, '+    R = 1K')
text(0.015, 14.0, 'o    R = 10 K ')
text(0.015, 9.0, '*    R = 20 K')
```

运行结果如图 4.95 所示。

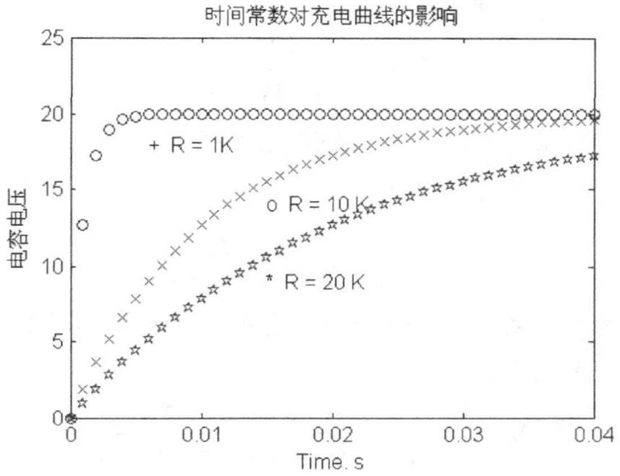

图 4.95 系统响应曲线

本 章 小 结

系统仿真的基本要素就是模型与程序。本章通过对所熟悉的实例的仿真分析，让读者进一步掌握模型的建立与表示、程序的编写与调试、仿真结果的分析等方法，能利用仿真工具进行简单的仿真分析。

思考练习题

1．设系统特征方程为 $s^3+2s^2+s+2=0$，该系统是否渐近稳定？

2．设单位反馈系统的开环传递函数分别为：

（1） $G(s)=\dfrac{k^{*}(s+1)}{s\,(s-1)\,(s+5)}$

（2）$G(s)=\dfrac{k^{\bullet}}{s(s-1)(s+5)}$

试确定使闭环系统稳定的开环增益 K 的数值范围(注意：$k \neq k^{\bullet}$)。

3．试分析图 4.96 所示系统的稳定性。

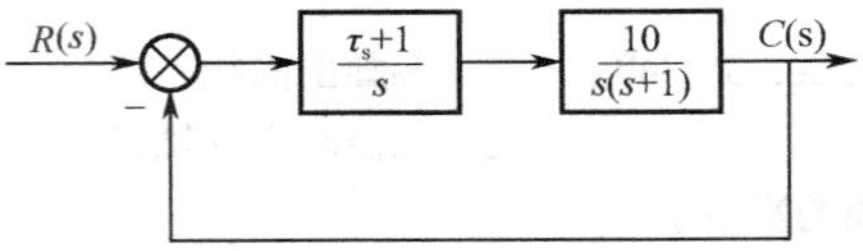

图 4.96　习题 3 图

4．设系统特征方程如下,试用古尔维茨判据确定使系统稳定的 k 的取值范围。

（1）$s^3+3ks^2+(k+2)s+4=0$

（2）$s^4+4s^3+13ks^2+36s+k=0$

（3）$s^4+20ks^3+5s^2+10s+15=0$

5．设单位反馈系统的开环传递函数为：

$$G(s)=\frac{100}{s(0.1s+1)}$$

试求当输入信号 $r(t)=1+2t+t^2$ 时，系统的稳态误差。

6．设单位反馈系统的开环传递函数为：

$$G(s)=\frac{k^{\bullet}(s+2)}{(s+3)(s^2+2s+2)}$$

试绘制 $k^{\bullet}$ 从 $-\infty \to +\infty$ 时系统的闭环根轨迹图,并确定无超调时 $k^{\bullet}$ 的范围。

7．已知系统开环传递函数为：

$$G(s)H(s)=\frac{k^{\bullet}(s^2+2s+4)}{s(s+4)(s+6)(s^2+1.4s+1)}$$

绘制系统的根轨迹图,并由此确定系统稳定时 $k^{\bullet}$ 的范围。

8．有一单位反馈系统的开环传递函数为：

$$G(s)=\frac{k}{(s+1)(s+2)(s+3)}$$

试用奈奎斯特稳定判据，求取闭环特征根全部位于 $s=-1$ 左边的 k 值范围。

9．已知下列一组开环传递函数 $G_1(s)$、$G_2(s)$、$G_3(s)$及其相应的幅、相频特性，试用奈奎斯特稳定判据判别其闭环系统的稳定性。

$$G_1(s)=\frac{5}{s(1+0.1s)(1+0.01s)}，\quad G_2(s)=\frac{-1.25}{(1-0.5s)(1+0.01s)}$$

$$G_3(s)=\frac{2500(1+2s)(1+0.025s)}{s^2(1-0.1s)(1-0.25s)(1+0.025s)}$$

10．已知系统的开环传递函数为：

$$G(s)H(s)=\frac{k}{s^2(T_1s+1)}$$

试画出极坐标图，并用奈奎斯特稳定判据分析该系统的稳定性。

11．一个系统在开环状态下的传递函数为：

$$G_k(s)=\frac{k(\tau s+1)}{s(T_1^2s^2+2\xi T_1 s+1)(T_2 s-1)}$$

欲使该系统在闭环状态下是稳定的，试根据奈奎斯特稳定判据画出它的幅、相频特性。

12．给定系统如图 4.97 所示，要求性能指标为：

（1）系统的剪切频率 ω_c=50 弧度/秒，相位裕量 $\gamma \geqslant 45°$；

（2）响应 $r(t)=10t^2$ 的稳态误差 $e_{ss}(t) \leqslant 0.025$ 弧度，试综合校正装置的结构参数。

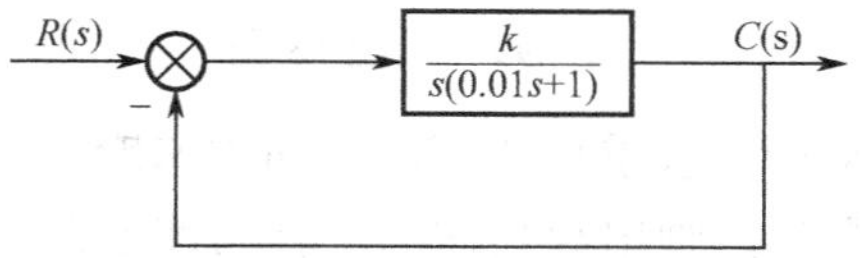

图 4.97　习题 12 图

13．单位反馈二阶系统开环传递函数为 $G(s)=\frac{1}{s(0.1s+1)}$，试设计一串联校正装置 $G_c(s)$，使其满足性能指标：(1)系统是稳定的；(2)当输入 $r(t)=t$ 时，系统无稳态误差。

14．已知单位反馈控制系统的开环传递函数为：

$$G_k(s)=\frac{k}{s(0.1s+1)}$$

试确定超前校正网络的传递函数和 $G_k(s)$的未定义参数，使得串联超前校正后系统满足：

稳态速度误差系数 k_v=100s^{-1}，相位裕量 $\gamma \geqslant 55°$，幅值裕量 $h \geqslant 10$dB，穿越频率 $\omega_x \leqslant 80$ 弧度/秒。

15．某单位负反馈系统的开环传递函数为：

$$G(s)=\frac{1}{(\frac{1}{3.6}s+1)(0.01s+1)}$$

要使系统的稳态速度误差系数 k_v=10，相位裕量 $\gamma \geqslant 25°$，试设计一个简单形式的校正装置（其传递函数用 $G_c(s)$ 表示）以满足性能指标。

16．系统框图如图 4.98 所示，要求：稳态速度误差系数 $k_v \geqslant 10$s^{-1}，截止频率 $\omega_c \geqslant 1$ 弧度/秒，相位裕量 $\gamma \geqslant 40°$，试设计滞后和超前校正装置。

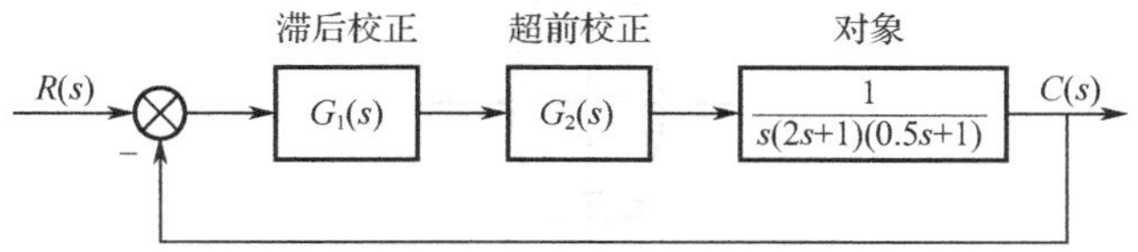

图 4.98　习题 16 图

17．系统的开环传递函数为 $G(s)=\frac{10}{(s+1)(s+30)}$，系统的品质指标要求为 k_v=100s^{-1}，相位裕量 $\gamma \geqslant 30°$，设计一个简单的校正装置（求出其传递函数及参数）以满足品质指标。

18．控制系统如图 4.99 所示，要求性能指标满足：

（1）在斜坡输入信号 $r(t)=t\ (t \geqslant 0)$的作用下系统的稳态误差 $e_{ss} \leqslant 0.01$；

（2）截止频率 $\omega_c \geqslant 10$ 弧度/秒；

（3）系统的相位裕量 $\gamma \geqslant 40°$。

试根据上述要求设计一并联环节，要求写出所设计的系统开环增益 k 的值及并联校正环节传递函数的形式和参数。

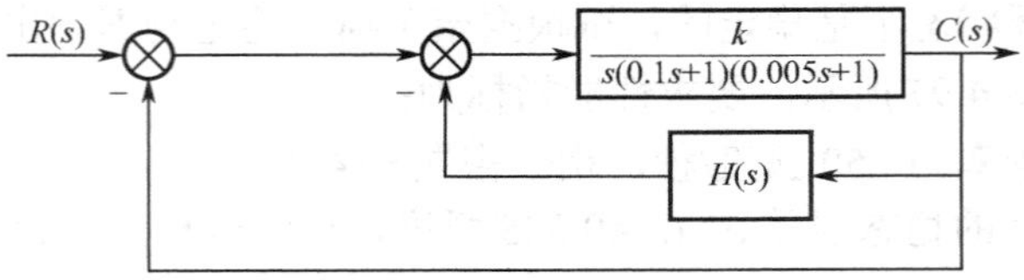

图 4.99　习题 18 图

19．编程计算第 3 章习题 10，求重物的落地时间与速度。

20．编程计算第 3 章习题 11，画出乒乓球的位移与速度曲线。

21．编程计算第 3 章习题 12，画出摆锤的切向速度与位移角曲线。

22．编程计算第 3 章习题 13，确定影响飞越距离的参数，画出相关曲线。

23．在边长为 100 的正方形跑道的四个顶点上各站有一人，他们同时开始以等速顺时针追逐下一人，在追逐过程中，每个人时刻对准目标，试模拟追逐路线。并讨论：

（1）四个人能否追到一起？

（2）若能追到一起，则每个人跑过多少路程？

（3）追到一起所需要的时间（设速率为 1）是多少？

（4）若四人的速度不等，则上述的结论又该如何？

24．一个对称的地下油库，内部设计如图 4.100 所示。横截面为圆，中心位置处的半径为 3 米，上、下底的半径为 2 米，高为 12 米，纵截面的两侧是顶点在中心位置的抛物线。

试求：

（1）当油库内油的深度（从底部算起）为 $h(0\leqslant h\leqslant 12)$时，库内油量的容积 $V(h)$。

（2）设计油库的油量标尺程序，即当油量容积 V 已知时，算出油的深度 h，并求出当 V=10 立方米，20 立方米，30 立方米时油的深度。

（3）如果纵截面的两侧是圆弧线，结果又该如何？

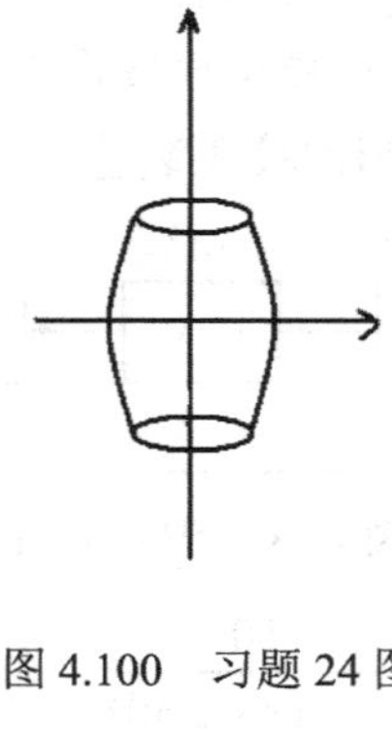

图 4.100　习题 24 图

第5章　系统仿真实训

本章要点：

1．MTALAB 仿真环境的认识和使用；

2．MATLAB 语言的编程和调试；

3．信号与系统的仿真分析练习；

4．信号处理问题的仿真分析；

5．一般系统的仿真分析。

系统仿真的技术性比较强，仅了解相关的理论和方法是不够的，只有多练习，才能真正掌握它。为此，本章设计了 22 个实训项目，仿真内容涉及信号的产生与处理、系统的时域分析和变换域分析等，分三个层次递进展开，以实现对学生分析和解决问题能力的分级培养。第一个层次在项目中给出相关的程序和注释，学生通过对这些程序的分析和运行，达到熟悉仿真环境，能简单编程的目的；第二个层次给出题目和提示，让学生通过分析和编程完成任务，以培养学生分析简单问题的能力；第三个层次只给出题目，让学生独立完成从问题分析、建立模型、程序编写到仿真分析的全过程。以培养学生独立解决实际问题的能力。本章设置了“项目扩展”、“小结与体会”等内容，希望能举一反三、分析实验过程中遇到的问题，回顾解决过程，达到总结和提高的目的。

5.1　常用连续信号的实现

一、项目目的

1．了解连续时间信号的特点；

2．掌握信号表示的向量法和符号法；

3．熟悉 MATLAB plot 函数的应用。

二、项目原理

1．信号的定义

信号是随时间变化的物理量。信号的本质是时间的函数。

2．信号的描述

1）时域法

将信号表示成时间的函数 $f(t)$。信号的时间特性指的是信号的波形出现的时间先后，持续的时间长短，随时间变化的快慢和大小，周期的长短等。

2）频域（变换域）法

通过正交变换，将信号表示成其他变量的函数。一般常用的是傅里叶变换（FT）等。信号的频域特性包括频带的宽窄、频谱的分布等。信号的频域特性与时域特性之间有密切关系。

3．信号的分类

按照不同的分类标准，有不同类型的信号。

（1）确定性信号：可以用一个确定的时间函数来表示的信号；

随机信号：不能用一个确定的时间函数来表示，只能用统计特性加以描述的信号。

（2）连续信号：除若干不连续的时间点外，每个时间点 t 上都有对应数值的信号。

离散信号：只在某些不连续的时间点上有数值，其他时间点上没有定义的信号。

（3）周期信号：存在 T，使得等式 $f(t+T)=f(t)$ 对于任意时间 t 都成立的信号。

非周期信号：不存在 T，使得等式 $f(t+T)=f(t)$ 对于任意时间 t 都成立的信号。

绝对的周期信号是不存在的，一般只要在很长的时间内信号满足周期性就可以了。

（4）能量信号：总能量有限的信号。

功率信号：平均功率有限且非零的信号。

信号的总能量：
$$\lim_{T\to\infty}\int_{-T}^{T} f^2(t)\mathrm{d}t$$

信号的平均功率：
$$\lim_{T\to\infty}\frac{\int_{-T}^{T} f^2(t)\mathrm{d}t}{2T}$$

（5）奇信号：满足等式 $f(t)=-f(-t)$ 的信号。

偶信号：满足等式 $f(t)=f(-t)$ 的信号。

三、MATLAB 函数

1．plot 函数

功能：在 X 轴和 Y 轴都按线性比例绘制二维图形。

调用格式：

plot（x, y）：绘出 x 对 y 的函数的线性图。

plot(x1, y1, x2, y2, …)：绘出多组 x 对 y 的线性图。

2．subplot 函数

功能：产生多个绘图区间。

调用格式：

subplot(m, n, p)：生成第 m 行、第 n 列的第 p 个绘图区间。

四、内容与方法

1．验证性练习

常用的连续信号有正弦信号、单位阶跃信号、单位门信号、单位冲激信号、符号函数、单位斜坡函数、单边衰减指数信号、抽样信号、随机信号等。

参考给出的程序，产生信号，观察信号的波形，可以改变相关参数（例如频率、周期、幅值、相位、显示时间段、步长、加噪等），进一步熟悉这些在工程实际与理论研究中常用信号的特征。

1）直流信号 $f(t)=A$

MATLAB 程序：

```
t=-10:0.01:10;
a1=6;                          % 信号的大小
plot(t,a1,'b');title('直流信号');
xlabel('时间(t)');ylabel('幅值(f)')。
```

生成的直流信号如图 5.1 所示。

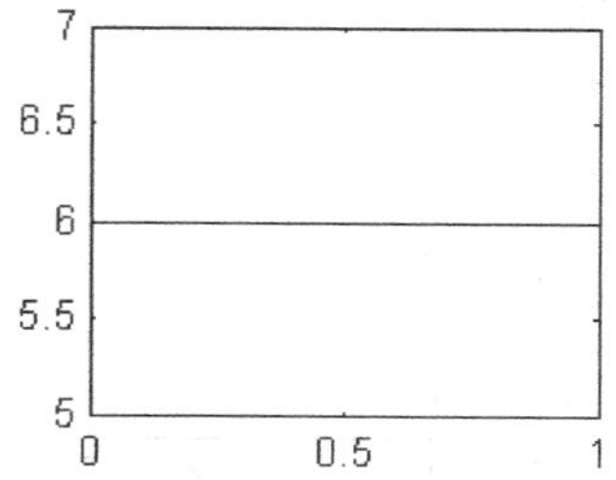

图 5.1　直流信号

2）正弦交流信号 $f(t)=\sin\omega t$

MATLAB 程序：

```
t=-0:0.001:1;
y=sin(2*pi*t);
plot(t,y,'k');
xlabel('时间(t)');   ylabel('幅值(f)');   title('正弦交流信号')。
```

生成的正弦交流信号如图 5.2 所示。

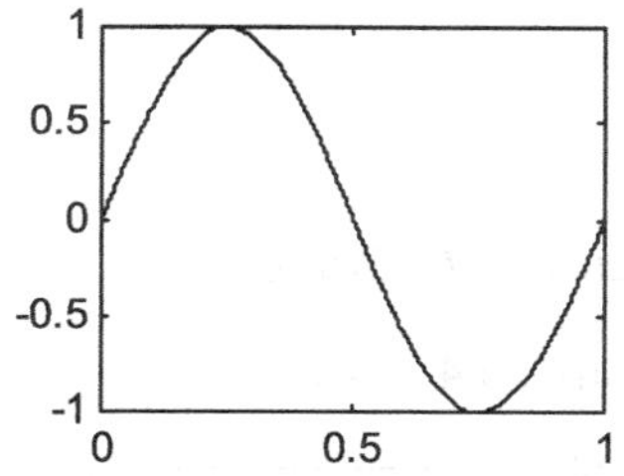

图 5.2　正弦交流信号

3）单位阶跃信号 $f(t)=\varepsilon(t)$

MATLAB 程序：

```
t0=0; t1=-1;t2=3;
dt=0.01;
t=t1:dt:-t0;
n=length(t);
t3=-t0:dt:t2;
n3=length(t3);
u=zeros(1,n);
u3=ones(1,n3);
plot(t,u);
hold on;
```

```
plot(t3,u3);
plot([-t0,-t0],[0,1]);
hold off;
axis([t1,t2,-0.2,1.5]);
xlabel('时间(t)');ylabel('幅值(f)');title('单位阶跃信号')。
```

生成的单位阶跃信号如图 5.3 所示。

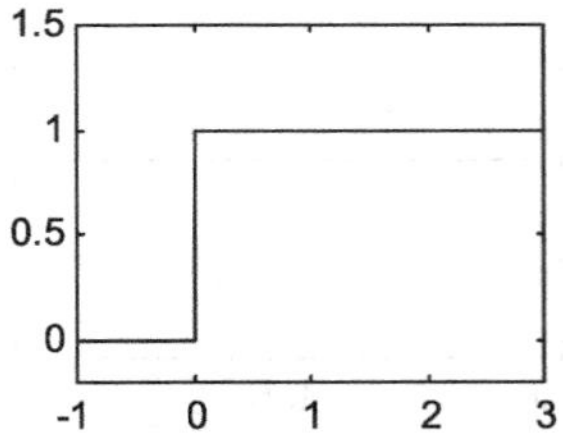

图 5.3　单位阶跃信号

4）单位冲激信号 $f(t)=\delta(t)$

（1）方法 1

MATLAB 程序：

```
clear ;                          %方法 1
t0=0;t1=-1;t2=5;dt=0.1;
t=t1:dt:t2;
n=length(t);
x=zeros(1,n);
x(1,(t0-t1)/dt+1)=1/dt;
stairs(t,x);
axis([t1,t2,0,1/dt]);
xlabel('时间(t)');ylabel('幅值(f)');title('单位冲激信号')。
```

用方法 1 生成的单位冲激信号如图 5.4 所示。

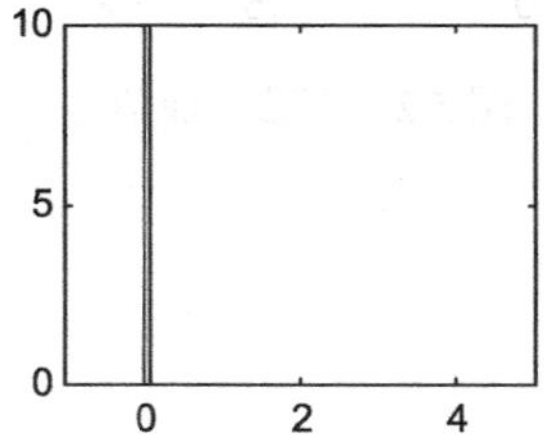

图 5.4　单位冲激信号

（2）方法 2

MATLAB 程序：

```
t0=0; t1=-1;t2=3;dt=0.001;      %方法 2
t=t1:dt:t2;
n=length(t);
k1=floor((t0-t1)/dt);
```

```
x=zeros(1,n);
x(k1)=1/dt;
stairs(t,x);
axis([-1,3,0,22]);
xlabel('时间(t)');ylabel('幅值(f)');title('单位冲激信号')。
```

用方法 2 生成的单位冲激信号如图 5.5 所示。

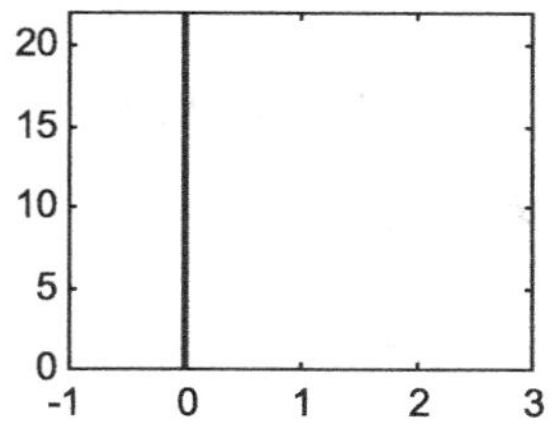

图 5.5　单位冲激信号

5）符号函数信号 $f(t)=\mathrm{sgn}(t)$

MATLAB 程序：

```
clear   %
t1=-1;t2=5;dt=0.1;             %可将精度调高，即 d=0.01 或 0.001
t=t1:dt:t2;
n=sign(t);
plot(t,n);
axis([t1,t2,-1.5,1.5]);
xlabel('时间(t)');ylabel('幅值(f)');title('符号信号')。
```

生成的符号函数信号如图 5.6 所示。

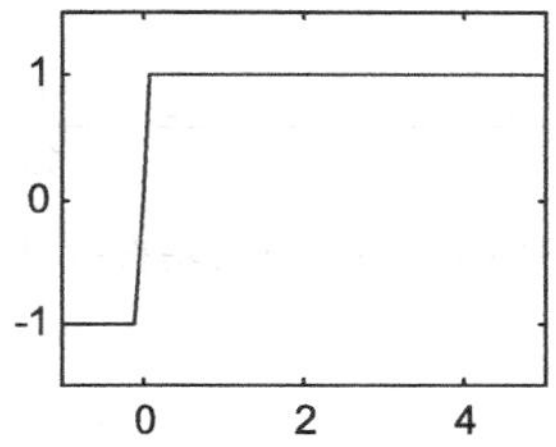

图 5.6　符号函数信号

6）斜坡信号 $f(t)=t\varepsilon(t)$

MATLAB 程序：

```
clear   %
t1=-1;t2=5;dt=0.01;
t=t1:dt:t2;
a1=5;                          %斜率
n=a1*t;plot(t,n);
axis([t1,t2,-1.5,20]);         %横坐标及纵坐标的范围
xlabel('时间(t)');ylabel('幅值(f)');title('斜坡信号')。
```

生成的斜坡信号如图 5.7 所示。

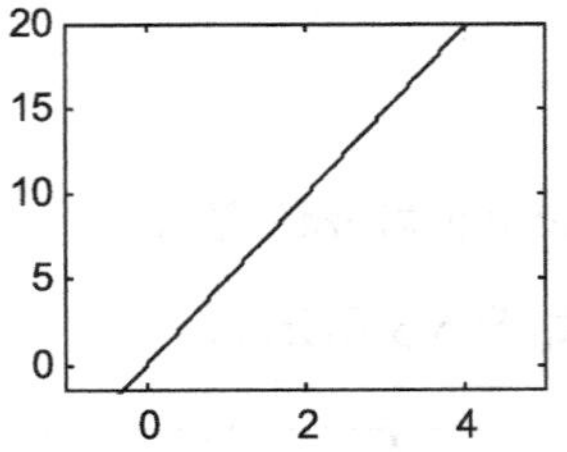

图 5.7　斜坡信号

7）单边衰减指数信号 $f(t)=e^{-\alpha t}\varepsilon(t)$

MATLAB 程序：

```
clear   %
t1=-1;t2=10;dt=0.1;
t=t1:dt:t2;
A1=1;                          %斜率
a1=0.5;                        %斜率
n=A1*exp(-a1*t);
plot(t,n);
axis([t1,t2,0,1]);
xlabel('时间(t)');ylabel('幅值(f)');title('单边衰减指数信号')。
```

生成的单边衰减指数信号如图 5.8 所示。

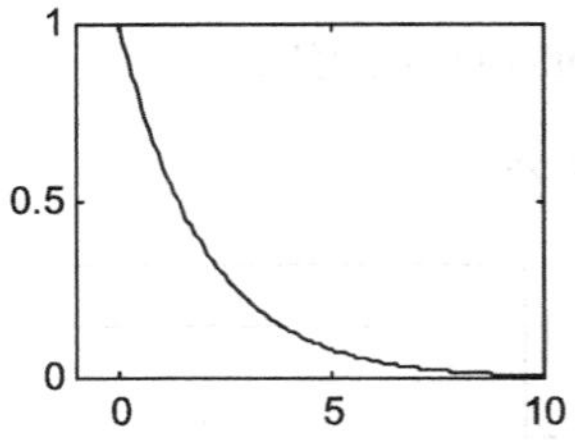

图 5.8　单边衰减指数信号

8）复指数信号 $f(t)=e^{-(\alpha+j\beta)t}$

MATLAB 程序：

```
%   f(t)=e^(-3t+4jt)
t=0:0.01:3;%
a=-3;b=4;
z=exp((a+i*b)*t);
subplot(2,2,1)
plot(t,real(z)),title('实部'); xlabel('时间(t)');ylabel('幅值(f)');
subplot(2,2,2)
plot(t,imag(z)),title('虚部'); xlabel('时间(t)');ylabel('幅值(f)');
subplot(2,2,3)
plot(t,abs(z)),title('模'); xlabel('时间(t)');ylabel('幅值(f)');
```

```
subplot(2,2,4)
plot(t,angle(z)),title('相角'); xlabel('时间(t)');ylabel('幅值(f)')。
```

生成的复指数信号如图 5.9 所示。

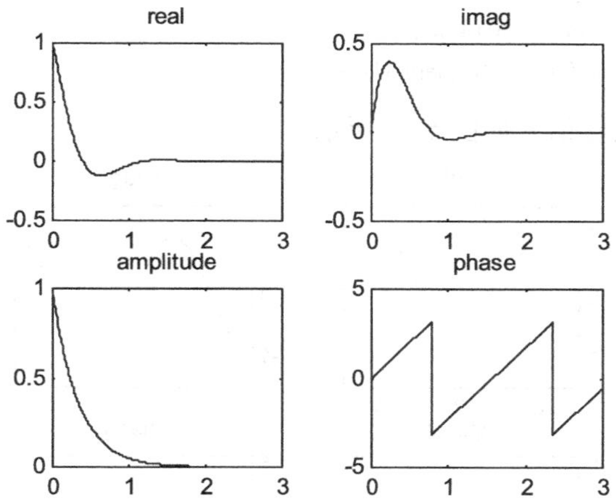

图 5.9　复指数信号

9）连续时间虚指数信号 $f(t)=\mathrm{e}^{\mathrm{j}\frac{\pi t}{2}}$

MATLAB 程序：

```
%连续时间虚指数信号 f(t)=a*exp(w*i*t)
% t1:  绘制波形的起始时间
% t2:  绘制波形的终止时间
% w:   虚指数信号角频率
% a:    虚指数信号的幅度
a=1;
w=pi/2; %函数参数
t=t1:0.01:t2;
x=a*exp(i*w*t);
xr=real(x);
xi=imag(x);
xa=abs(x);
xn=angle(x);
subplot(2,2,1)
plot(t,xr);
axis([t1,t2,-(max(xa)+0.5),max(xa)+0.5]);
title('实部'); xlabel('时间(t)');ylabel('幅值(f)');
subplot(2,2,2)
plot(t,xi);
axis([t1,t2,-(max(xa)+0.5),max(xa)+0.5]);
title('虚部'); xlabel('时间(t)');ylabel('幅值(f)');
subplot(2,2,3)
plot(t,xa);
```

```
axis([t1,t2,0,max(xa)+1]);
title('模'); xlabel('时间(t)');ylabel('幅值(f)');
subplot(2,2,4)
plot(t,xn);
axis([t1,t2,-(max(xa)+1),max(xa)+1]);
title('相角'); xlabel('时间(t)');ylabel('幅值(f)')。
```

生成的连续时间虚指数信号如图 5.10 所示。

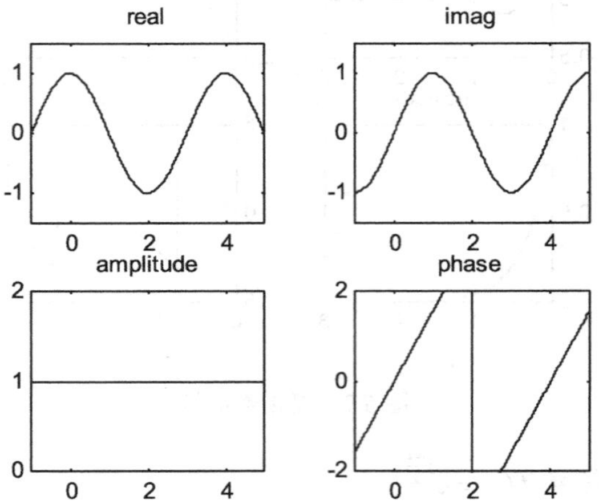

图 5.10　连续时间虚指数信号

10）Dirichlet 函数信号

MATLAB 程序：

```
x=linspace(0,4*pi,300);
y1=diric(x,7);
y2=diric(x,8);
subplot(121),plot(x,y1);
title(' Dirichlet 函数'); xlabel('时间(t)');ylabel('幅值(f)');
subplot(122),plot(x,y2);
title(' Dirichlet 函数'); xlabel('时间(t)');ylabel('幅值(f)')。
```

生成的 Dirichlet 函数信号如图 5.11 所示。

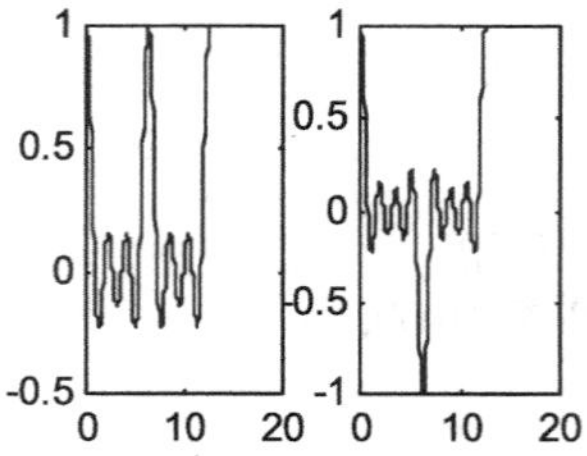

图 5.11　Dirichlet 函数信号

11）叠加随机噪声的正弦波信号

MATLAB 程序：

```
t=(0:0.001:50); %
y=sin(2*pi*50*t);
s=y+randn(size(t));
plot(t(1:50),s(1:50)) ;
title(' 随机噪声的正弦波'); xlabel('时间(t)');ylabel('幅值(f)')。
```

生成的叠加随机噪声的正弦波信号如图 5.12 所示。

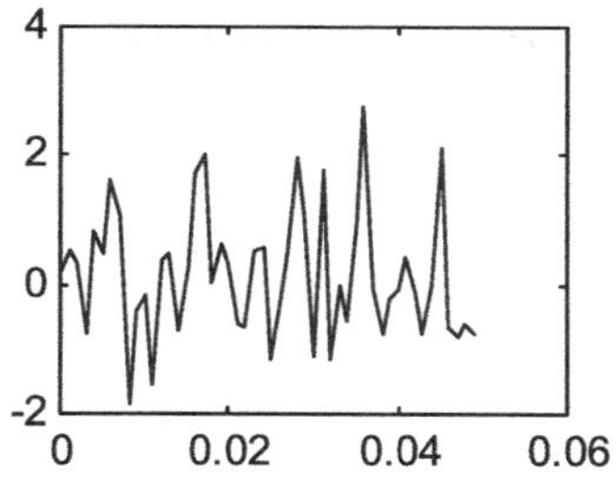

图 5.12　叠加随机噪声的正弦波信号

12）周期方波信号

MATLAB 程序：

```
t=(0:0.0001:1);%
y=square(2*pi*15*t);%产生方波
plot(t,y); axis([0,1,-1.5,1.5]);
title('周期方波'); xlabel('时间(t)');ylabel('幅值(f)')。
```

生成的周期方波信号如图 5.13 所示。

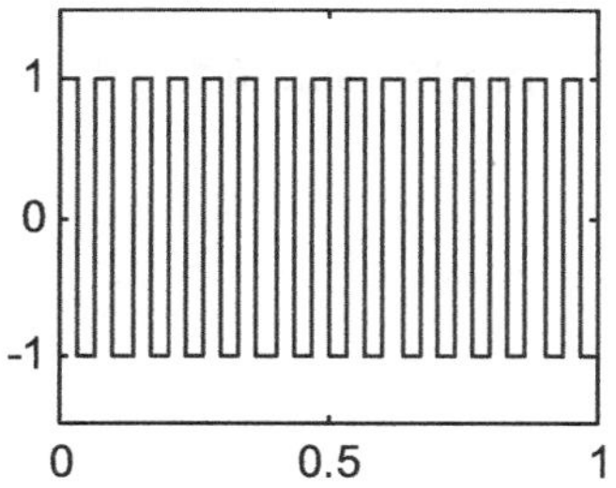

图 5.13　周期方波信号

13）周期锯齿波信号

MATLAB 程序：

```
t=(0:0.001:2.5);%
y=sawtooth(2*pi*30*t);          %产生锯齿波
plot(t,y),axis([0 0.2 -1 1]);
title('周期锯齿波'); xlabel('时间(t)');ylabel('幅值(f)')。
```

生成的周期锯齿波信号如图 5.14 所示。

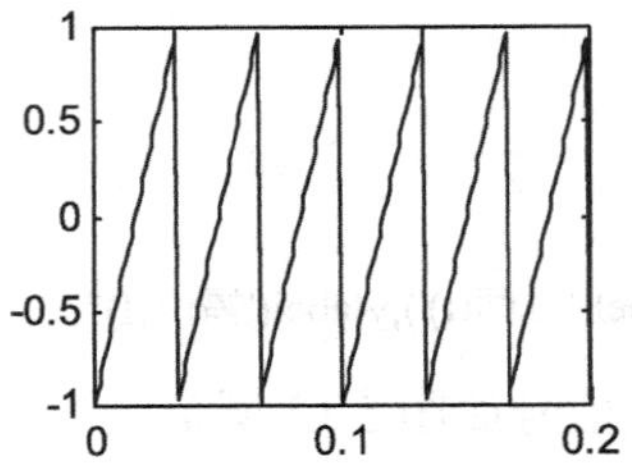

图 5.14　周期锯齿波信号

14）Sinc 函数信号

MATLAB 程序：

```
t=(0:0.001:2.5); %
x=linspace(-5,5);
y=sinc(x);
plot(x,y);
title('Sinc 函数'); xlabel('时间(t)');ylabel('幅值(f)')。
```

生成的 Sinc 函数信号如图 5.15 所示。

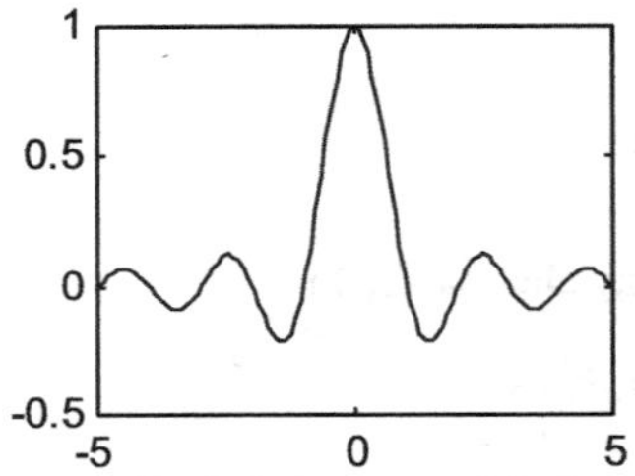

图 5.15　Sinc 函数信号

15）三角波信号

MATLAB 程序：

```
t=(-3:0.001:5);%
y=tripuls(t,4,0.5);
plot(t,y); title('三角波')
xlabel('时间(t)');ylabel('幅值(f)')。
```

生成的三角波信号如图 5.16 所示。

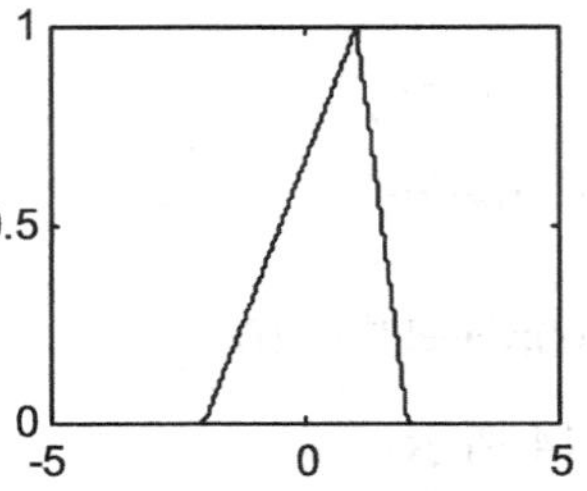

图 5.16　三角波信号

2. 程序设计练习

自己编制程序，生成如下信号：

$\mathrm{sqrt}(ax)$，$1-2\mathrm{abs}(x)/a$，$\sin(x)/x$，$5\exp(-x)$，$3\sin(x)$，$u(t-3)$，$u(t+5)$，$r(t-4)$，$r(t+3)$，$u(t-3)+r(t+7)$，$\sin(t),\sin(2t),\sin(3t)$，$\delta(t-1),\delta(t+5)$，$\cos(3t)+\sin(2t)$。

五、项目要求

1. 在计算机中输入程序，验证实验结果。
2. 对于程序设计练习，自行编制完整的实验程序，实现对信号的模拟。
3. 在实验报告中给出完整的自编程序和运行结果。

六、项目扩展

1. 冲激信号与阶跃信号各有什么特性？
2. 如何利用基本信号表示方波、三角波等比较复杂的信号？
3. 信号的时域分解有哪几种方法？

七、小结与体会

1. MATLAB 有几种求助方式？
2. 谈谈对 MATLAB 的印象。

5.2 常用离散时间信号的实现

一、项目目的

1. 了解离散时间信号的特点。
2. 掌握离散时间信号表示的向量法和符号法。
3. 熟悉 stem 函数的应用。
4. 会用 MATLAB 语言表示常用基本离散信号。

二、项目原理

信号是随时间变化的物理量。离散信号是只在某些不连续的时间点上有信号值，其他时间点上信号没有定义的一类信号。离散信号一般可以利用模数转换由连续信号得到，计算机所能处理的只能是离散信号。

三、MATLAB 函数

stem 函数

功能：绘制二维杆图即离散序列图。

调用格式：

stem(x,y)：在 x 坐标上绘制高度为 y 的杆图。

四、内容与方法

1. 验证性练习

常见的离散信号有正弦信号序列、单位阶跃序列、单位门序列、单位冲激信号、单位斜坡序列、单边衰减指数序列、随机序列等。

参考给出的程序，产生信号，并观察信号的波形，通过改变相关参数（例如频率、周期、幅值、相位、显示时间段、步长、加噪等），进一步熟悉这些在工程实际与理论研究中常用的信号。

1）离散时间信号

MATLAB 程序：

```
k1=-3;k2=3;k=k1:k2;
f=[1,3,-3,2,3,-4,1];
stem(k,f,'filled');
axis([-4,4,-5,5]);
title('离散时间信号')
xlabel('时间(k)');ylabel('幅值 f(k)')。
```

生成的离散时间信号如图 5.17 所示。

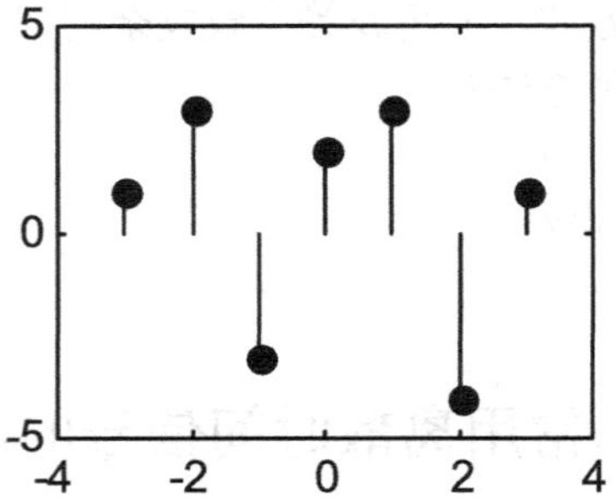

图 5.17　离散时间信号

2）单位脉冲序列

MATLAB 程序：

```
k1=-3;k2=6;k=k1:k2;
n=3;                          %单位脉冲出现的位置
f=[(k-n)==0];
stem(k,f,'filled'); title('单位脉冲序列')
xlabel('时间(k)');ylabel('幅值 f(k)')。
```

生成的单位脉冲序列如图 5.18 所示。

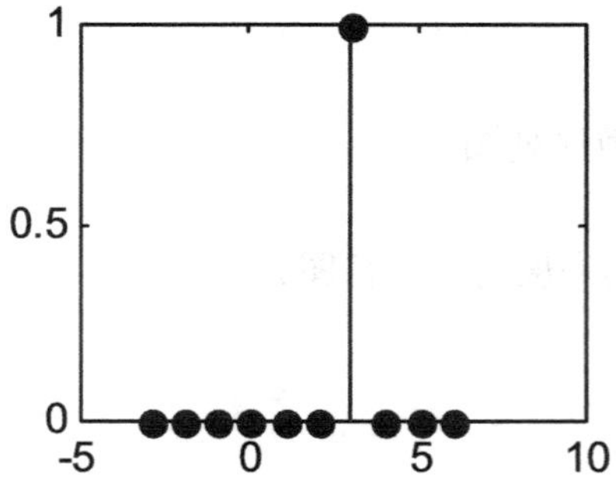

图 5.18　单位脉冲序列

3）单位阶跃序列

MATLAB 程序：

```
k0=0;                       %单位阶跃开始出现的位置
k1=-3;k2=6;k=k1:k0-1;
n=length(k);
k3=-k0:k2;
n3=length(k3);
u=zeros(1,n);
u3=ones(1,n3);
stem(k,u,'filled');
hold on;
stem (k3,u3,'filled');
hold off;
axis([k1,k2,-0.2,1.5]);
title('单位阶跃序列');
xlabel('时间(k)');ylabel('幅值 f(k)')。
```

生成的单位阶跃序列如图 5.19 所示。

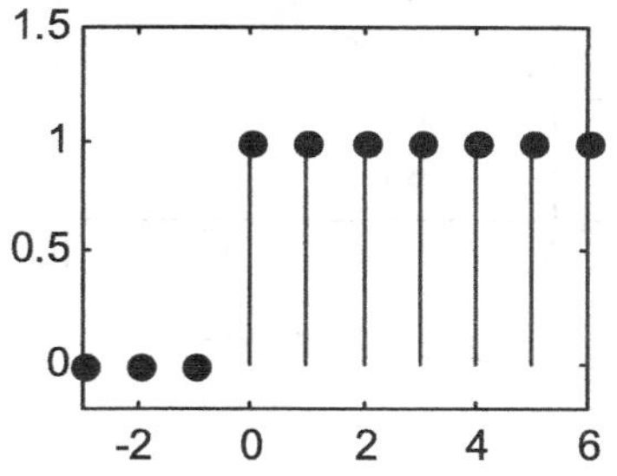

图 5.19　单位阶跃序列

4）复指数序列

MATLAB 程序：

```
clf;
c = -(1/12)+(pi/6)*i;
K = 2;
n = 0:40;
x = K*exp(c*n);
subplot(2,1,1);
stem(n,real(x));
ylabel('幅值 f(k)');
title('实部');
subplot(2,1,2);
stem(n,imag(x)); title('虚部');
xlabel('时间（k）');ylabel('幅值 f(k)')。
```

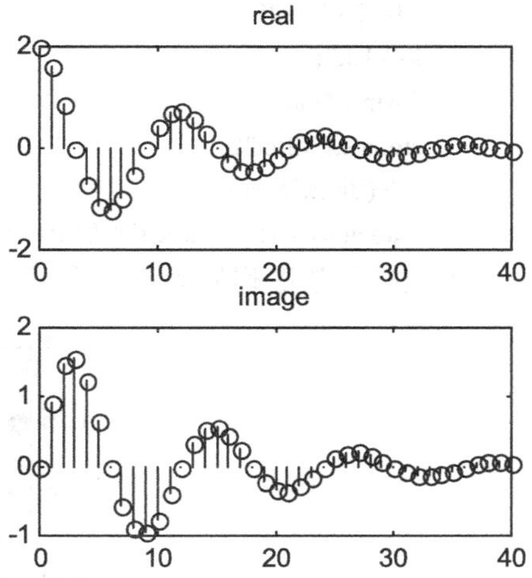

图 5.20　复指数序列

用数值法生成的复指数序列如图 5.20 所示。

5）指数序列

MATLAB 程序：

```
clf;
k1=-1;k2=10;
k=k1:k2;
a=-0.6;
A=1;
f=A*a.^k;
stem(k,f,'filled');
title('指数序列')
xlabel('时间(k)');ylabel('幅值 f(k)')。
```

生成的指数序列如图 5.21 所示。

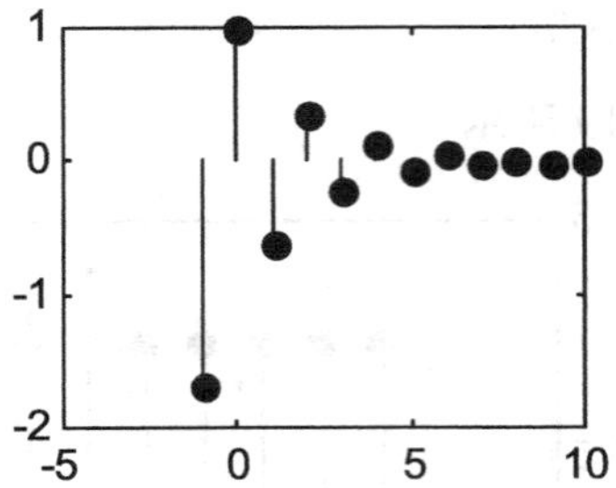

图 5.21　指数序列

6）正弦序列

MATLAB 程序：

```
clf;
k1=-20;k2=20;
k=k1:k2;
f=sin(k*pi/6);
stem(k,f,'filled');
title('正弦序列')
xlabel('时间(k)');ylabel('幅值 f(k)')。
```

生成的正弦序列如图 5.22 所示。

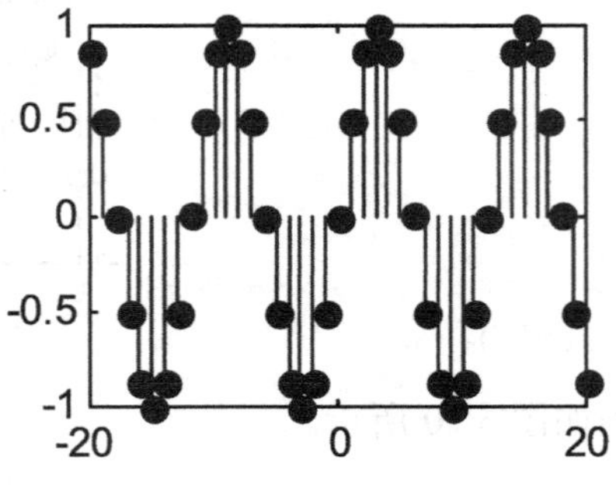

图 5.22　正弦序列

7）单位斜坡序列

MATLAB 程序：

```
clf;
k1=-1;k2=20;
k0=0;
n=[k1:k2];
if k0>=k2
   x=zeros(1,length(n));
elseif (k0<k2)&(k0>k1)
   x=[zeros(1,k0-k1),[0:k2-k0]];
else
       x=(k1-k0)+[0:k2-k1];
end
stem(n,x);
title('单位斜坡序列')
xlabel('时间(k)');ylabel('幅值 f(k)')。
```

生成的单位斜坡序列如图 5.23 所示。

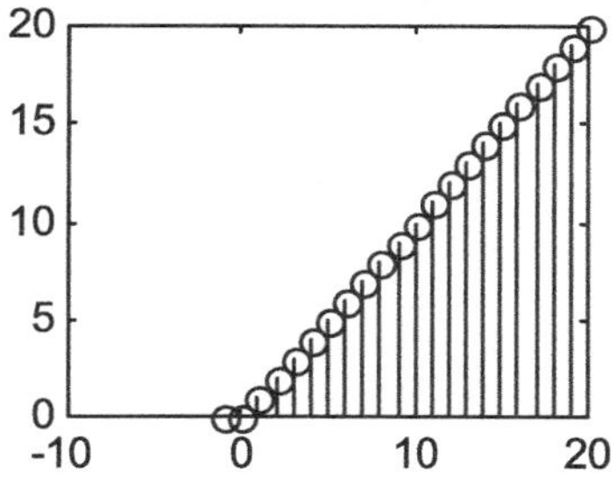

图 5.23　单位斜坡序列

8）随机序列

MATLAB 程序：

```
clf;
R = 51;
d = 0.8*(rand(R,1) - 0.5); %
m = 0:R-1;
stem (m,d','b');
title('随机序列')
xlabel('k');ylabel('f(k)')。
```

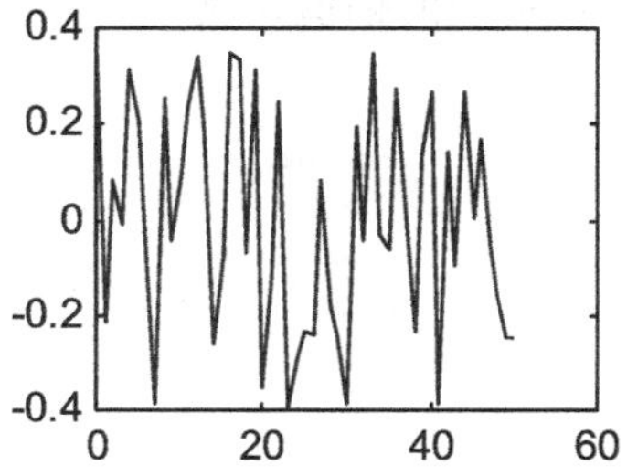

图 5.24　随机序列

生成的随机序列如图 5.24 所示。

9）扫频正弦序列

MATLAB 程序：

```
n = 0:100;
a = pi/2/100;
```

```
b = 0;arg = a*n.*n + b*n;
x = cos(arg);
clf;
stem(n, x);
axis([0,100,-1.5,1.5]);
grid; axis;title('扫频正弦序列')
xlabel('k');ylabel('f(k)')。
```

生成的扫频正弦序列如图 5.25 所示。

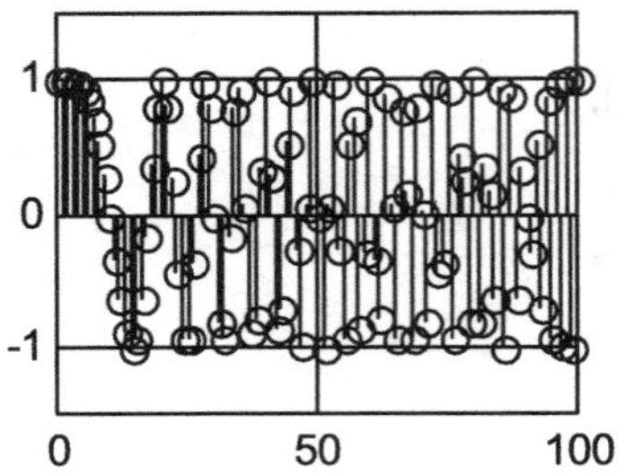

图 5.25　扫频正弦序列

10）幅值调制序列

MATLAB 程序：

```
clf;
n = 0:100;
m = 0.4;fH = 0.1; fL = 0.01;
xH = sin(2*pi*fH*n);
xL = sin(2*pi*fL*n);
y = (1+m*xL).*xH;
stem(n,y);grid;
title('幅值调制序列')
xlabel('时间(k)');ylabel('幅值 f(k)')。
```

生成的幅值调制序列如图 5.26 所示。

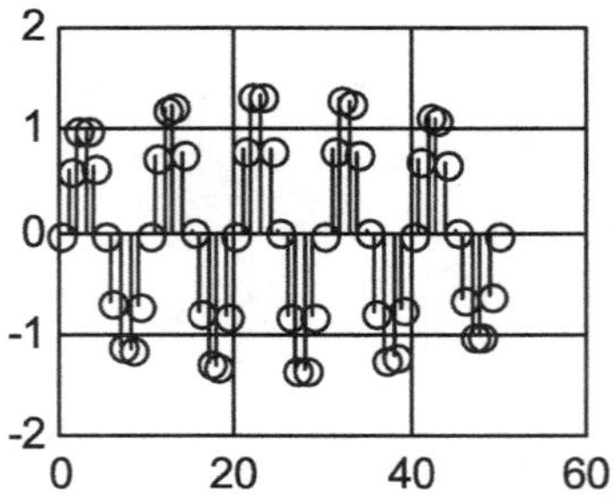

图 5.26　幅值调制序列

11）信号平滑

MATLAB 程序：

```
clf;
R= 51;
d= 0.8*(rand(1,R) - 0.5);           % 随机噪声
m= 0:R-1;
s= 2*m.*(0.9.^m);                   % 正常信号
x= s + d;                           % 加噪声后的信号
subplot(2,1,1);%
plot(m,d,'r-',m,s,'g--',m,x,'b-.');
title('信号平滑')
xlabel('n');ylabel('f(n)');
legend('d[n] ','s[n] ','x[n] ');
x1 = [0 0 x];x2 = [0 x 0];x3 = [x 0 0];
y = (x1 + x2 + x3)/3;
subplot(2,1,2);
plot(m,y(2:R+1),'r-',m,s,'g--');
legend( 'y[n] ','s[n] ');
xlabel('n');ylabel('f(n)');
```

信号平滑结果如图 5.27 所示。

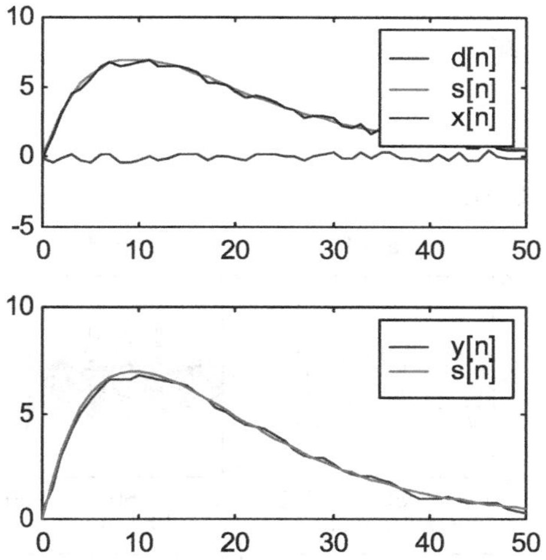

图 5.27　信号平滑

12）滑动平均

MATLAB 程序：

```
% 产生输入信号
s1 = cos(2*pi*0.05*n);             % 低频信号 #1
s2 = cos(2*pi*0.47*n);             % 高频信号 #2
x = s1+s2; % 待处理的输入信号（混合#1 和#2 信号）
% 滑动滤波
M = input('滤波器长度 = ');
num = ones(1,M);
y = filter(num,1,x)/M;
```

```
% 显示输入输出信号
clf;
subplot(2,2,1);
plot(n, s1);
axis([0, 100, -2, 2]);
xlabel('时间 n'); ylabel('幅值');
title('信号 #1');
subplot(2,2,2);
plot(n, s2);
axis([0, 100, -2, 2]);
xlabel('时间 n'); ylabel('幅值');
title('信号 #2');
subplot(2,2,3);
plot(n, x);
axis([0, 100, -2, 2]);
xlabel('时间 n'); ylabel('幅值');
title('输入信号');
subplot(2,2,4);
plot(n, y);
axis([0, 100, -2, 2]);
xlabel('时间 n'); ylabel('幅值');
title('输出信号');
axis
```

信号的滑动平均如图 5.28 所示。

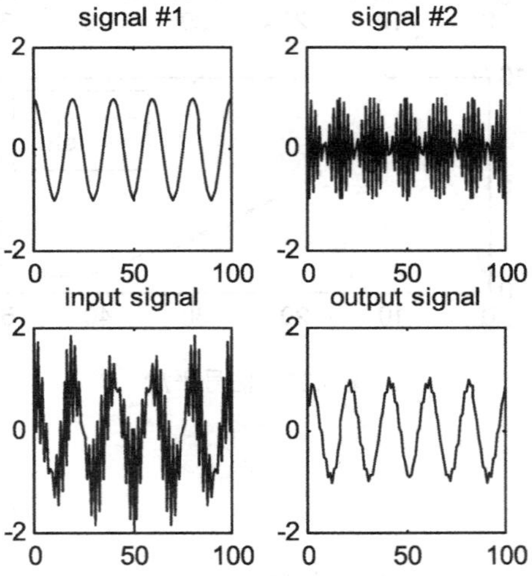

图 5.28　信号的滑动平均

2．程序设计练习

（1）编制程序，生成如下信号：

$5\exp(-k)$，$3\sin(k)$，$u(k-3), u(k+5)$，$r(k-4), r(k+3)$，$u(k-3)+r(k+7)$，$\sin(k), \sin(2k)$, $\sin(3k)$，$\delta(k-1), \delta(k+5)$，$\cos(3k)+\sin(2k)$。

（2）自行寻找一些函数，编制程序生成信号。

五、项目要求

1．在计算机中输入程序，验证实验结果；

2．对于程序设计练习，自行编制完整的实验程序，实现对信号的模拟；

3．在实验报告中给出完整的自编程序和运行结果。

六、项目扩展

1．单位冲激函数与单位脉冲函数有什么区别？

2．怎样表示一个复杂的离散信号？

3．了解 MATLAB 的符号函数。

七、小结与体会

1．MATLAB 程序有几种运行方式？各有什么特点？

2．怎样调试 MATLAB 程序？

5.3 连续时间信号的时域基本运算

一、项目目的

1．掌握连续时间信号时域运算的基本实现方法。

2．掌握相关函数的调用格式及作用。

3．掌握连续信号的基本运算。

二、项目原理

信号的基本运算包括信号的相加（减）和相乘（除）。信号的时域变换包括信号的平移、反转、倒相以及尺度变换。这里要介绍的信号处理之所以要强调“基本运算”，是为了与后面将要介绍的信号的卷积、相关等复杂的处理方法相区别。

1．加（减）：$f(t)=f_1(t)\pm f_2(t)$

2．乘：$f(t)=f_1(t)\cdot f_2(t)$

3．延时或平移：$f(t)\to f(t-t_0)$，$t_0>0$ 时为右移；$t_0<0$ 时为左移

4．反转：$f(t)\to f(-t)$

5．尺度变换：$f(t)\to f(at)$

$|a|>1$ 时为尺度缩小；$|a|<1$ 时为尺度放大；当 $a<0$ 时，还必须包含反转；

6．标量乘法：$f(t)\to af(t)$

7．倒相：$f(t)\to -f(t)$

8．微分：$f(t)\to \dfrac{\mathrm{d}f(t)}{\mathrm{d}t}$

9．积分：$f(t)\to \int_{-\infty}^{t} f(\tau)\mathrm{d}\tau$

三、MATLAB 函数

1．stepfun 函数

功能：产生一个阶跃信号。

调用格式：stepfun(t,t0)

其中 t 是时间区间，在该区间内阶跃信号一定会产生，t0 是信号发生从 0 到 1 跳跃的时刻。

2．diff(f）函数

功能：求函数 f 对预设独立变数的一次微分值。
调用格式：diff(f,'t')

3．函数 int(f)

功能：求函数 f 对预设独立变数的积分值。
调用格式：int(f,'t')

4．ezplot 函数

功能：绘制符号函数在一定范围的二维图形。简易绘制函数曲线。
调用格式：
ezplot(fun)：在$[-2\pi,2\pi]$区间内绘制函数。
ezplot(fun,[min,max])：在[min，max]区间绘制函数。
ezplot(funx,funy)：定义为同一曲面的函数，默认的区间是$[0,2\pi]$。

5．sym 函数

功能：定义信号为符号变量。
调用格式：
sym(fun)：fun 为所要定义的表达式。

四、内容与方法

1．验证性练习

1）相加
实现两个连续信号的相加，即 $f(t)=f_1(t)+f_2(t)$。
MATLAB 程序：

```
clear all;
t=0:0.0001:3;
b=3;
t0=1;u= stepfun (t,t0);
n=length(t);
for i=1:n
    u(i)=b*u(i)*(t(i)-t0);
end                          %产生一个斜坡信号
y=sin(2*pi*t);               %产生一个正弦信号
f=y+u;                       %信号相加
plot(t,f) ;
xlabel('时间（t）');ylabel('幅值 f(t)'); title('连续信号的相加');
```

两个连续信号的相加结果如图 5.29 所示。

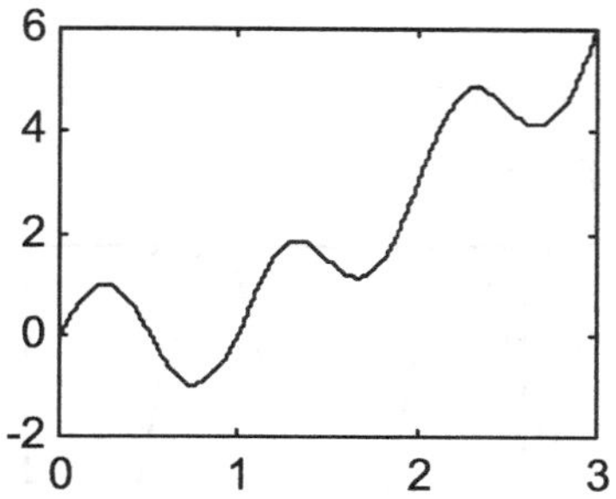

图 5.29　两个连续信号的相加

2）相乘

实现两个连续信号的相乘，即 $f(t)=f_1(t)\times f_2(t)$ 。

MATLAB 程序：

```
clear all;
t=0:0.0001:5;
b=3;
t0=1;u= stepfun (t,t0);
n=length(t);
for i=1:n
    u(i)=b*u(i)*(t(i)-t0);
end
y=sin(2*pi*t);
f=y.*u;
plot(t,f)
xlabel('时间（t）');ylabel('幅值 f(t)');title('连续信号的相乘 ');
```

两个连续信号的相乘结果如图 5.30 所示。

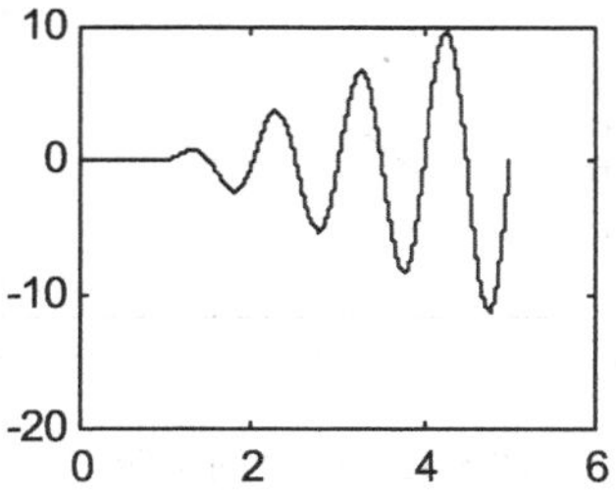

图 5.30　两个连续信号的相乘

3）移位

实现连续信号的移位，即 $f(t-t_0)$ ，或者 $f(t+t_0)$ ，常数 $t_0>0$ 。

MATLAB 程序：

```
clear all;
t=0:0.0001:2;
y=sin(2*pi*(t));
y1=sin(2*pi*(t-0.2))
```

```
plot(t,y,'-',t,y1,'--')
ylabel('f(t)');xlabel('t');title('信号的移位');
```

信号及其移位结果如图 5.31 所示。

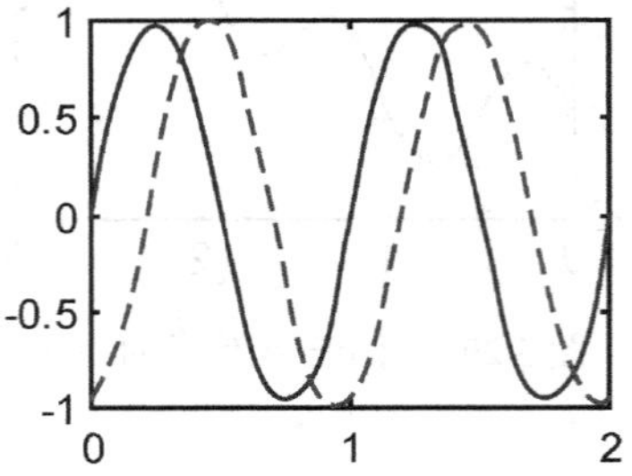

图 5.31　信号及其移位

4）反转

信号的反转就是将信号的波形以纵轴为轴翻转 180 度。将信号 $f(t)$ 中的自变量 t 替换为 $-t$ 即可得其反转信号。

MATLAB 程序：

```
clear all;
t=0:0.02:1;t1=-1:0.02:0;
g1=3*t;
g2=3*(-t1);grid on;
plot(t,g1,'-',t,g2,'--');
xlabel(' t');ylabel('g(t)');title('信号的反转');
```

信号的反转结果如图 5.32 所示。

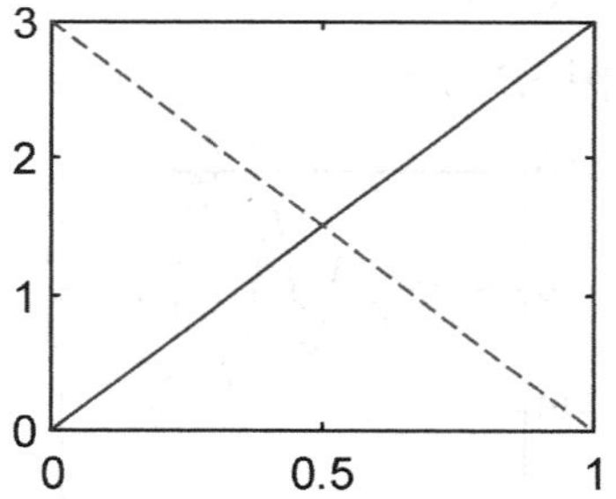

图 5.32　信号的反转

5）尺度变换

将信号 $f(t)$ 中的自变量 t 替换为 at 。

MATLAB 程序：

```
clear all;
t=0:0.001:1;
a=2;
t1=1/a*t;
y=sin(2*a*pi*t);
```

```
y1=sin(2*pi*t);subplot(211)
plot(t,y); ylabel('y(t)');xlabel('t');title('尺度变换');
subplot(212)
plot(t1,y1);
ylabel('y1(t)');xlabel('t');
```

信号及其尺度变换结果如图 5.33 所示。

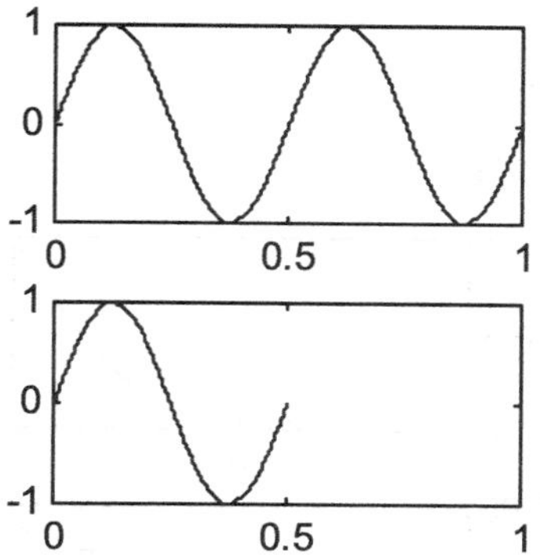

图 5.33　信号及其尺度变换

6）倒相

将信号 $f(t)$ 以横轴为对称轴对折得到 $-f(t)$ 。

MATLAB 程序：

```
clear all;
t=-1:0.02:1;
g1=3.*t.*t;
g2=-3.*t.*t;
grid on;
plot(t,g1,'-',t,g2,'--');
xlabel(' t');ylabel('g(t)');title('倒相');
```

信号及其倒相结果如图 5.34 所示。

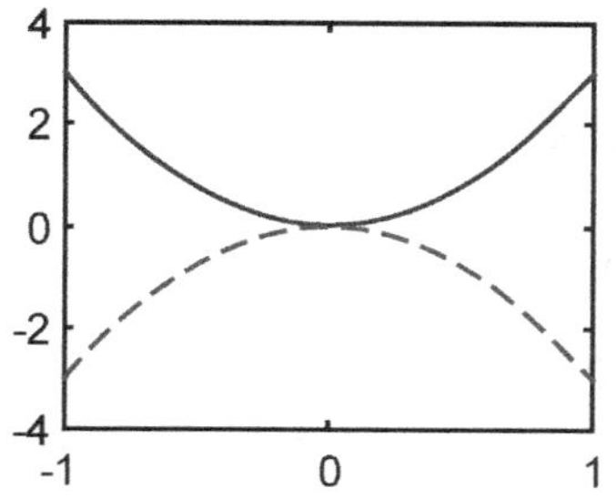

图 5.34　信号及其倒相

7）微分

求信号的一阶导数。

MATLAB 程序：

```
clear all;
t=-1:0.02:1;
g=t.*t;
d=diff(g);
subplot(211);
plot(t,g,'-');
xlabel('t');ylabel('g(t)');title('微分');
subplot(212)
plot(d,'--');xlabel('t');ylabel('d(t)');
```

信号及其微分结果如图 5.35 所示。

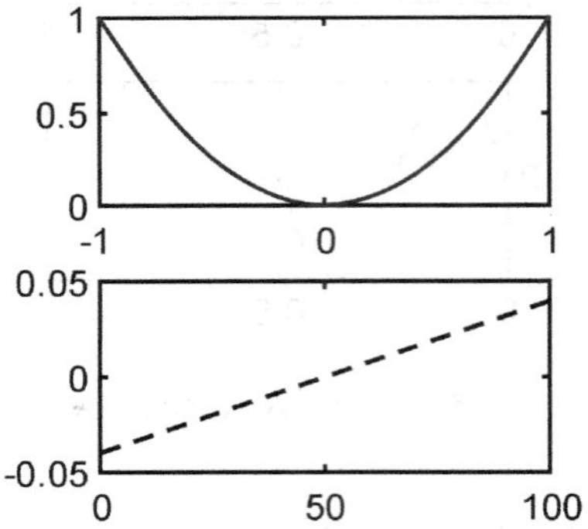

图 5.35　信号及其微分

8）积分

求信号 $f(t)$ 在区间 $(-\infty, t)$ 内的一次积分。

MATLAB 程序（符号法）：

```
clear all;
t=-1:0.2:1;
syms t
g=t*t;
d=int(g);
subplot(211);
ezplot(g);
xlabel('t');ylabel('g(t)');title('积分');
subplot(212)
ezplot(d);xlabel('t');ylabel('d(t)');
```

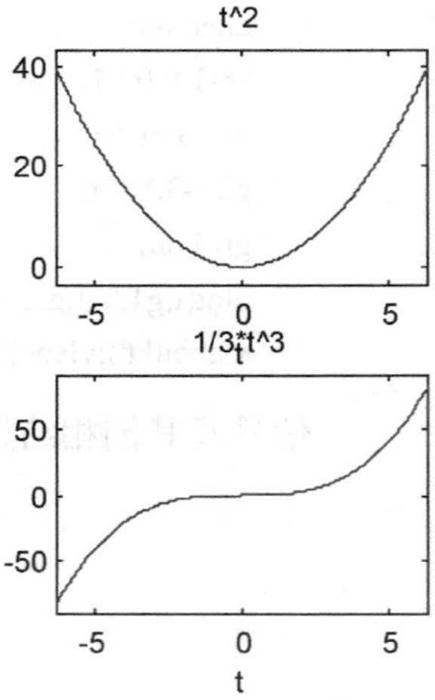

图 5.36　信号及其积分

信号及其积分结果如图 5.36 所示。

9）综合

已知信号 $f(t)=\left(1+\dfrac{t}{2}\right)\times[\varepsilon(t+2)-\varepsilon(t-2)]$，分别求出下列信号的数学表达式，并绘制其时域波形：

$$f(t+2),\quad f(t-2),\quad f(-t),\quad f(2t),\quad -f(t)$$

MATLAB 程序（符号法）：

```
syms t
f=sym('(t/2+1)*(heaviside(t+2)-heaviside(t-2))');
subplot(2,3,1); ezplot(f,[-3,3]);
y1=subs(f,t,t+2); subplot(2,3,2); ezplot(y1,[-5,1]);
y2=subs(f,t,t-2) subplot(2,3,3); ezplot(y2,[-1,5]);
y3=subs(f,t,-t); subplot(2,3,4); ezplot(y3,[-3,3]);
y4=subs(f,t,2*t); subplot(2,3,5); ezplot(y4,[-2,2]);
y5=-f; subplot(2,3,6)   ezplot(y5,[-3,3]);
```

注：在运行以上程序时，需先建立名为 Heaviside 的 M 函数。
Heaviside 函数的 M 文件如下：

```
function [x,n]=Heaviside(n0,n1,n2)
n=[n1:n2];x=[(n-n0)==0];
```

各个信号的波形如图 5.37 所示。

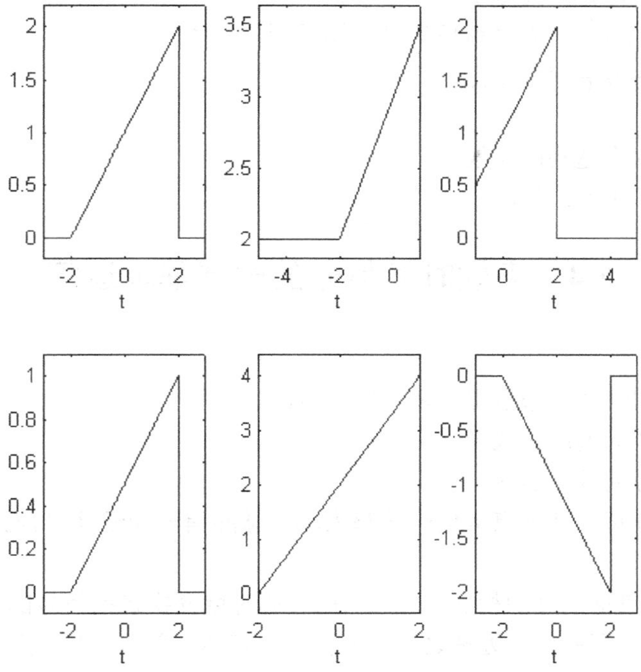

图 5.37　各个信号的波形

2. 程序设计练习

（1）已知信号 $f_1(t)=(-t+4)[\varepsilon(t)-\varepsilon(t-4)]$，$f_2(t)=\sin(2\pi t)$，用 MATLAB 绘出下列信号的时域波形。要求写出全部程序，并绘制信号时域波形。

（a）$f_3(t)=f_1(-t)+f_1(t)$　　（b）$f_4(t)=-[f_1(-t)+f_1(t)]$

（c）$f_5(t)=f_2(t)\times f_3(t)$　　（d）$f_6(t)=f_1(t)\times f_2(t)$

（2）已知信号 $f(t)$ 的波形如图 5.38 所示。试画出下列各函数对时间 t 的波形。

（a）$f(-t)$　　（b）$f(-t+2)$　　（c）$f(-t-2)$

（d）$f(2t)$　（e）$f\left(\frac{1}{2}t\right)$　　（f）$f(t-2)$

（g）$f\left(-\frac{1}{2}t+1\right)$　　（h）$\frac{\mathrm{d}}{\mathrm{d}t}\left[f\left(\frac{1}{2}t+1\right)\right]$

（i）$\int_{-\infty}^{t} f(2-\tau)\mathrm{d}\tau$

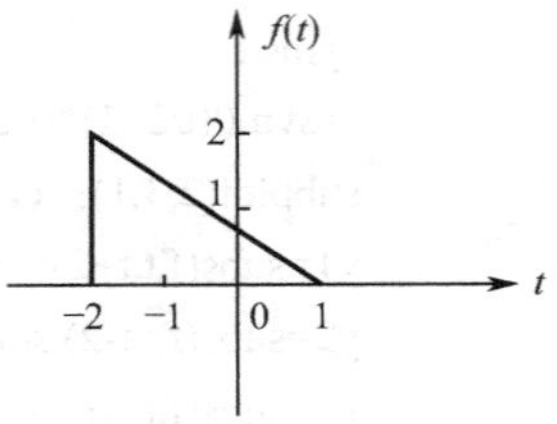

图 5.38　$f(t)$的波形

五、项目要求

1．在计算机中输入程序，验证实验结果。

2．对于程序设计练习，自行编制完整的实验程序，实现对信号的运算，分析实验结果。

3．在实验报告中给出完整的自编程序和运行结果。

六、项目扩展

1．什么是信号的反转、尺度变换、平移？

2．能否将信号 $f(2t+2)$ 先平移后尺度变换得到信号 $f(t)$？

3．比较符号法与数值法的特点。

七、小结与体会

1．谈谈仿真过程中遇到的问题。

2．再谈你对 MATLAB 的认识。

5.4　离散时间信号的时域基本运算

一、项目目的

1．掌握离散时间信号时域运算的基本实现方法。

2．熟悉相关函数的调用格式及作用。

3．掌握离散信号的基本运算。

4．掌握信号的分解，任意离散信号分解为单位脉冲信号的线性组合。

二、项目原理

信号的基本运算包括信号的相加和相乘。信号的时域变换包括信号的平移、反转、倒相以及尺度变换。这里要介绍的信号处理之所以要强调“基本运算”，是为了与后面将要介绍的信号的卷积、相关等复杂的处理方法相区别。

三、MATLAB 函数

略。

四、内容与方法

1．验证性练习

1）序列的加法

MATLAB 程序：

```
x1=-2:2;                        %序列 1 的值
k1=-2:2;x2=[1,-1,1];            %序列 2 的值
k2=-1:1;k=min([k1,k2]):max([k1,k2]);
f1=zeros(1,length(k));f2=zeros(1,length(k));
f1(find((k>=min(k1))&(k<=max(k1))==1))=x1;
f2(find((k>=min(k2))&(k<=max(k2))==1))=x2;
f=f1+f2;stem(k,f,'filled');
axis([min(min(k1), min(k2))-1,max(max(k1), max(k2))+1,min(f)-0.5,max(f)+0.5]);
```

两个序列的加法如图 5.39 所示。

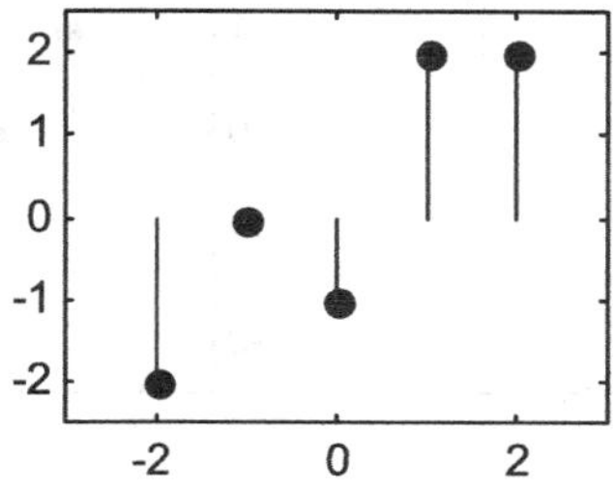

图 5.39　两个序列的加法

2）序列的乘法

MATLAB 程序：

```
x1=-2:2;                        %序列 1 的值
k1=-2:2;
x2=[1,-1,1];                    %序列 2 的值
k2=-1:1;k=min([k1,k2]):max([k1,k2]);
f1=zeros(1,length(k));f2=zeros(1,length(k));
f1(find((k>=min(k1))&(k<=max(k1))==1))=x1;
f2(find((k>=min(k2))&(k<=max(k2))==1))=x2;
f=f1*f2;stem(k,f,'filled');
axis([min(min(k1), min(k2))-1,max(max(k1), max(k2))+1,min(f)-0.5,max(f)+0.5]);
```

两个序列的乘法如图 5.40 所示。

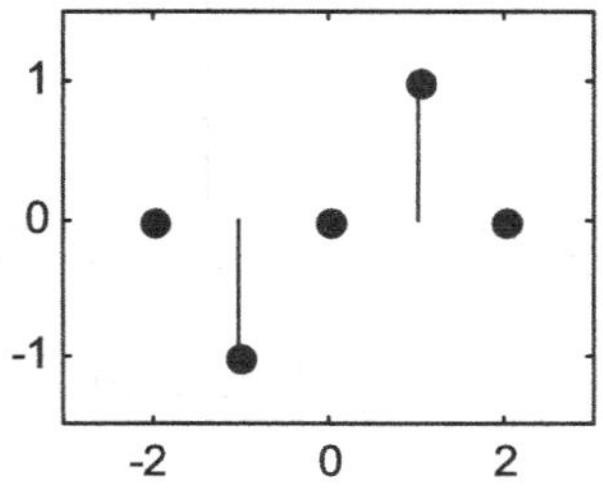

图 5.40　两个序列的乘法

3）序列的反转

MATLAB 程序：

```
x1=-2:2;                        %序列 1 的值
k1=-2:2;
k=-fliplr(k1);
f=fliplr(x1);
stem(k,f,'filled');
axis([min(k)-1,max(k)+1,min(f)-0.5,max(f)+0.5]);
```

序列及其反转如图 5.41 所示。

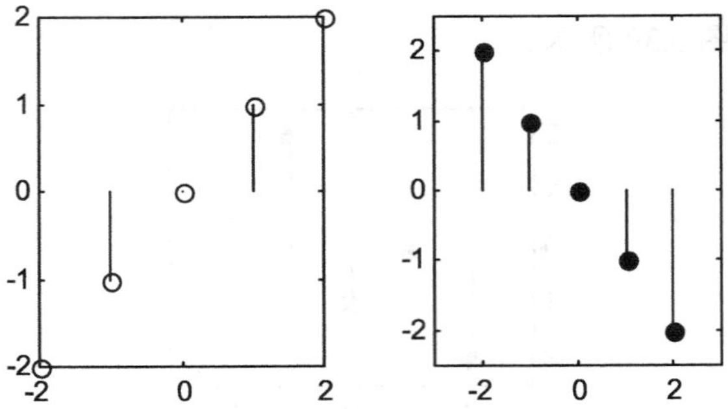

图 5.41　序列及其反转

4）序列的倒相

MATLAB 程序：

```
x1=-2:2;                        %序列 1 的值
k1=-2:2;k=k1;
f=-x1;
stem(k,f,'filled');
axis([min(k)-1,max(k)+1,min(f)-0.5,max(f)+0.5]);
```

序列及其倒相如图 5.42 所示。

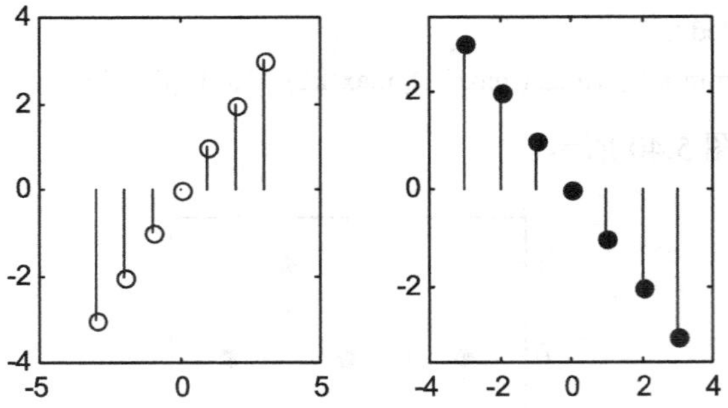

图 5.42　序列及其倒相

5）序列的平移

MATLAB 程序：

```
x1=-2:2;                        %序列 1 的值
k1=-2:2;k0=2;
```

```
k=k1+k0;f=x1;
stem(k,f,'filled');
axis([min(k)-1,max(k)+1,min(f)-0.5,max(f)+0.5]);
```

序列及其平移如图 5.43 所示。

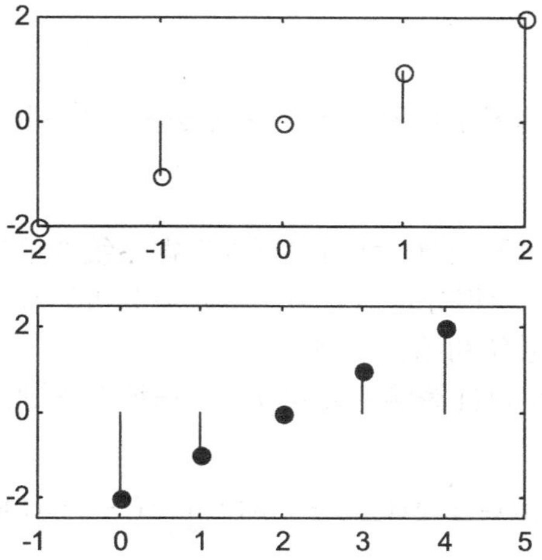

图 5.43　序列及其平移

2．程序设计练习

已知序列 $f(k)=\{2,3,1,2,3,4,3,1\}$，对应的 k 值为 $-3\leqslant k\leqslant 4$，分别绘出下列信号的图形：

$f_1(k)=f(k-2)$，$f_2(k)=f(-k)$，$f_3(k=)f(k-1)\varepsilon(k)$，$f_4(k)=f(-k+2)$，$f_5(k)=f(k+1)$，$f_6(k)=f(k-2)\varepsilon(k)$，　$f_7(k)=f(k+2)\varepsilon(k)$

五、项目要求

1．在计算机中输入程序，验证实验结果。

2．对于设计性练习，自行编制程序，验证其结果，在实验报告中给出完整的程序和注释。

六、项目扩展

1．将信号分解为冲激信号序列有何实际意义？

2．比较连续信号与离散信号处理的异同。

七、小结与体会

1．怎样才能提高程序调试的效率？

2．你怎样解决仿真过程中遇到的问题？

5.5　连续时间信号的卷积运算

一、项目目的

1．熟悉卷积的定义和表示。

2．掌握利用计算机进行卷积运算的原理和方法。

3．熟悉连续信号卷积运算函数 conv 的应用。

二、项目原理

1. 卷积的定义

卷积是两个函数之间的一种运算，定义为：

$$f(t)=f_1(t)*f_2(t)=\int_{-\infty}^{\infty}f_1(\tau)f_2(t-\tau)\mathrm{d}\tau=\int_{-\infty}^{\infty}f_2(t-\tau)f_1(\tau)\mathrm{d}\tau$$

2. 卷积的计算

卷积积分的计算可以分为五个步骤：换元→反转→平移→相乘→叠加（积分）。

3. 卷积积分的应用

卷积运算是时域的一种重要运算，利用它可以根据系统的单位冲激响应，得到系统在一般输入信号下的零状态响应。卷积积分是信号与系统时域分析的基本手段，它避开了经典分析方法中求解微分方程时需要求系统初始值的问题。

对一个线性系统，若其单位冲激响应为 $h(t)$，当系统的激励信号为 $x(t)$ 时，系统的零状态响应为：

$$y_{zs}(t)=\int_0^t x(\tau)h(t-\tau)\mathrm{d}\tau=\int_0^t x(t-\tau)h(\tau)\mathrm{d}\tau$$

也可简单记为：

$$y_{zs}(t)=x(t)*h(t)$$

由于计算机技术的发展，通过编程的方法来计算卷积积分已经不再是冗繁的工作，并可以获得足够的精度。因此，信号的时域卷积分析法在系统分析中得到了广泛的应用。

卷积积分的数值运算实际上可以用信号的分段求和来实现，即：

$$f(t)=f_1(t)*f_2(t)=\int_{-\infty}^{\infty}f_1(\tau)f_2(t-\tau)\mathrm{d}\tau=\lim_{\varDelta\to 0}\sum_{k\to-\infty}^{\infty}f_1(k\varDelta)\cdot f_2(t-k\varDelta)\cdot\varDelta$$

如果我们只求当 $t=n\varDelta$（n 为正整数）时 $f(t)$ 的值 $f(n\varDelta)$，则由上式可以得到：

$$f(n\varDelta)=\sum_{k\to-\infty}^{\infty}f_1(k\varDelta)\cdot f_2(n\varDelta-k\varDelta)\cdot\varDelta=\varDelta\sum_{k\to-\infty}^{\infty}f_1(k\varDelta)\cdot f_2[(n-k)\varDelta]$$

$\sum\limits_{k\to-\infty}^{\infty}f_1(k\varDelta)\cdot f_2[(n-k)\varDelta]$ 实际上就是连续信号 $f_1(t)$ 和 $f_2(t)$ 经等间隔 $\varDelta$ 均匀抽样的离散序列 $f_1(k\varDelta)$ 和 $f_2(k\varDelta)$ 的卷积和，当 $\varDelta$ 足够小时，$f(n\varDelta)$ 就是 $f_1(t)$ 和 $f_2(t)$ 卷积积分的数值近似。因此，在利用计算机求两个连续信号的卷积时，实质上是先转化为离散信号，然后再计算，它可以利用离散信号的卷积的结论。

MATLAB 提供了一种计算卷积的函数 w = conv(u,v)，可以方便地得到两个相量的卷积。

三、MATLAB 函数

conv 函数

功能：两个序列的卷积运算（多项式系数乘法）

调用格式：

w = conv(u,v)，其中 u，v 为任意两向量，w 为积向量，其长度为 u，v 两相量长度之和减一。

四、内容与方法

1．验证性练习

（1）若 $f_1(t)=\delta(t)$，$f_2(t)=u(t)$，试利用给出的参考程序，计算 $f(t)=f_1(t)*f_2(t)$，$f(t)=f_1(t)*f_1(t)$，$f(t)=f_2(t)*f_2(t)$。

MATLAB 程序：

```
% 连续函数卷积计算
a=1000;t1=-5:1/a:5;
f1=stepfun(t1,0);
f2=stepfun(t1,-1/a)-stepfun(t1,1/a);
subplot(231);
plot(t1,f1);axis([-5,5,0,1.2]);%xlabel('时间(t)');
ylabel('f1(t)');title('单位阶跃函数');
subplot(232);plot(t1,f2);ylabel('f2(t)');title('单位冲激函数');
y=conv(f1,f2);r=2*length(t1)-1;t=-10:1/a:10;
subplot(233);plot(t,y);axis([-5,5,0,1.2]);title('f1 与 f2 的卷积');ylabel('y(t)');
f11=conv(f1,f1);f22=conv(f2,f2);
subplot(234);plot(t,f11);title('f1 与 f1 的卷积');ylabel('f11(t)'); axis([-5,5,0,5000]);
subplot(235);plot(t,f22);title('f2 与 f2 的卷积');ylabel('f22(t)');
```

连续函数卷积计算结果如图 5.44 所示。

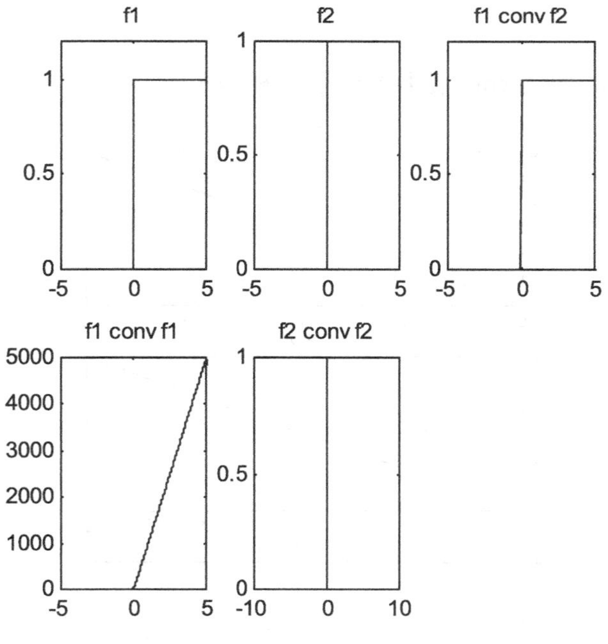

图 5.44　连续函数卷积计算结果

（2）求两个斜坡函数的卷积（利用 conv 函数）。

MATLAB 程序：

```
%计算连续信号的卷积积分
%f: 函数的样值向量
%k: 对应时间向量
%s: 采样时间间隔
s=0.01;
k1=0:s:2;                      %生成 k1 的时间向量
k2=k1;                         %生成 k2 的时间向量
f1=3*k1;                       %生成 f1 的样值向量
f2=3*k2;                       %生成 f2 的样值向量
f=conv(f1,f2);                 %
f=f*s;
k0=k1(1)+k2(1);                %序列 f 非零样值的起点
k3=length(f1)+ length(f2)-2;   %序列 f 非零样值的宽度
k=k0:s:k3*s;
subplot(3,1,1);                %f1(t) 的波形
plot(k1,f1);
title('f1(t)');
subplot(3,1,2);                %f2(t)的波形
plot(k2,f2);
title('f2(t)');
subplot(3,1,3);                %f3(t)的波形
plot(k,f);
title('f(t)');
```

连续函数卷积计算（利用 conv 函数）结果如图 5.45 所示。

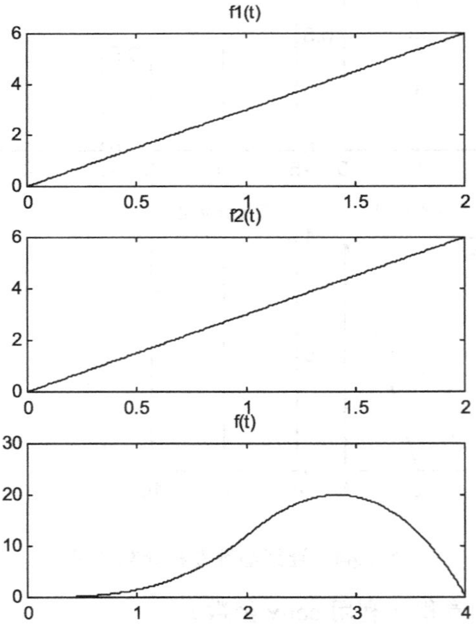

图 5.45　连续函数卷积计算（利用 conv 函数）结果

（3）两个任意连续函数的卷积计算（不用 conv 函数）。

MATLAB 程序：

```
% f 为第一个信号的样值序列，h 为第二个信号的样值序列，T 为采样间隔。
clear all;
T=0.1 ;t=0:T:10; f=sin(t);
h=0.5*(exp(-t)+exp(-3*t));Lf=length(f); Lh=length(h);
for k=1:Lf+Lh-1          y(k)=0;
     for i=max(1,k-(Lh-1)):min(k,Lf)
          y(k)=y(k)+f(i)*h(k-i+1);
     end
yzsappr(k)=T*y(k);
end
subplot(3,1,1);                    % f(t)的波形
plot(t,f);title('f(t)');
subplot(3,1,2);                    % h(t)的波形
plot(t,h); title('h(t)');
subplot(3,1,3);                    %卷积计算结果绘图
plot(t,yzsappr(1:length(t)));title('卷积的近似计算结果)');xlabel('时间');
```

连续函数卷积计算（不利用 conv 函数）结果如图 5.46 所示。

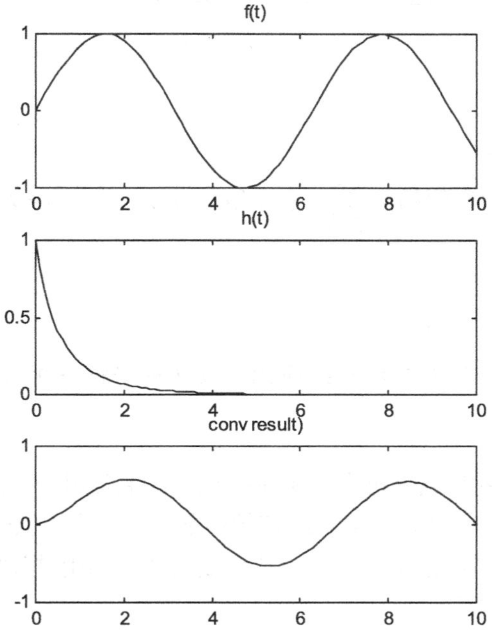

图 5.46　连续函数卷积计算结果（不利用 conv 函数）

2．程序设计练习

1）若 $f_1(t)=\delta(t)$，$f_2(t)=u(t)$，$f_3(t)=u(t)-u(t-4)$，试证明卷积满足如下的结论：$f_1(t)*f_2(t)=f_2(t)*f_1(t)$，$f_1(t)*[f_2(t)+f_3(t)]=f_1(t)*f_2(t)+f_1(t)*f_3(t)$。

2）寻找两个不同的函数，重复上述操作，比较所得结果。

五、项目要求

1．在计算机中输入程序，验证实验结果，并与理论结论进行比较。

2．对于设计性实验，自行编制程序，重复验证性练习的过程，在实验报告中给出完整的程序。

六、项目扩展

函数 conv 既不给出也不接收任何时间信息，怎样才能得到卷积以后的时间信息（即卷积的起点和终点）？请利用卷积函数编写一个可以得到时间信息的改进程序。

七、小结与体会

1．结合练习，谈谈仿真的作用。

2．卷积有什么用处？

5.6 离散信号的卷积和

一、项目目的

1．熟悉离散时间信号卷积的定义、表示以及卷积的结果。

2．掌握利用计算机进行离散时间信号卷积运算的原理和方法。

3．熟悉离散时间信号的相关计算方法。

4．熟悉离散时间信号卷积运算函数 conv，deconv 的应用。

二、项目原理

1．卷积的定义

离散信号卷积可以表示为：

$$f_1(k) * f_2(k) = \sum_{m=-\infty}^{\infty} f_1(m) f_2(k-m) \qquad -\infty < k < \infty$$

因此也称作卷积和。

2．卷积的计算

卷积积分的计算可以分为五个步骤：换元→反转→平移→相乘→叠加（积分）。

3．卷积积分的应用

卷积积分是信号与系统时域分析中的基本手段，它主要用于求系统零状态响应，从而避开了经典分析方法中求解微分方程时，求系统初始值的问题。信号以时间的冲激信号为基函数线性加权展开。它将输入信号分解为众多的冲激函数之和，利用冲激响应，可以方便地求解 LTI 系统对任意激励的零状态响应。

三、MATLAB 函数

1．conv 函数

conv 函数的介绍见 5.5 节内容。

2. deconv 函数

功能：两个序列的反卷积运算（多项式除法函数）

调用格式：

[q,r] = deconv(v,u)，其中 u，v 为任意两向量，q 为商向量，r 为余数向量。

采用函数 conv( )可以快速求出两个离散时间序列的卷积和，但是此函数不需要给出两序列对应的时间序列号，也不返回卷积和序列 $f(k)=f_1(k)*f_2(k)$ 对应的序列号，因此需要讨论卷积和序列对应的序列号的确定问题。

若序列 $f_1(k)$ 在区间 n_1～n_2 非零，序列 $f_2(k)$ 在区间 m_1～m_2 非零，则 $f_1(k)$ 的时域宽度为 $L_1=n_2-n_1+1$，$f_2(k)$ 的时域宽度为 $L_2=m_2-m_1+1$。由卷积和定义，序列 $f(k)=f_1(k)*f_2(k)$ 的时域宽度为 $L=L_1+L_2-1$，对应时间序列号区间为 n_1+m_1～n_2+m_2，在此区间内卷积和值非零。

3. xcorr 函数

功能：计算两个序列的相关系数，当是同一序列时，求得的是自相关系数。

调用格式：

c = xcorr(x,y,'option')

c = xcorr(x,'option')

c = xcorr(x,y,maxlags)

c = xcorr(x,maxlags)

c = xcorr(x,y,maxlags,'option')

c = xcorr(x,maxlags,'option')，其中 x，y 为任意两向量。

选项'option'的含义："biased"为有偏的互相关估计，"unbiased"为无偏的互相关估计；"coeff"为 0 延时的正规化序列的自相关计算；"none"为原始的互相关计算。

四、内容与方法

1. 验证性练习

（1）计算序列[−2　0　1　−1　3]和序列[1　2　0　−1]的离散卷积。

MATLAB 程序：

```
a=[-2 0 1 -1 3];
b=[1 2 0 -1];
c=conv(a,b);
M=length(c)-1;
n=0:1:M;
stem(n,c);
xlabel('n'); ylabel('幅度');
```

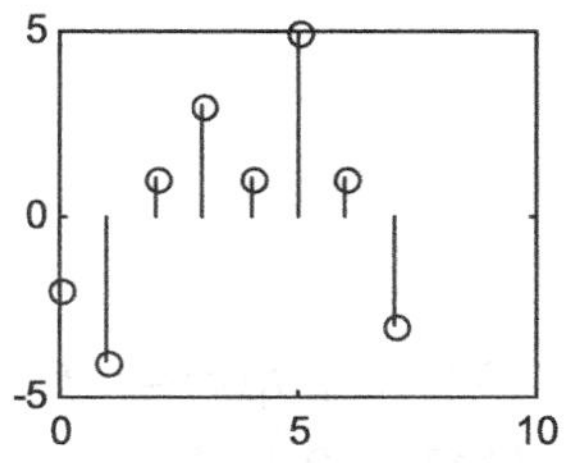

图 5.47　两个序列的离散卷积

两个序列的离散卷积如图 5.47 所示。

（2）计算向量 $f_1(k)$ 与 $f_2(k)$ 的卷积积分。

MATLAB 程序：

```
%f:   f(k)的样值序列
%k: f(k) 对应的时间序列
f1=[1 2 1];                         %输入样值序列及其特征
```

```
k1=[-1 0 1];
f2=ones(1,5);
k2=-2:2;
f=conv(f1,f2);    %
k0=k1(1)+k2(1);                %序列 f 非零样值的起点
k3=length(f1)+ length(f2)-2;   %
k=k0:k0+k3;
subplot(3,1,1);                % f1(k)的波形
stem(k1,f1);title('f1(k)');
subplot(3,1,2);                % f2(k)的波形
stem(k2,f2);title('f2(k)');
subplot(3,1,3);                % f(k)的波形
stem(k,f);title('f(k)');
```

两个序列的卷积积分如图 5.48 所示。

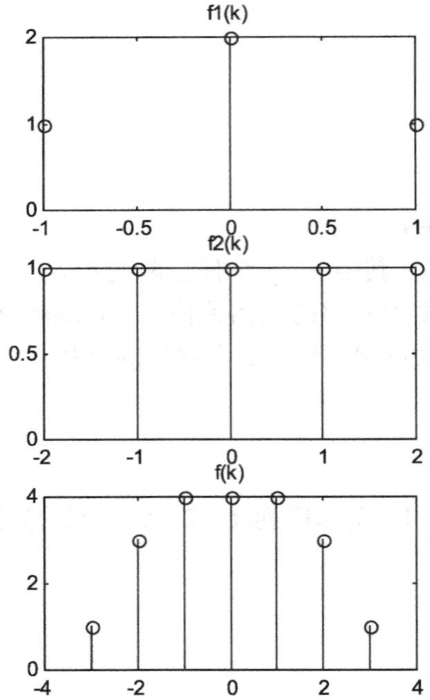

图 5.48 两个序列的卷积积分

（3）计算 $f_1(k)=u(k)$， $f_2(k)=u(k)-u(k-3)$ 的卷积。

MATLAB 程序：

```
%f1: f1(k)样值序列
%k1: f1(k)对应时间序列
%f2: f2(k)样值序列
%k2: f2(k)对应时间序列
%f3: f3(k)样值序列
%k3: f3(k)对应时间序列
```

```
k1=-5:15;
f1=[zeros(1,5),ones(1,16)];
subplot(3,1,1)
stem(k1,f1);title('f1(k)')
k2=k1;
f2=[zeros(1,5),ones(1,3),zeros(1,13)];
subplot(3,1,2)
stem(k2,f2);title('f2(k)')
k3=k1(1)+k2(1):k1(end)+k2(end);
f3=conv(f1,f2);
subplot(3,1,3)
stem(k3(),f3);title('f3(k)');
```

两个序列的卷积积分如图 5.49 所示。

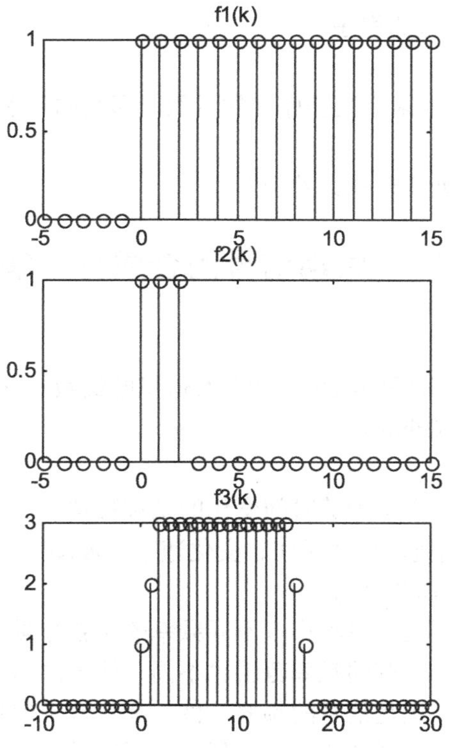

图 5.49　两个序列的卷积积分

（4）序列的相关计算。

MATLAB 程序：

```
dt=.1;t=[0:dt:100];
x=3*sin(t);y=cos(3*t);
subplot(3,1,1);plot(t,x);
subplot(3,1,2);plot(t,y);
[a,b]=xcorr(x,y);
```

```
subplot(3,1,3);plot(b*dt,a);
yy=fliplr(y);
z=conv(x,yy);pause;subplot(3,1,3);
plot(b*dt,z,'r');
```

2．程序设计练习

（1）已知序列 $f(k)=\{2,3,1,2,3,4,3,1\}$ 对应的 k 值为 $-3\leqslant k\leqslant 4$，分别绘出下列信号的图形：$f_1(k)=f(k-2)$，$f_2(k)=f(-k)$，$f_3(k)=f(-k+2)$，$f_4(k)=f(k-2)\varepsilon(k)$。

（2）求下列序列的自相关和互相关。

$x(n)=0.9^n, 0\leqslant n\leqslant 20$；$y(n)=0.8^{-n}, -20\leqslant n\leqslant 0$。

五、项目要求

1．在计算机中输入程序，验证实验结果。

2．对于程序设计练习，自行编制程序，实现对信号的处理，并分析实验结果。

3．在实验报告中给出完整的程序。

六、项目扩展

用 conv 函数求卷积，只能求有限长序列的卷积，那么如何求无限长序列的卷积？

七、小结与体会

离散信号与连续信号的处理有什么差别？

5.7 周期信号的合成与分解

一、项目目的

1．通过观察信号合成与分解的结果，加深对傅里叶级数的理解。

2．了解和认识吉布斯（Gibbs）现象。

二、项目原理

任何确定性的信号都可以表示为随时间变化的某种物理量，比如电压 $u(t)$ 和电流 $i(t)$ 等。随着时间 t 的变化，信号的幅值、持续时间、变化速率、波动速度及重复周期等会发生变化，信号的这一特性称为信号的时间特性。

周期信号可以分解为一直流分量和许多不同频率的正弦分量之和。各频率正弦分量所占比重的大小不同，各频率分量所占有的频率范围也不同，信号的这一特性称为信号的频率特性。

无论是信号的时间特性，还是信号的频率特性，都包含了信号的全部信息量。

根据周期信号的傅里叶级数展开式可知，任何非正弦周期信号，只要满足狄里赫利条件，都可以分解为一直流分量和由基波及各次谐波（基波的整数倍）分量的叠加。例如一个周期方波信号 $f(t)$ 可以分解为：

$$f(t)=\frac{4E}{\pi}\left(\sin\omega_1 t+\frac{1}{3}\sin 3\omega_1 t+\frac{1}{5}\sin 5\omega_1 t+\frac{1}{7}\sin 7\omega_1 t+\cdots\cdots\right)$$

也可以用图 5.50（a）来表示。

由基波及各次谐波分量也可以叠加出来一个周期方波信号，如图 5.50（b）所示。至于叠加出来的信号与原信号的误差，则取决于傅里叶级数的项数。

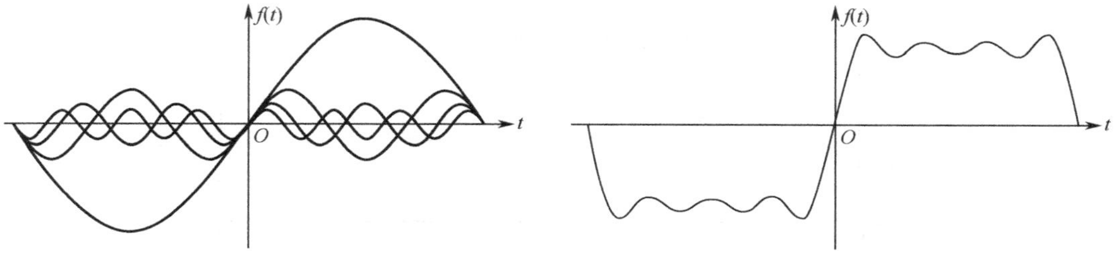

（a）方波信号的分解　　（b）方波信号的合成

图 5.50　方波信号的分解与合成

根据傅里叶级数的原理，任何周期信号都可以用一组三角函数$\{\sin(2\pi nf_0t),\cos(2\pi nf_0t)\}$的组合表示。在误差确定的前提下，任意一个周期函数都可以用一组三角函数的有限项叠加得到，同样也可以用一组正弦波和余弦波来合成任意形状的周期信号。

合成波形所包含的谐波分量愈多，除间断点附近外，它愈接近于原方波信号，在间断点附近，随着所含谐波次数的增高，合成波形的尖峰愈靠近间断点，但尖峰幅度并未明显减小，可以证明，即使合成波形所含谐波次数$n\to\infty$，在间断点附近仍有约 9%的偏差，这种现象称为吉布斯（Gibbs）现象。

三、MATLAB 函数

略

四、实验内容

1．验证性练习

1）周期信号的分解

MATLAB 程序：

```
clf;                                %周期信号的分解
t=0:0.01:2*pi;
y=zeros(10,max(size(t)));
x=zeros(10,max(size(t)));
for k=1:2:9
    x1=sin(k*t)/k;
    x(k,:)=x(k,:)+x1;
    y((k+1)/2,:)=x(k,:);
end
subplot(2,1,1); plot(t,y(1:9,:));
grid;
line([0,pi+0.5],[pi/4,pi/4]); text(pi+0.5,pi/4,'pi/4');
halft=ceil(length(t)/2);
subplot(2,1, 2);
mesh(t(1:halft),[1:10],y(:,1: halft));
```

周期信号的分解如图 5.51 所示。

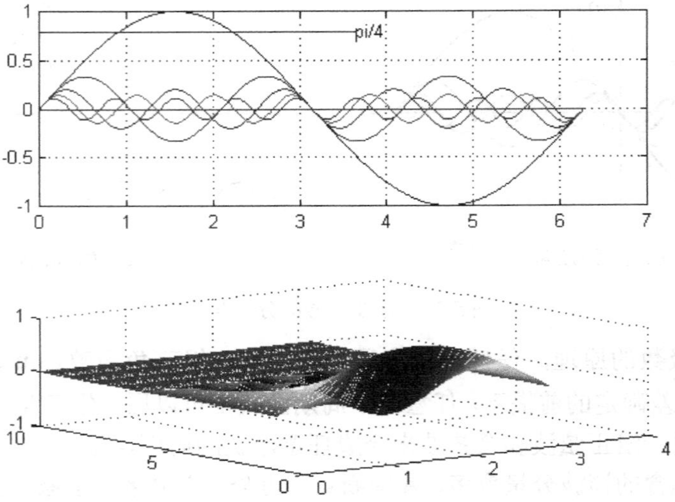

图 5.51　周期信号的分解

2）傅里叶级数逼近

MATLAB 程序：

```
clf;                          %宽度为 1，高度为 1，周期为 2 的正方波，傅里叶级数逼近
t=-2:0.001:2;                 %信号的抽样点
N=20;c0=0.5;
f1=c0*ones(1,length(t));      %计算抽样上的直流分量
for n=1:N%偶次谐波为零
    f1=f1+cos(pi*n*t)*sinc(n/2);
end
plot(t,f1);axis([-2 2 -0.2 0.8]);
```

方波的傅里叶级数逼近如图 5.52 所示。

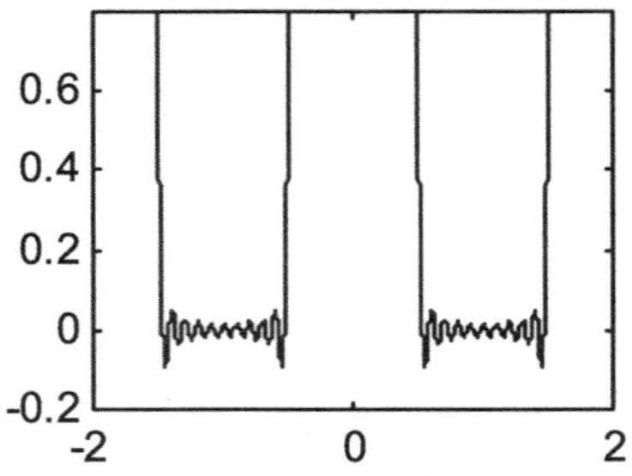

图 5.52　方波的傅里叶级数逼近

3）信号的叠加

用正弦信号的叠加近似合成一 50Hz，幅值为 3 的方波

MATLAB 程序：

```
clear all;
fs=10000;
```

```
t=[0:1/fs:0.1];
f0=50;
sum=0;
subplot(211)
for n=1:2:9;
    plot(t,4/pi*1/n*sin(2*pi*n*f0*t),'k');
    title('信号叠加前');
    hold on;
end
subplot(212)
for n=1:2:9;
     sum=sum+4/pi*1/n*sin(2*pi*n*f0*t);
end
plot(t,sum,'k');
title('信号叠加后');
```

正弦信号的叠加如图 5.53 所示。

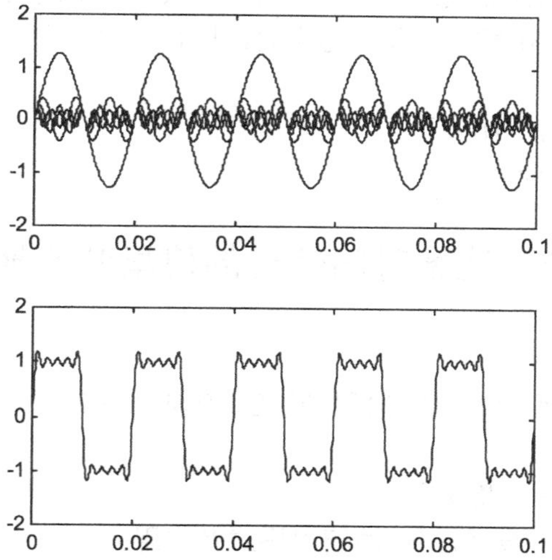

图 5.53　正弦信号的叠加

4）吉布斯现象

执行下列程序，令 N 分别为 10，20，30，40，50，观察波形的特点，了解吉布斯现象的特点。

```
t=-1.5:0.01:1.5;
wo=4, E=1;
N=10;
xN=0;
for n=1:N
    an=(E/(n*pi))*(sin(n*pi/2)-sin(n*3*pi/2))
    xN=xN+an.*cos(n*wo*t);
end
```

```
subplot(221); plot(t,xN)
xlabel('time');
ylabel('approximation N');
axis([-2 2 -0.7 0.7]);
```

2．程序设计练习

方波信号可以分解为：$x(t)=\frac{4}{\pi}\sum_{n=1}^{\infty}\sin(2\pi nf_0t)\frac{1}{n}$，$n=1,3,5,\cdots$。用前 5 项谐波近似合成一50Hz，幅值为 3 的方波，写出相应 MATLAB 程序并给出结果。

五、项目要求

1．在计算机中输入程序，验证实验结果。

2．对于程序设计练习，自行编制程序，实现对信号的处理，并分析实验结果。

3．在实验报告中给出完整的程序。

六、项目扩展

1．设计一个三角波合成实验，写出实验步骤。

2．傅里叶级数分解有三种形式，请以另外两种形式重复上述实验，并比较实验结果。

3．若周期函数为奇谐波函数，重复上述实验，比较实验结果。

七、小结与体会

1．周期信号分解的目的是什么？

2．Gibbs 现象的本质是什么？

5.8　连续时间信号的傅里叶变换

一、项目目的

1．掌握连续时间信号傅里叶变换和傅里叶逆变换的实现方法，了解傅里叶变换的时移特性和频移特性。

2．了解傅里叶变换的特点及其应用。

3．掌握函数 fourier 和函数 ifourier 的调用格式及作用。

4．掌握傅里叶变换的数值计算方法，以及绘制信号频谱图的方法。

二、项目原理

下面介绍连续时间信号傅里叶变换的数值计算方法。

算法理论依据：

$$F(\mathrm{j}\omega)=\int_{-\infty}^{+\infty}f(t)\mathrm{e}^{-\mathrm{j}\omega t}\mathrm{d}t=\lim_{\tau\to 0}\sum_{n=-\infty}^{n=\infty}f(n\tau)\mathrm{e}^{-\mathrm{j}\omega n\tau}\tau$$

当 $f(t)$ 为时限信号时，或可近似看作时限信号时，n 可认为是有限的，设为 N，则可得：

$$F(k)=\tau\sum_{n=0}^{N-1}f(n\tau)\mathrm{e}^{-\mathrm{j}\omega_k n\tau}，\quad 0\leqslant k\leqslant N$$

其中，$\omega_k=\frac{2\pi}{N\tau}k$。

三、MATLAB 函数

1．fourier 函数

功能：实现信号$f(t)$的傅里叶变换。

调用格式：

F=fourier(f)：是符号函数 f 的傅里叶变换，默认返回函数 F 是关于ω的函数。

F=fourier(f,v)：是符号函数 f 的傅里叶变换，返回函数 F 是关于 v 的函数。

F=fourier(f,u,v)：是关于 u 的函数 f 的傅里叶变换，返回函数 F 是关于 v 的函数。

2．ifourier)函数

功能：实现信号$F(\mathrm{j}\omega)$的傅里叶逆变换。

调用格式：

f=ifourier(F)：是函数 F 的傅里叶逆变换，默认的独立变量为ω，默认返回是关于 x 的函数。

f=ifourier(F,u)：返回函数 f 是 u 的函数，而不是默认的 x 的函数。

f=ifourier(F,v,u)：是对关于 v 的函数 F 进行傅里叶逆变换，返回关于 u 的函数 f。

四、内容与方法

1．验证性练习

1）信号的傅里叶变换和傅里叶逆变换

（1）傅里叶变换。

已知连续时间信号$f(t)=\mathrm{e}^{-2|t|}$，通过程序完成信号$f(t)$的傅里叶变换。

MATLAB 程序：

```
syms t;
f=fourier(exp(-2*abs(t)));
ezplot(f);
```

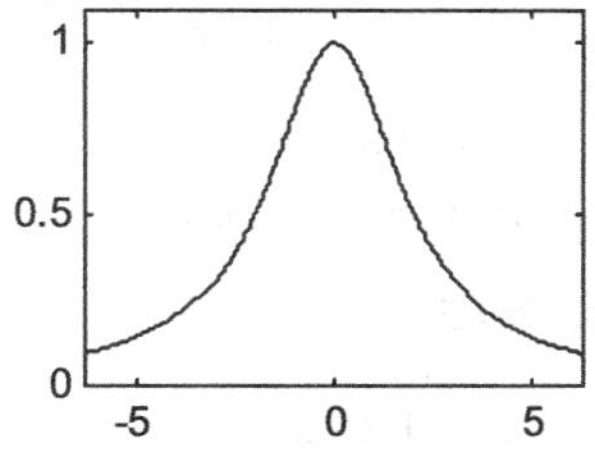

图 5.54　信号$f(t)$的傅里叶变换

信号$f(t)$的傅里叶变换如图 5.54 所示。

试画出信号$f(t)=\dfrac{2}{3}\mathrm{e}^{-3t}\varepsilon(t)$的波形及其幅频特性曲线。

MATLAB 程序：

```
syms t v w f
f=2/3*exp(-3*t)*sym('Heaviside(t)');
F=fourier(f);
subplot(2,1,1);
ezplot(f);
subplot(2,1,2);
ezplot(abs(F));
```

信号$f(t)=\dfrac{2}{3}\mathrm{e}^{-3t}\varepsilon(t)$的波形及其幅频特性曲线如图 5.55 所示。

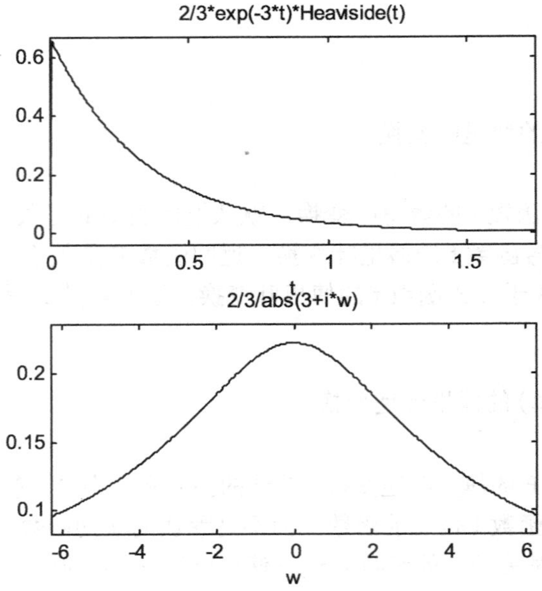

图 5.55 信号 $f(t)=\frac{2}{3}e^{-3t}\varepsilon(t)$ 的波形及其幅频特性曲线

（2）傅里叶逆变换。

已知 $F(j\omega)=\frac{1}{1+\omega^2}$，求信号 $F(j\omega)$ 的傅里叶逆变换。

```
syms t w
ifourier(1/(1^2),t)
```

结果如下：

```
ans =1/2*exp(-t)*u(t)+1/2*exp(t)* Heaviside (-t)
```

（3）傅里叶变换数值计算。

已知门函数 $f(t)=g_2(t)=\varepsilon(t+1)-\varepsilon(t-1)$，试采用数值计算方法确定信号的傅里叶变换 $F(j\omega)$。

MATLAB 程序如下

```
R=0.02;t=-2:R:2;
f=stepfun(t,-1)- stepfun(t,1);       % stepfun (t)为阶跃函数ε(t)。
W1=2*pi*5;                           % 频率宽度
N=500;                               % 采样数为 N
k=0:N;
W=k*W1/N;                            % W 为频率正半轴的采样点
F=f*exp(-j*t'*W)*R;                  % 求 F(jw)
F=real(F);W=[-fliplr(W),W(2:501)];F=[fliplr(F),F(2:501)];
subplot(2,1,1);plot(t,f);xlabel('t');ylabel('f(t)'); axis([-2,2,-0.5,2]);
title('f(t)=u(t+1)-u(t-1)');subplot(2,1,2);plot(W,F);
xlabel('w');ylabel('F(w)'); title('f(t)的傅里叶变换')。
```

信号的傅里叶变换如图 5.56 所示。

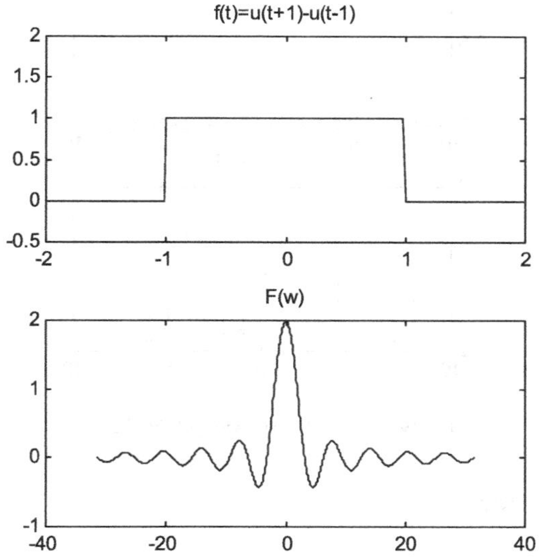

图 5.56　信号的傅里叶变换

（4）连续函数的傅里叶变换。

MATLAB 程序：

```
clf;%
dt=2*pi/8;w=linspace(-2*pi,2*pi,2000)/dt;
k=-2:2;f=ones(1,5);F=f*exp(-j*k'*w);
f1=abs(F);plot(w,f1);grid。
```

连续函数的傅里叶变换如图 5.57 所示。

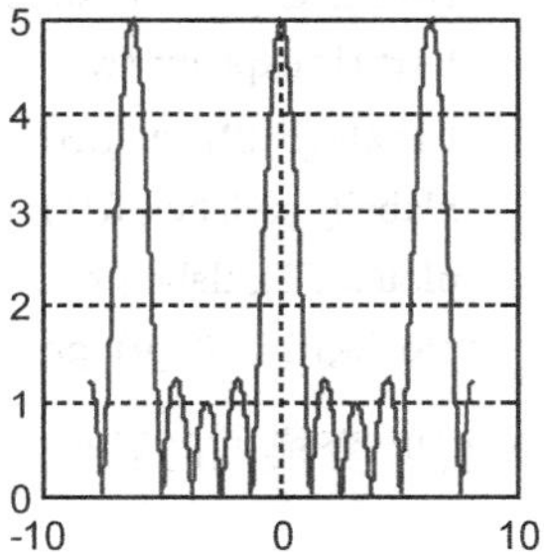

图 5.57　连续函数的傅里叶变换

（5）连续周期信号的傅里叶级数。

MATLAB 程序：

```
clf;                              %计算连续周期信号的傅里叶级数
N=8;n1=- N:-1;                    %计算 N 为负数时的傅里叶级数
c1=-4*j*sin(n1*pi/2)/pi^2./n1.^2;
c0=0;                             %计算 N 为零时的傅里叶级数
n2=1:N;                           %计算为 N 正数时的傅里叶级数
c2=-4*j*sin(n2*pi/2)/pi^2./n2.^2;cn=[c1 c0 c2];n=-N:N;
Subplot(2,1,1);Stem(n,abs(cn));ylabel('Am of CN');Subplot(2,1,2);
Stem(n,angle(cn));ylabel(' phase of CN ');xlabel(' \omega/\omega0')。
```

连续周期信号的傅里叶级数如图 5.58 所示。

2）傅里叶变换的时移特性

分别绘出信号 $f(t)=\frac{1}{2}\mathrm{e}^{-2t}\varepsilon(t)$ 与信号 $f(t-1)$ 的频谱图，并观察信号时移对信号频谱的影响。

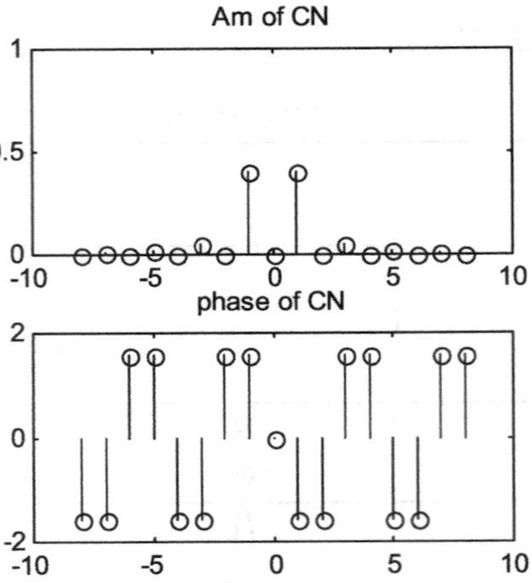

图 5.58　连续周期信号的傅里叶级数

（1） $f(t)=\frac{1}{2}\mathrm{e}^{-2t}\varepsilon(t)$ 的频谱。

MATLAB 程序：

```
r=0.02;t=-5:r:5;N=200;W=2*pi;k=-N:N;w=k*W/N;
f1=1/2*exp(-2*t).*stepfun(t,0);                % f(t)
F=r*f1*exp(-j*t'*w);                           % f(t)的傅里叶变换
F1=abs(F);P1=angle(F);subplot(3,1,1);plot(t,f1); grid
xlabel('t');ylabel('f(t)'); title('f(t)');subplot(3,1,2)
plot(w,F1);xlabel('w');   grid;   ylabel('F(jw)');subplot(3,1,3)
plot(w,P1*180/pi); grid;   xlabel('w'); ylabel('相位（度）')。
```

傅里叶变换的时移特性如图 5.59 所示。

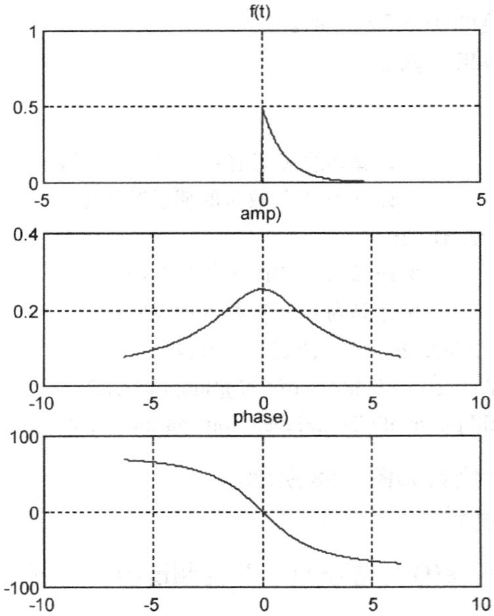

图 5.59　傅里叶变换的时移特性

（2）求 $f(t-1)$ 的频谱。

MATLAB 程序：

```
r=0.02;t=-5:r:5;N=200;W=2*pi;k=-N:N;w=k*W/N;
f1=1/2*exp(-2*(t-1)).*stepfun(t,1);                %f(t)
F=r*f1*exp(-j*t'*w);                                %f(t)的傅里叶变换
F1=abs(F);P1=angle(F);subplot(3,1,1);plot(t,f1);grid on
xlabel('t');ylabel('f(t)');title('f(t-1)');subplot(3,1,2);
plot(w,F1);xlabel('w');grid on;   ylabel('F(jw)的模');
subplot(3,1,3); plot(w,P1*180/pi);   grid; xlabel('w'); ylabel('相位（度）')。
```

傅里叶变换的时移特性如图 5.60 所示。

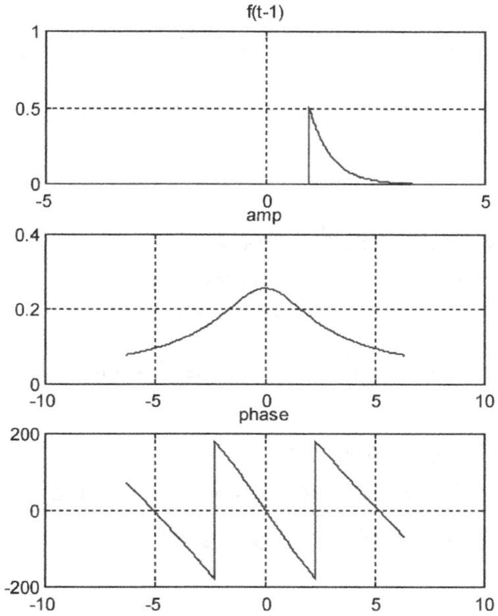

图 5.60　傅里叶变换的时移特性

3）傅里叶变换的频移特性

信号 $f(t)=g_2(t)$ 为门函数，试绘出信号 $f_1(t)=f(t)\mathrm{e}^{-\mathrm{j}10t}$ 以及信号 $f_2(t)=f(t)\mathrm{e}^{\mathrm{j}10t}$ 的频谱图，并与原信号频谱图进行比较。

MATLAB 程序：

```
R=0.02;t=-2:R:2;f=stepfun(t,-1)-stepfun(t,1);
f1=f.*exp(-j*10*t);f2=f.*exp(j*10*t);W1=2*pi*5;
N=500;k=-N:N;W=k*W1/N;
F1=f1*exp(-j*t'*W)*R;                     % f1(t)傅里叶变换
F2=f2*exp(-j*t'*W)*R;                     % f2(t)傅里叶变换
F1=real(F1);F2=real(F2);subplot(2,1,1);plot(W,F1);
xlabel('w');ylabel('F1(jw)');title('频谱 F1(jw)');
subplot(2,1,2);plot(W,F2);xlabel('w');ylabel('F2(jw)');title('频谱 F2(jw)')。
```

傅里叶变换的频移特性如图 5.61 所示。

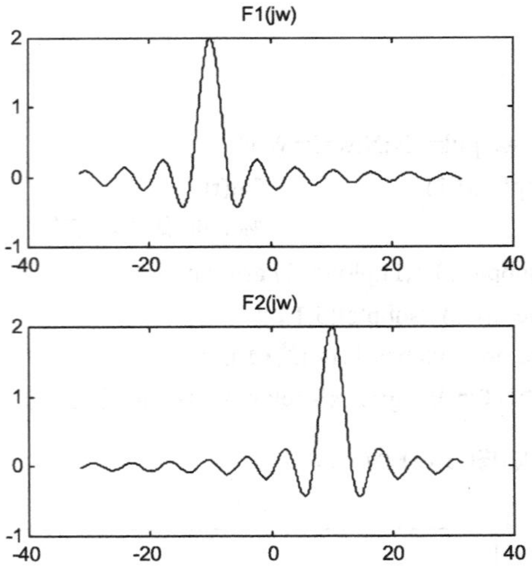

图 5.61　傅里叶变换的频移特性

2. 程序设计练习

（1）试确定下列信号的傅里叶变换的数学表达式：

（a）$f(t)=\varepsilon(t+1)-\varepsilon(t-1)$　　（b）$f(t)=\mathrm{e}^{-3t}\varepsilon(t)$

（c）$f(t)=\mathrm{e}^{-t}\varepsilon(t)$　　（d）$f(t)=\delta''(t)$

（2）试画出信号 $f(t)=\mathrm{e}^{-3t}\varepsilon(t)$，$f(t-4)$ 以及信号 $f(t)\mathrm{e}^{-\mathrm{j}4t}$ 的频谱图。

五、项目要求

1. 在计算机中输入程序，验证实验结果。
2. 对于程序设计练习，自行编制完整的实验程序，分析实验结果。
3. 在实验报告中给出完整的自编程序和实验结果。

六、项目扩展

1. 周期信号频谱的物理含义是什么？
2. 周期信号频谱有何特点？其谱线间隔与什么有关？
3. 非周期信号频谱密度函数的物理含义是什么？
4. 周期信号频谱与非周期信号频谱密度函数的区别与联系是什么？
5. 信号的时域特性与其频域特性有何对应关系？
6. 傅里叶变换的条件是什么？如何理解该条件？
7. 如何理解傅里叶变换的各种特性？

七、小结与体会

1. 傅里叶变换与傅里叶分解的关系是什么？
2. 为什么要进行傅里叶变换？

5.9　离散时间信号的傅里叶变换

一、项目目的

1. 掌握离散时间信号傅里叶变换的实现方法，了解离散傅里叶变换的时移特性和频移特性。

2．了解离散傅里叶变换的特点及其应用。

3．掌握函数 fft 和函数 ifourier 的调用格式及作用。

4．掌握离散傅里叶变换的数值计算方法，以及绘制信号频谱图的方法。

二、项目原理

利用离散域快速傅里叶变换或反变换。

三、MATLAB 函数

1．fft 函数

功能：计算函数 f 的 N 点快速傅里叶变换。

调用格式：

F= fft(f,N)

2．freqz 函数

功能：求离散系统的频响特性。

调用格式：

[H,w]=freqz(B,A,N)，其中 B 和 A 分别为离散系统的系统函数分子、分母多项式的系数向量，返回量 H 则包含了离散系统频响在 0～π范围内 N 个频率等分点的值（其中 N 为正整数），w 则包含了范围内 N 个频率等分点。调用默认的 N 时，其值是 512。

[H,w]=freqz(B,A,N,'whole')，计算离散系统在 0～π范围内的 N 个频率等分点的频率响应的值。

四、内容与方法

1．验证性练习

1）离散函数傅里叶变换

MATLAB 程序：

```
clf;N=8;N1=16;K=4;
n=0:N-1;k=0:N1-1;
f1=[ones(1,K),zeros(1,N1-K)];
xk=fft(f1,N);yk=fft(f1,N1);
subplot(2,1,1); stem(n, abs(xk));
text(3,3,'N=8');grid;
subplot(2,1, 2); stem(k, abs(yk));
text(3,3,'N=16');grid;
```

离散函数傅里叶变换如图 5.62 所示。

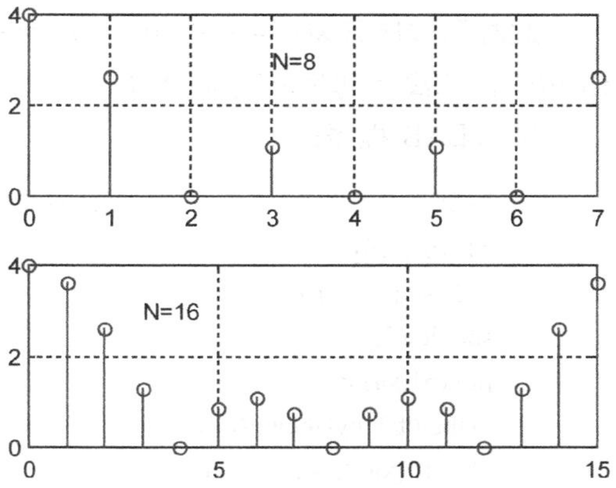

图 5.62　离散函数傅里叶变换

2）离散时间傅里叶变换 DTFT

MATLAB 程序：

```
clf;                          %计算 DTFT，其中 k 是频率点数
k=512;
num=[0.008 -0.033 0.05 -0.033 0.008];
den=[1 2.37 2.7 1.6 0.41];
w=0:pi/k:pi;h=freqz(num,den,w);
subplot(2,1,1);plot(w/pi,abs(h));
```

```
title('幅值谱')
xlabel('\omega/\pi');ylabel(' 幅值 ');
subplot(2,1,2);plot(w/pi,angle(h));
title('相位谱')
xlabel('\omega/\pi');ylabel(' phase,radians ');
```

DTFT 的计算结果如图 5.63 所示。

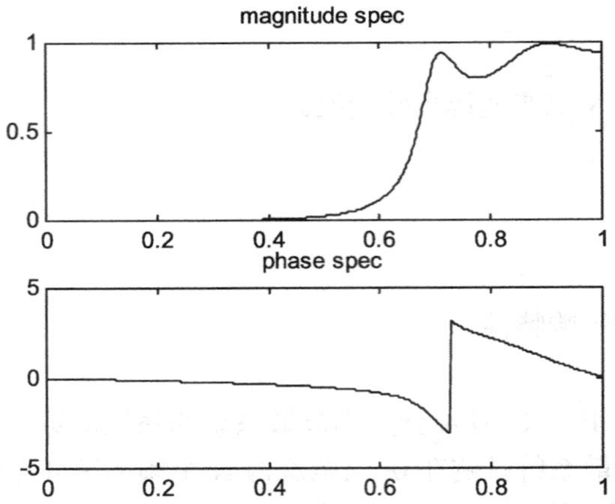

图 5.63 DTFT 的计算结果

3）离散傅里叶变换及其快速算法

对连续的单一频率周期信号按采样频率 $f_s = 8f_a$ 采样，截取长度 N 分别选 N=20 和 N=16，观察其 DFT 结果的幅度谱。

此时离散序列 $x(n) = \sin(2\pi n f_a / f_s) = \sin(2\pi n / 8)$，即 k=8。用 MATLAB 计算并作图，函数 fft 用于计算离散傅里叶变换 DFT。

MATLAB 程序：

```
k=8;                                    %计算离散傅里叶变换 DFT
n1=[0:1:19];
xa1=sin(2*pi*n1/k);
subplot(2,2,1)
plot(n1,xa1);
xlabel('t/T');ylabel('x(n)');
xk1=fft(xa1);xk1=abs(xk1);
subplot(2,2,2)
stem(n1,xk1);xlabel('k');ylabel('X(k)');
n2=[0:1:15];
xa2=sin(2*pi*n2/k);
subplot(2,2,3)
plot(n2,xa2);xlabel('t/T');ylabel('x(n)');
xk2=fft(xa2);xk2=abs(xk2);
subplot(2,2,4);
stem(n2,xk2); xlabel('k');ylabel('X(k)')。
```

离散傅里叶变换及其快速计算结果如图 5.64 所示。

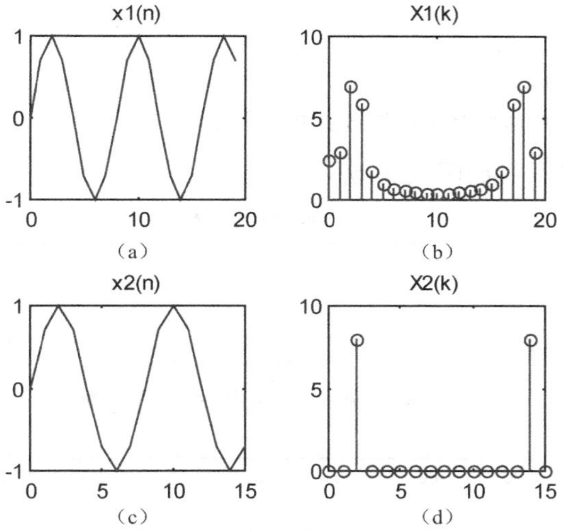

图 5.64 离散傅里叶变换及其快速计算

在图 5.64 中，(a) 和 (b) 分别是 N=20 时的截取信号和 DFT 结果，由于截取了两个半周期，频谱出现泄漏；(c) 和 (d) 分别是 N=16 时的截取信号和 DFT 结果，由于截取了两个整周期，得到单一谱线的频谱。上述频谱的误差主要是由于时域中对信号的非整周期截断产生的频谱泄漏。

4）序列互相关函数的计算

（1）用 FFT 计算两个序列的互相关函数 $r_{xy}(m)$，其中：

$$x(n)=\{1 \quad 3 \quad -1 \quad 1 \quad 2 \quad 3 \quad 3 \quad 1\},\quad y(n)=\{2 \quad 1 \quad -1 \quad 1 \quad 2 \quad 0 \quad -1 \quad 3\}$$

MATLAB 程序：

```
x=[1 3 -1 1 2 3 3 1];            %互相关函数
y=[2 1 -1 1 2 0 -1 3];
k=length(x);
xk=fft(x,2*k);
yk=fft(y,2*k);
rm=real(ifft(conj(xk).*yk));
rm=[rm(k+2:2*k) rm(1:k)];
m=(-k+1):(k-1);
stem(m,rm);
xlabel('m'); ylabel('幅度');
```

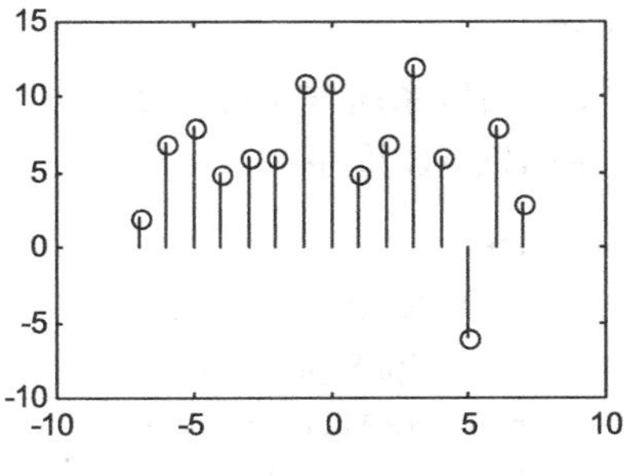

图 5.65 序列互相关函数的计算结果

序列互相关函数的计算结果如图 5.65 所示。

（2）计算两个序列的互相关函数，其中 $x(n)$={2 3 5 2 1 −1 0 0 12 3 5 3 0 −1 −2 0 1 2} $y(n)=x(n-4)+e(n)$，$e(n)$为一随机噪声，在 MATLAB 中可以用随机函数 rand 产生。

MATLAB 程序：

```
x=[2 3 5 2 1 -1 0 0 12 3 5 3 0 -1 -2 0 1 2];
y=[0 0 0 0 2 3 5 2 1 -1 0 0 12 3 5 3 0 -1 -2 0 1 2];
k=length(y);
e=rand(1,k)-0.5;
```

```
y=y+e; xk=fft(x,2*k);
yk=fft(y,2*k);
rm=real(ifft(conj(xk).*yk));
rm=[rm(k+2:2*k) rm(1:k)];
m=(-k+1):(k-1);    stem(m,rm)xlabel('m'); ylabel('幅度')。
```

序列相关函数的计算结果如图 5.66 所示。

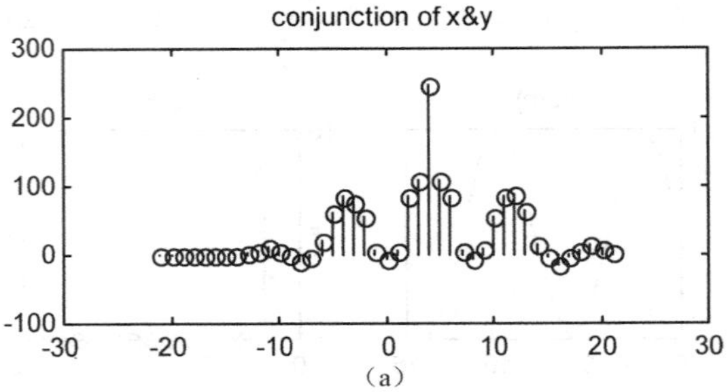

（a）

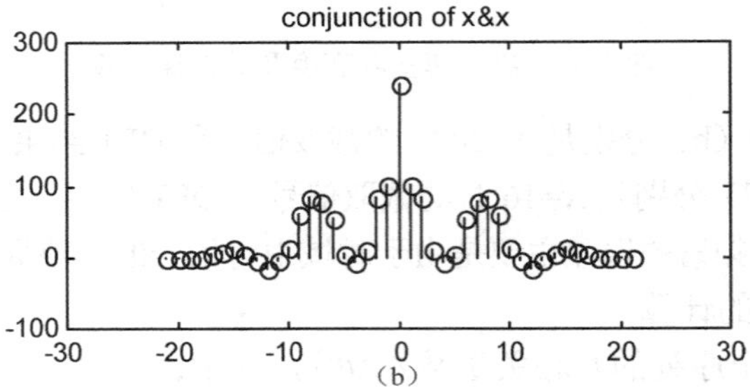

（b）

图 5.66　序列相关函数的计算结果

从图 5.66（a），我们看到最大值出现在 m=4 处，正好是 $y(n)$对于 $x(n)$的延迟。图 5.66（b）是 $x(n)$的自相关函数，它和 $y(n)$的区别除时间位置外，形状也略不同，这是由于 $y(n)$受到噪声的干扰。

5）离散系统傅里叶分析

MATLAB 程序：

```
clf;
% 离散系统的频率响应
w = -4*pi:8*pi/511:4*pi;
num = [2 1];den = [1 -0.6];
h = freqz(num, den, w);
% Plot the DTFT
subplot(2,1,1)
plot(w/pi,real(h));grid
title('实部 of H(e^{j\omega})')
xlabel('\omega /\pi');ylabel('幅值');
subplot(2,1,2)
plot(w/pi,imag(h));grid
title('虚部  of H(e^{j\omega})')
xlabel('\omega /\pi');ylabel('幅值');
```

```
pause
subplot(2,1,1)plot(w/pi,abs(h));grid
title('幅值谱 |H(e^{j\omega})|')
xlabel('\omega /\pi');ylabel('幅值');
subplot(2,1,2)
plot(w/pi,angle(h));grid
title('相位谱 arg[H(e^{j\omega})]')
xlabel('\omega /\pi');ylabel('相位');
```

离散系统傅里叶计算的结果如图 5.67 所示。

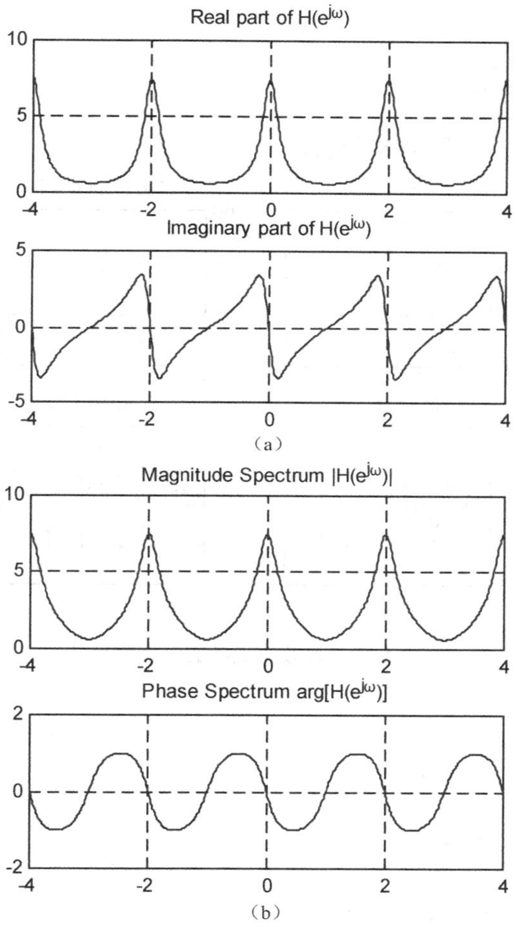

图 5.67　离散系统傅里叶计算结果

6）离散傅里叶的性质

（1）时移特性。

MATLAB 程序：

```
clf;w = -pi:2*pi/255:pi; wo = 0.4*pi; D = 10;
num = [1 2 3 4 5 6 7 8 9];
h1 = freqz(num, 1, w);
h2 = freqz([zeros(1,D) num], 1, w);
```

```
subplot(2,2,1)
plot(w/pi,abs(h1));
grid
title('原始序列的幅值谱')
subplot(2,2,2)
plot(w/pi,abs(h2));grid
title('时移序列的幅值谱')
subplot(2,2,3)
plot(w/pi,angle(h1));grid
title('原始序列的相位谱')
subplot(2,2,4)
plot(w/pi,angle(h2));grid
title('时移序列的相位谱');
```

离散傅里叶的时移特性如图 5.68 所示。

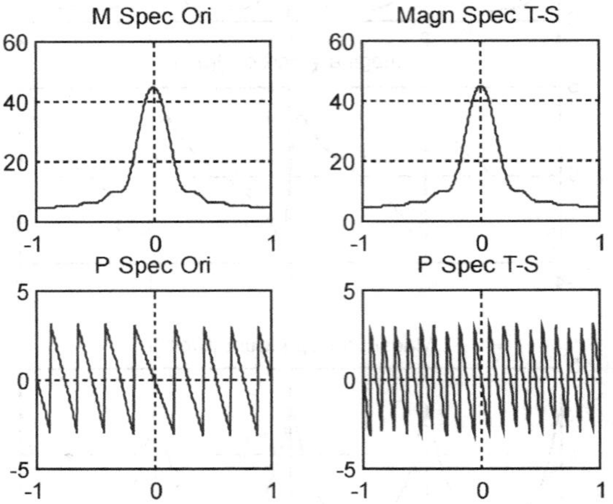

图 5.68　离散傅里叶的时移特性

（2）频移特性。

MATLAB 程序：

```
clf;
w = -pi:2*pi/255:pi; wo = 0.4*pi;
num1 = [1 3 5 7 9 11 13 15 17];
L = length(num1);h1 = freqz(num1, 1, w);
n = 0:L-1;num2 = exp(wo*i*n).*num1;
h2 = freqz(num2, 1, w);
subplot(2,2,1)
plot(w/pi,abs(h1));grid
title('原始序列的幅值谱')
subplot(2,2,2)
plot(w/pi,abs(h2));grid
title('频移序列的幅值谱')
subplot(2,2,3)
```

```
plot(w/pi,angle(h1));grid
title('原始序列的相位谱')
subplot(2,2,4)
plot(w/pi,angle(h2));grid
title('频移序列的相位谱');
```

离散傅里叶的频移特性如图 5.69 所示。

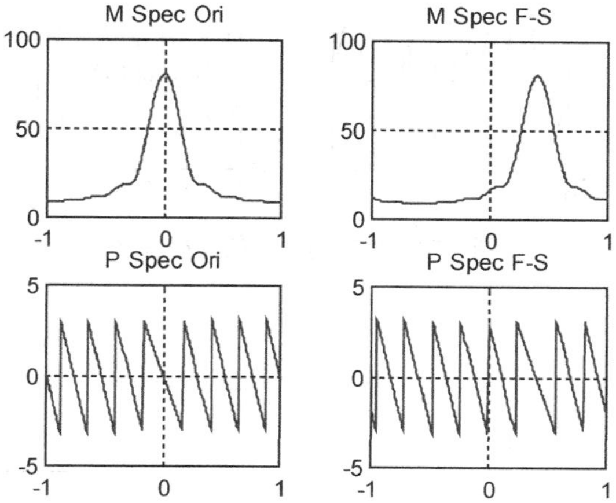

图 5.69　离散傅里叶的频移特性

（3）卷积特性。

MATLAB 程序：

```
clf;w = -pi:2*pi/255:pi;
x1 = [1 3 5 7 9 11 13 15 17];
x2 = [1 -2 3 -2 1];y = conv(x1,x2);
h1 = freqz(x1, 1, w);h2 = freqz(x2, 1, w);
hp = h1.*h2;h3 = freqz(y,1,w);
subplot(2,2,1)
plot(w/pi,abs(hp));grid
title('幅值谱的积')
subplot(2,2,2)
plot(w/pi,abs(h3));grid
title('卷积序列的幅值谱')
subplot(2,2,3)
plot(w/pi,angle(hp));grid
title('相位谱的和')
subplot(2,2,4)
plot(w/pi,angle(h3));grid
title('卷积序列的相位谱');
```

离散傅里叶的卷积特性如图 5.70 所示。

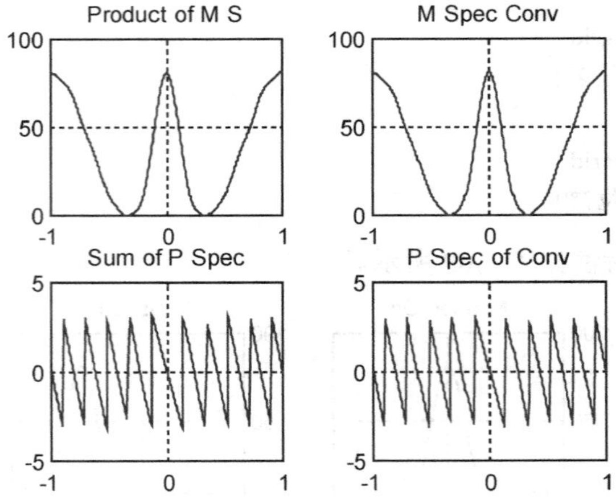

图 5.70　离散傅里叶的卷积特性

（4）调制特性。

MATLAB 程序：

```
clf;
w = -pi:2*pi/255:pi;
x1 = [1 3 5 7 9 11 13 15 17];
x2 = [1 -1 1 -1 1 -1 1 -1 1];
y = x1.*x2;
h1 = freqz(x1, 1, w);
h2 = freqz(x2, 1, w);
h3 = freqz(y,1,w);
subplot(3,1,1)
plot(w/pi,abs(h1));grid
title('第一个序列的幅值谱')
subplot(3,1,2)
plot(w/pi,abs(h2));grid
title('第二个序列的幅值谱')
subplot(3,1,3)
plot(w/pi,abs(h3));grid
title('序列积的幅值谱');
```

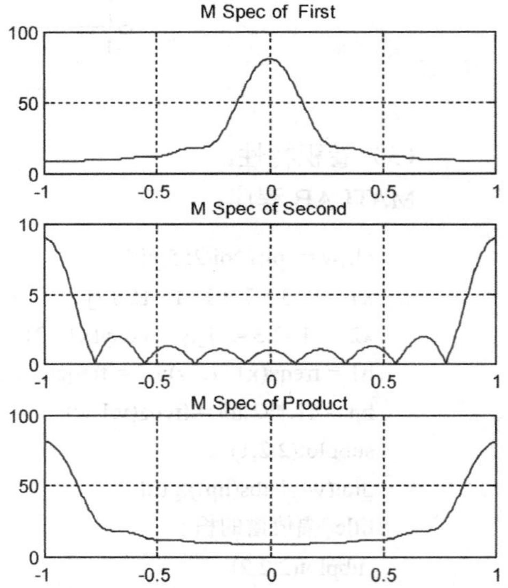

图 5.71　离散傅里叶的调制特性

离散傅里叶的调制特性如图 5.71 所示。

（5）时间反转特性。

MATLAB 程序：

```
clf;
w = -pi:2*pi/255:pi;
num = [1 2 3 4];
L = length(num)-1;
h1 = freqz(num, 1, w);
h2 = freqz(fliplr(num), 1, w);
h3 = exp(w*L*i).*h2;
```

```
subplot(2,2,1)
plot(w/pi,abs(h1));grid
title('原始序列的幅值谱')
subplot(2,2,2)
plot(w/pi,abs(h3));grid
title('时间反转序列的幅值谱')
subplot(2,2,3)
plot(w/pi,angle(h1));grid
title('原始序列的相位谱')
subplot(2,2,4)
plot(w/pi,angle(h3));grid
title('时间反转序列的相位谱');
```

离散傅里叶的时间反转特性如图 5.72 所示。

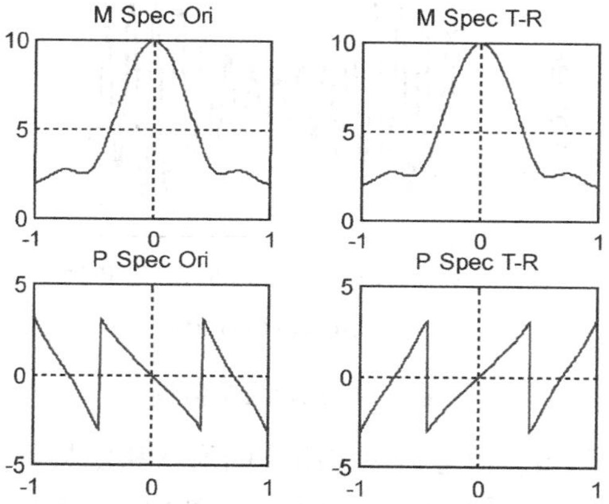

图 5.72　离散傅里叶的时间反转特性

2．程序设计练习

自己设计实验，进一步验证傅里叶变换的性质。

五、项目要求

1．在计算机中输入程序，验证实验结果。

2．对于程序设计练习，自行编制完整的实验程序，分析实验结果。

3．在实验报告中给出完整的自编程序和实验结果。

六、项目扩展

借助仿真工具，进一步明确 DFT，DTFS，FFT，DTFT 之间的关系。

七、小结与体会

连续傅里叶变换与离散傅里叶变换的关系是什么？

5.10　信号的调制与解调

一、项目目的

1．了解信号调制与解调的仿真实现方法。

2．熟悉相关函数的功能和作用。

二、项目原理

调制和解调是两种信号处理方式，是通信领域常用的技术之一；调制和解调互为逆动作，有模拟和数字调制之分，各自有多种调制方式。

所谓调制就是将待处理信号与载波信号进行合成，或利用待处理信号对载波的某项参数进行改变而得到新信号的过程。调制的目的是便于待处理信号的传输；解调则是接收信号与载波信号的合成，是从接收到的混合信号中，去掉载波信号，得到有用信号的过程。解调的目的就是得到传输来的待处理信号。

两个信号在时域的乘法运算，通常用来实现信号的调制，即由一个信号去控制另一个信号的某一个参量。信号的调制在通信领域应用非常广泛，用一个低频的正弦波信号去控制另一个频率较高的正弦波信号的幅值，则产生一个振幅调制信号，又称调幅波，如图 5.73 所示。

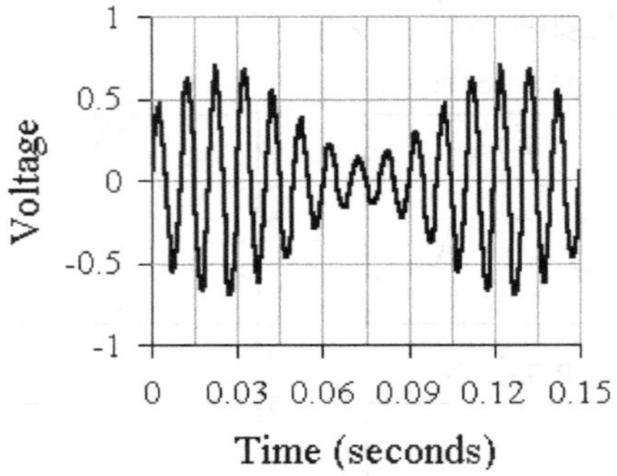

图 5.73　振幅调制信号

从图 5.73 可以看出，已调制信号振幅包络线的形状和低频正弦波信号是完全一致的。低频正弦波信号称为调制信号，高频正弦波信号称为载波信号，其频率称为载波频率。与产生调幅波的原理相似，还可以产生调频波、调相波和脉冲调制波等。

三、MATLAB 函数

1．modulate 函数

功能：用频率为 F_c 的载波调制原信号 X，采样频率为 F_s。

调用格式：

Y = modulate (X,Fc,Fs,METHOD,OPT)

X 为调制信号序列，Fc 为载波频率，Fs 为采样频率，METHOD 为调制方式，例如调频为 fm，调幅为 am，调相为 pm，OPT 为额外可选的参数，具体由调制方法而定。

$F_s > 2F_c + \mathrm{BW}$，其中 BW 为原信号 X 的带宽。

2．demod 函数

功能：将原信号 X 从载波频率为 F_c 的调制信号中取出 X，采样频率为 F_s。

调用格式：

X = demod (Y,Fc,Fs,METHOD,OPT)

参数的定义同 modulate 函数。

四、内容与方法

1. 验证性练习

1）产生调幅信号

MATLAB 程序：

```
%产生幅度调制信号
clf; Fm=10;Fc=100;Fs=1000;N=1000;k=0:N-1;t=k/Fs;
x=abs(sin(2.0*pi*Fm*t));xf=abs(fft(x,N));
y2=modulate(x,Fc,Fs,'am');              %产生调制信号（调幅）
subplot(2,1,1); plot(t(1:200),y2(1:200));xlabel('时间(s)');ylabel('幅值');title('调幅信号')
yf=abs(fft(y2,N));                      %产生调制信号的谱
subplot(2,1,2); stem(yf(1:200));xlabel('频率(H)'); ylabel('幅值')。
```

信号的调幅结果如图 5.74 所示。

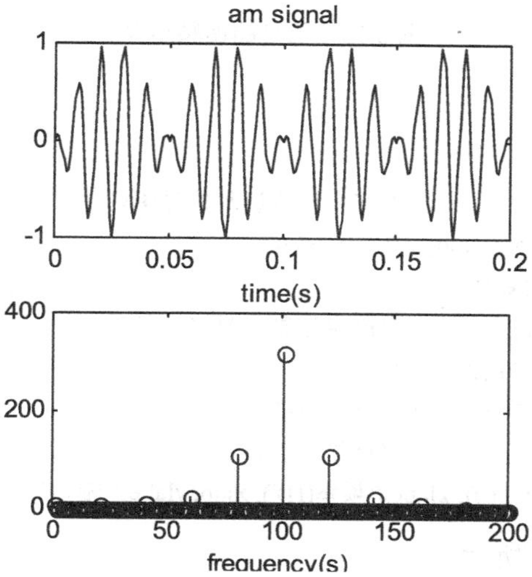

图 5.74　信号的调幅结果

2）产生调频信号

MATLAB 程序：

```
clf;                                    %产生频率调制信号(FM)
Fm=10;Fc=100;Fs=1000;N=1000;k=0:N-1;t=k/Fs;
x=sin(2.0*pi*Fm*t);xf=abs(fft(x,N));
y2=modulate(x,Fc,Fs,'fm');              %产生调制信号（调频）
subplot(2,1,1); plot(t(1:200),y2(1:200)); xlabel('时间(s)');ylabel('幅值');title('调频信号')
yf=abs(fft(y2,N));                      %产生调制信号的谱
subplot(2,1,2); stem(yf(1:200));xlabel('频率(H)'); xlabeylabel('幅值')。
```

信号的调频结果如图 5.75 所示。

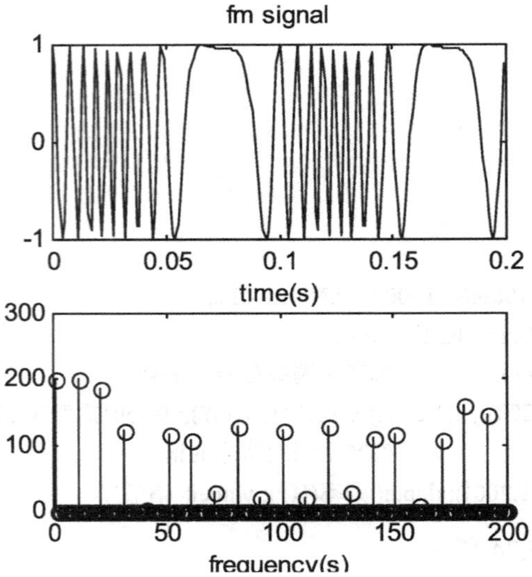

图 5.75　信号的调频结果

3）产生调相信号

MATLAB 程序：

```
clf;                                    %产生相位调制信号(PM)
Fm=10;Fc=100;Fs=1000;N=1000;k=0:N-1;t=k/Fs;
x=sin(2.0*pi*Fm*t);xf=abs(fft(x,N));
y2=modulate(x,Fc,Fs,'pm');              %产生调制信号（调相）
subplot(2,1,1); plot(t(1:200),y2(1:200));
xlabel('时间(s)');ylabel('幅值');title('调相信号');
yf=abs(fft(y2,N));                      %产生调制信号的谱
subplot(2,1,2); stem(yf(1:200)); xlabel('频率(H)'); xlabeylabel('幅值');
```

信号的调相结果图 5.76 所示。

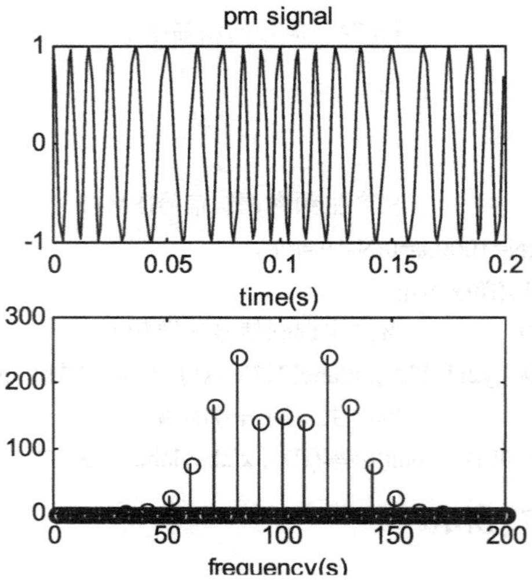

图 5.76　信号的调相结果

4）信号的幅度调制与解调

MATLAB 程序：

```
%Fm=10;Fs=1000;Fc=100;N=1000;k=0:N-1;
n=[0:256];Fc=100000;Fs=1000000;N=1000;
xn=abs(sin(2*pi*n/256));
%x=abs(sin(2.0*pi*Fm*t));xf=abs(fft(x,N));
xf=abs(fft(xn,N));
y2=modulate(xn,Fc,Fs,'am');
subplot(211);
plot(n(1:200),y2(1:200));
xlabel('时间(s)');ylabel('幅值');title('调幅信号');
yf=abs(fft(y2,N));
subplot(212);stem(yf(1:200));xlabel('频率(H)');ylabel('幅值');
xo=demod(y2,Fc,Fs,'am');
figure
subplot(221);
plot(n(1:200),xn(1:200));
title('原信号');
subplot(222);
plot(n(1:200),2*xo(1:200));
title('解调信号');
axis([1 200 0 1]);
```

信号的幅度调制与解调结果如图 5.77 所示。

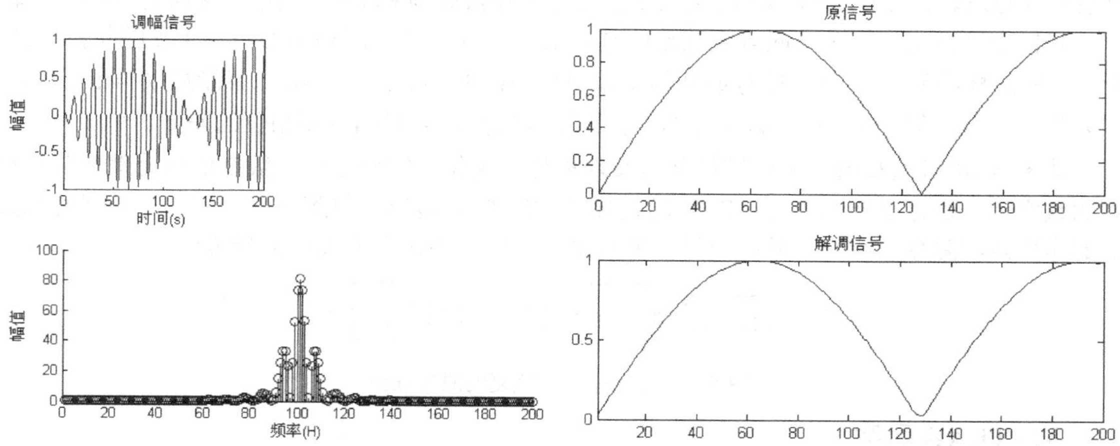

图 5.77　信号的幅度调制与解调结果

2．程序设计练习

比较其他几种解制方式的效果。

五、项目要求

1．在计算机中输入程序，验证实验结果。

2．对于程序设计练习，自行编制完整的实验程序，分析实验结果。

3．在实验报告中给出完整的自编程序和实验结果。

六、项目扩展

1．在信号调制解调时，除用正弦信号作载波外，还有什么信号可以作载波？

2．叠加不同的噪声，比较不同调制解调方式的差异。

七、小结与体会

1．MATLAB 程序有几种运行方式？各有什么特点？

2．怎样调试 MATLAB 程序？

5.11 信号的采样与恢复

一、项目目的

1．验证采样定理。

2．熟悉信号的采样与恢复过程。

3．通过实验观察欠采样时信号频谱的混叠现象。

4．掌握采样前后信号频谱的变化，加深对采样定理的理解。

5．掌握采样频率的确定方法。

二、项目原理

采样（抽样）是将模拟信号转换为离散时间信号的过程，采样过程必须满足采样定理，即采样频率要大于信号最高频率的两倍。所谓恢复（重构），是由离散时间信号反演得到连续时间信号的过程。利用重构得到的信号与原始信号比较，可以检验采样误差的大小。

模拟信号经过采样后其频谱产生了周期延拓，每隔一个采样频率f_s，重复出现一次。为保证采样后信号的频谱形状不失真，采样频率必须大于信号中最高频率成分的两倍，这称之为采样定理。

采样定理指出：一个有限频宽的连续时间信号$f(t)$，其最高频率为ω_m，经过等间隔抽样后，只要采样频率ω_s不小于信号最高频率ω_m的二倍，即满足$\omega_s \geqslant 2\omega_m$，就能从采样信号$f_s(t)$中恢复原信号，得到$f_0(t)$。$f_0(t)$与$f(t)$相比没有失真，只有幅度和相位的差异。

从图 5.78 可以看出，A/D 转换环节实现抽样、量化、编码过程；数字信号处理环节对得到的数字信号进行必要的处理；D/A 转换环节实现数/模转换，得到连续时间信号；低通滤波器的作用是滤除截止频率以外的信号，恢复出与原信号相比无失真的信号$f_0(t)$。

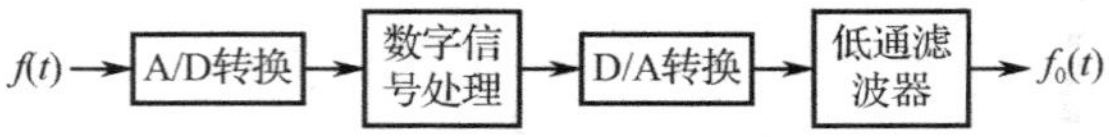

图 5.78　信号采样与恢复的原理框图

三、MATLAB 函数

略

四、内容与方法

1．验证性练习

1）正弦信号的采样

MATLAB 程序：

```
clf;                                        %研究正弦信号在不同频率下的采样
t = 0:0.0005:1;
f = 13;
xa = cos(2*pi*f*t);
subplot(2,1,1)
plot(t,xa);grid
xlabel('时间, msec');ylabel('幅值');
title('连续时间信号 x_{a}(t)');
axis([0 1 -1.2 1.2])
subplot(2,1,2);
T = 0.1;
n = 0:T:1;
xs = cos(2*pi*f*n);
k = 0:length(n)-1;
stem(k,xs);grid;
xlabel('时间, msec');ylabel('幅值');
title('离散时间信号  x[n]');
axis([0 (length(n)-1) -1.2 1.2]);
```

正弦信号的采样如图 5.79 所示。

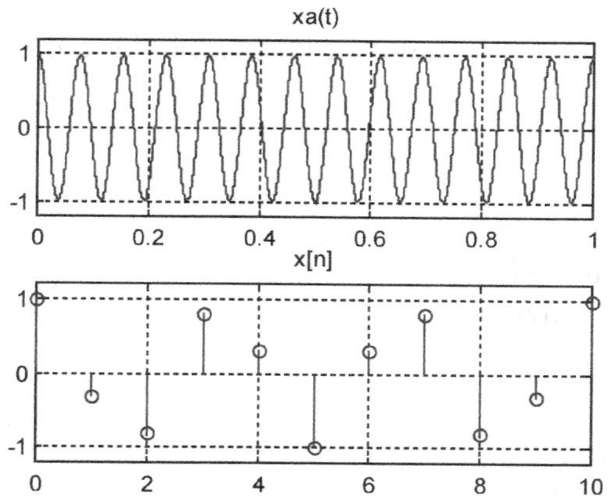

图 5.79　正弦信号的采样

2）采样与重构

MATLAB 程序：

clf; %研究上例所产生的离散信号的连续时间等效，即重构信号，从而确定正弦信号的频率与采样周期之间的关系。

```
T = 0.1;f = 13;
n = (0:T:1)';
xs = cos(2*pi*f*n);
t = linspace(-0.5,1.5,500)';
ya = sinc((1/T)*t(:,ones(size(n))) - (1/T)*n(:,ones(size(t)))')*xs;    %理想低通滤波器。
plot(n,xs,'o',t,ya);grid;
xlabel('时间, msec');ylabel('幅值');
```

```
title('重构连续信号 y_{a}(t)');
axis([0   1   -1.2 1.2]);
```

正弦信号的采样与重构结果图 5.80 所示。

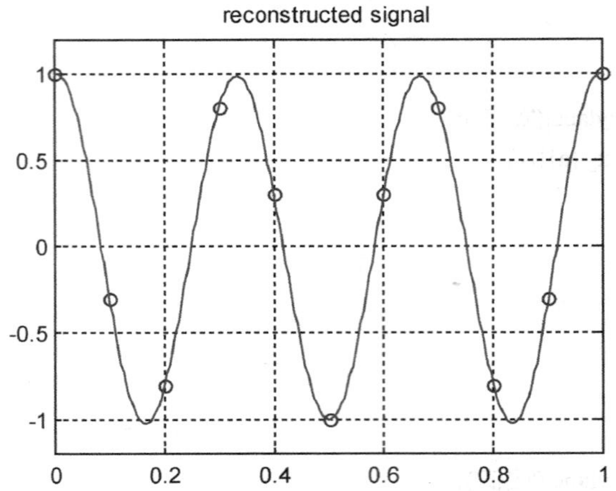

图 5.80　正弦信号的采样与重构

3）采样的性质

MATLAB 程序：

```
clf;                                    %连续时间信号与离散时间信号采样的比较。
t = 0:0.005:10;
xa = 2*t.*exp(-t);
subplot(2,2,1)
plot(t,xa);grid
xlabel('时间, msec');ylabel('幅值');
title('连续时间信号  x_{a}(t)');
subplot(2,2,2)
wa = 0:10/511:10;
ha = freqs(2,[1 2 1],wa);
plot(wa/(2*pi),abs(ha));grid;
xlabel('频率, kHz');ylabel('幅值');
title('|X_{a}(j\Omega)|');
axis([0 5/pi 0 2]);
subplot(2,2,3)
T = 1;
n = 0:T:10;
xs = 2*n.*exp(-n);
k = 0:length(n)-1;
stem(k,xs);grid;
xlabel('时间  n');ylabel('幅值');
title('离散时间信号  x[n]');
subplot(2,2,4)
wd = 0:pi/255:pi;
```

```
hd = freqz(xs,1,wd);
plot(wd/(T*pi), T*abs(hd));grid;
xlabel('频率, kHz');ylabel('幅值');
title('|X(e^{j\omega})|');
axis([0 1/T 0 2])
```

连续时间信号与离散时间信号采样的比较如图 5.81 所示。

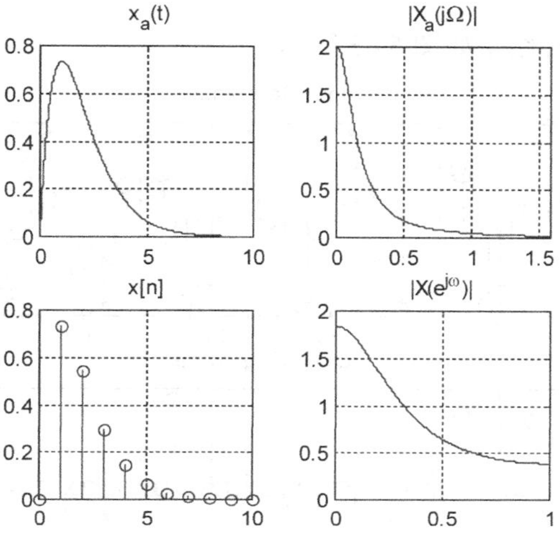

图 5.81　连续时间信号与离散时间信号采样的比较

4）模拟低通滤波器设计

MATLAB 程序：

```
clf;
Fp = 3500;Fs = 4500;
Wp = 2*pi*Fp; Ws = 2*pi*Fs;
[N, Wn] = buttord(Wp, Ws, 0.5, 30,'s');
[b,a] = butter(N, Wn, 's');
wa = 0:(3*Ws)/511:3*Ws;
h = freqs(b,a,wa);
plot(wa/(2*pi), 20*log10(abs(h)));grid
xlabel('Frequency, Hz');ylabel('Gain, dB');
title('Gain response');
axis([0 3*Fs -60 5]);
```

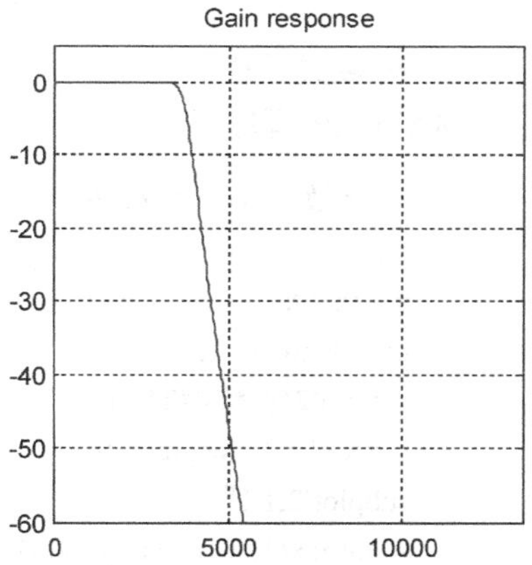

图 5.82　模拟低通滤波器的设计结果

模拟低通滤波器的设计结果如图 5.82 所示。

5）时域过采样

MATLAB 程序：

```
% 离散信号的时域过采样
clf;
n = 0:50;
x = sin(2*pi*0.12*n);
y = zeros(1, 3*length(x));
```

```
y([1: 3: length(y)]) = x;
subplot(2,1,1)
stem(n,x);
title('输入序列');
subplot(2,1,2)
stem(n,y(1:length(x)));
title('输出序列');
```

离散信号的时域过采样结果如图 5.83 所示。

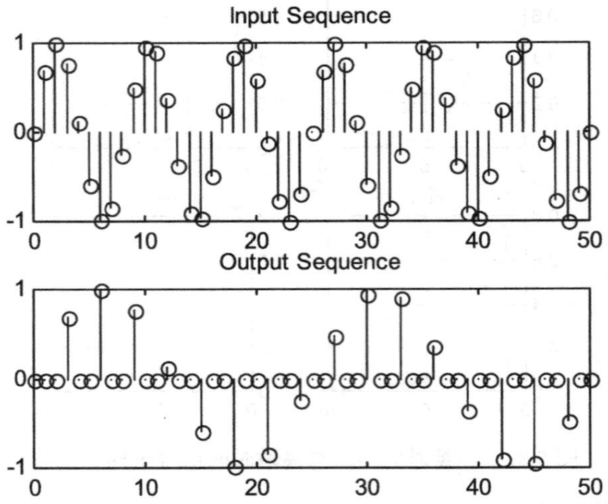

图 5.83 离散信号的时域过采样结果

6）时域欠采样

MATLAB 程序：

```
% 离散信号的时域欠采样
clf;
n = 0: 49;
m = 0: 50*3 - 1;
x = sin(2*pi*0.042*m);
y = x([1 : 3 : length(x)]);
subplot(2,1,1)
stem(n, x(1:50)); axis([0 50 -1.2 1.2]);
title('输入序列');
subplot(2,1,2)
stem(n, y); axis([0 50 -1.2 1.2]);
title('输出序列');
```

离散信号的时域欠采样结果如图 5.84 所示。

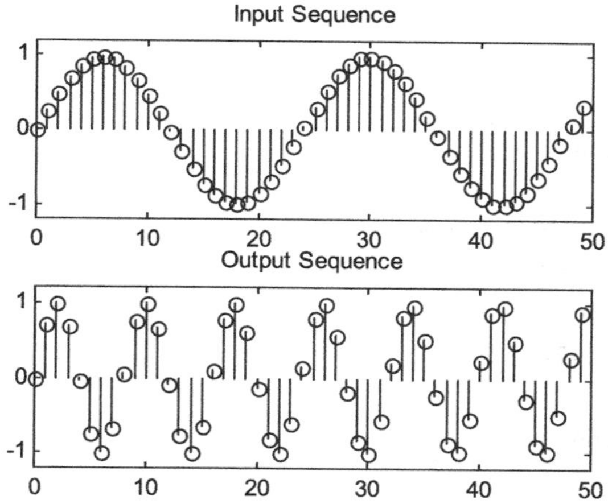

图 5.84　离散信号的时域欠采样结果

7）频域过采样

MATLAB 程序：

```
% 信号的频域过采样
freq = [0 0.45 0.5 1];
mag = [0 1 0 0];
x = fir2(99, freq, mag);
%
[Xz, w] = freqz(x, 1, 512);
subplot(2,1,1);
plot(w/pi, abs(Xz)); axis([0 1 0 1]); grid
title('输入谱');
subplot(2,1,2);
%
L = input('过采样因子 = ');
y = zeros(1, L*length(x));
y([1: L: length(y)]) = x;
%
[Yz, w] = freqz(y, 1, 512);
plot(w/pi, abs(Yz)); axis([0 1 0 1]); grid
title('输出谱');
```

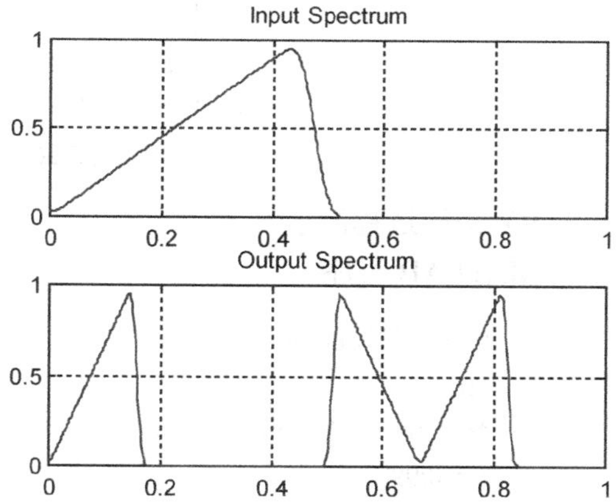

图 5.85　信号的频域过采样结果

信号的频域过采样结果如图 5.85 所示。

8）频域欠采样

MATLAB 程序：

```
%信号的频域欠采样
%
clf;
freq = [0 0.42 0.48 1]; mag = [0 1 0 0];
x = fir2(101, freq, mag);
```

```
%
[Xz, w] = freqz(x, 1, 512);
subplot(2,1,1);
plot(w/pi, abs(Xz)); grid
title('输入谱');
% Generate the down-sampled sequence
M = input('欠采样因子  = ');
y = x([1: M: length(x)]);
 [Yz, w] = freqz(y, 1, 512);
subplot(2,1,2);
plot(w/pi, abs(Yz)); grid
title('输出谱');
```

信号的频域欠采样结果如图 5.86 所示。

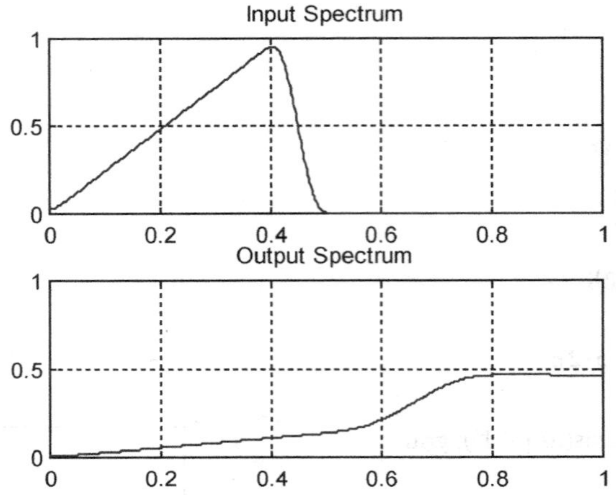

图 5.86　信号的频域欠采样结果

9）采样过程演示

MATLAB 程序：

```
% 采样过程演示
clf;
M = input('欠采样因子  = ');
n = 0:99;
x = sin(2*pi*0.043*n) + sin(2*pi*0.031*n);
y = decimate(x,M,'fir');
gfp=figure;
get(gfp,'units');
set(gfp,'position',[100 100 400 300]);
subplot(2,1,1);
stem(n,x(1:100));
title('输入序列');
subplot(2,1,2);
m = 0:(100/M)-1;
```

```
stem(m,y(1:100/M));
title('输出序列');
```

信号的采样过程演示如图 5.87 所示。

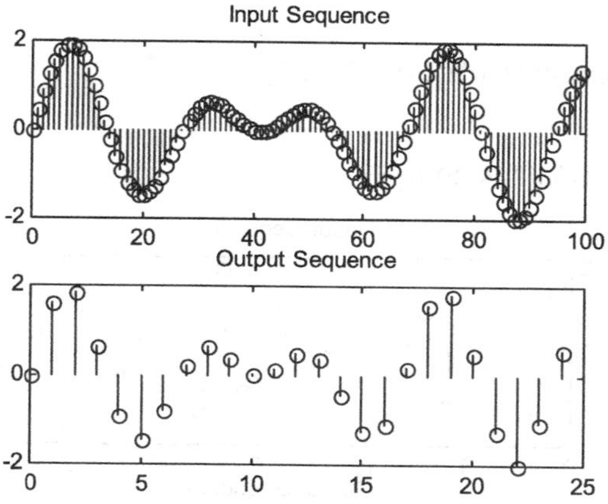

图 5.87　信号的采样过程演示

10）插值过程

MATLAB 程序：

```
% 插值过程
clf;
L = input('过采样因子 = ');
n = 0:49;
x = sin(2*pi*0.043*n) + sin(2*pi*0.031*n);
y = interp(x,L);
subplot(2,1,1);
stem(n,x(1:50));
title('输入序列');
subplot(2,1,2);
m = 0:(50*L)-1;
stem(m,y(1:50*L));
title('输出序列');
```

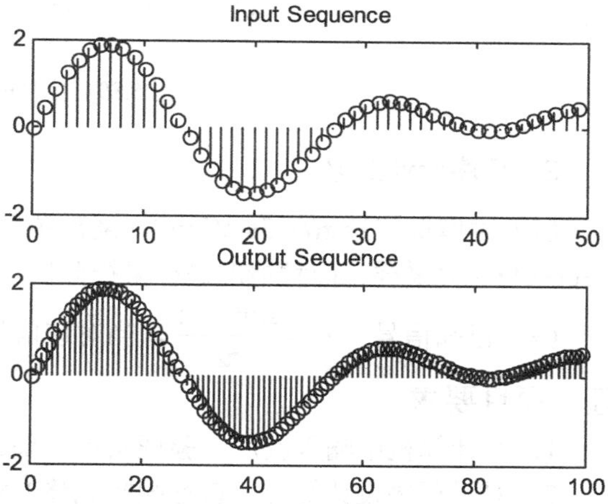

图 5.88　信号的插值过程

信号的插值过程如图 5.88 所示。

11）两速率采样

MATLAB 程序：

```
% 两速率采样
clf;
L = input('过采样因子 = ');
M = input('欠采样因子 = ');
n = 0:29;
x = sin(2*pi*0.43*n) + sin(2*pi*0.31*n);
y = resample(x,L,M);
```

```
subplot(2,1,1);
stem(n,x(1:30));axis([0 29 -2.2 2.2]);
title('输入序列');
subplot(2,1,2);
m = 0:(30*L/M)-1;
stem(m,y(1:30*L/M));axis([0 (30*L/M)-1 -2.2 2.2]);
title('输出序列');
```

信号的两速率采样结果如图 5.89 所示。

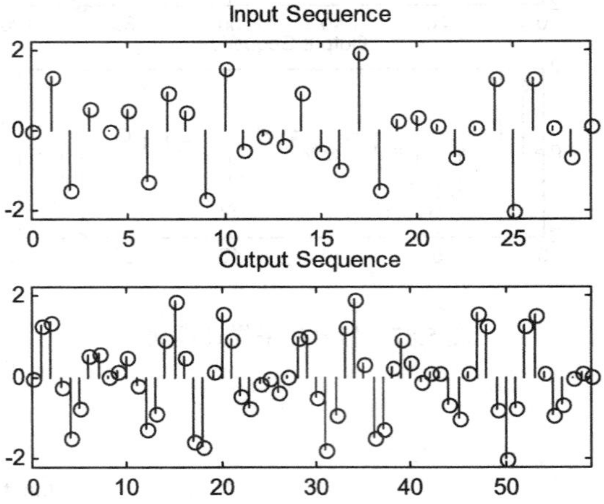

图 5.89　信号的两速率采样结果

2．程序设计练习

（1）对模拟信号 $x(t)=3\sin(2\pi ft)$，采样频率=5120Hz，取信号频率 $f=150$Hz（正常采样）和 $f=3000$Hz（欠采样）两种情况进行采样分析。

（2）已知信号 $f(t)=\dfrac{\sin(4\pi t)}{\pi t}$，当对该信号取样时，求能恢复原信号的最大采样周期。

五、项目要求

1．在计算机中输入程序，验证实验结果。

2．对于程序设计练习，自行编制完整的实验程序，分析实验结果。

3．在实验报告中给出完整的自编程序和实验结果。

六、项目扩展

1．若信号频率为 5000Hz，请问本实验中的模拟信号采样后的混叠频率是多少？

2．分析一 200Hz 的方波信号，采样频率为 500Hz，用谱分析功能观察其频谱中的混叠现象。

3．在时域采样定理中，为什么要求被采样信号必须是带限信号？如果频带是无限的，应如何处理？

七、小结与体会

1．采样频率与信号的时域和频域特性有哪些关系？

2．频域采样与时域采样的关系是什么？

3．过采样与欠采样对系统性能的影响有哪些？

5.12 连续 LTI 系统的时域分析

一、项目目的

1. 熟悉连续 LTI 系统在典型激励信号下的响应及其特征。
2. 掌握连续 LTI 系统单位冲激响应的求解。
3. 能用 MATLAB 对系统进行时域分析。

二、项目原理

连续时间线性非时变系统（LTI）可以用如下的线性常系数微分方程来描述：

$$a_n y^{(n)}(t)+a_{n-1}y^{(n-1)}(t)+\cdots+a_1 y'(t)+a_0 y(t)=b_m f^{(m)}(t)+\cdots+b_1 f'(t)+b_0 f(t),\ n\geqslant m$$

系统的初始条件为 $y(0_-)$，$y'(0_-)$，$y''(0_-)$，…，$y^{(n-1)}(0_-)$。

系统的响应一般包括两个部分，即由当前输入所产生的响应（零状态响应）和由历史输入（初始状态）所产生的响应（零输入响应），对于低阶系统，一般可以通过解析的方法得到响应；但是，对于高阶系统，手工计算就比较困难，这时 MATLAB 强大的计算功能就比较容易确定系统的各种响应，如冲激响应、阶跃响应、零输入响应、零状态响应、全响应等。

1. 直接求解法

涉及的 MATLAB 函数有 impulse（冲激响应）、step（阶跃响应）、roots（零输入响应）、lsim（零状态响应）等。在 MATLAB 中，要求以系数向量的形式输入系统的微分方程，因此，在使用前必须对系统的微分方程进行变换，得到其传递函数，分别用向量 $\boldsymbol{a}$ 和 $\boldsymbol{b}$ 表示分母多项式和分子多项式的系数（按照 s 的降幂排列）。

2. 卷积计算法

根据系统的单位冲激响应，利用卷积计算的方法，也可以计算任意输入下系统的零状态响应。设一个线性零状态系统，已知系统的单位冲激响应为 $h(t)$，当系统的激励信号为 $f(t)$ 时，系统的零状态响应为：

$$y_{zs}(t)=\int_{-\infty}^{\infty} f(\tau)h(t-\tau)\mathrm{d}\tau=\int_{-\infty}^{\infty} f(t-\tau)h(\tau)\mathrm{d}\tau$$

也可简单记为：

$$y_{zs}(t)=f(t)*h(t)$$

由于计算机采用的是数值计算，可用离散序列卷积和近似为：

$$y_{zs}(k)=\sum_{n=-\infty}^{\infty} f(n)*h(k-n)T=f(k)*h(k)$$

式中，$y_{zs}(k)$、$f(k)$ 和 $h(k)$ 分别对应以 T 为时间间隔对连续时间信号 $y_{zs}(t)$、$f(t)$ 和 $h(t)$ 进行采样得到的离散序列。

三、MATLAB 函数

1. impulse 函数

功能：计算并画出系统的冲激响应。

调用格式：

impulse(sys)：其中 sys 可以是利用命令 tf、zpk 或 ss 建立的系统函数。

impulse(sys,t)：计算并画出系统在向量 t 定义的时间内的冲激响应。

Y= impulse(sys,t)：保存系统的输出值。

2．step 函数

功能：计算并画出系统的阶跃响应曲线。

调用格式；

step(sys)：其中 sys 可以是利用命令 tf、zpk 或 ss 建立的系统。

step(sys,t)：计算并画出系统在向量 t 定义的时间内的阶跃响应。

3．lsim 函数

功能：计算并画出系统在任意输入下的零状态响应。

调用格式：

lsim(sys,x,t)：其中 sys 可以是利用命令 tf、zpk 或 ss 建立的系统函数，x 是系统的输入，t 为定义的时间范围；

lsim(sys,x,t,zi)：计算出系统在任意输入和零状态下的全响应，sys 必须是状态空间形式的系统函数，zi 是系统的初始状态。

4．roots 函数

功能：计算齐次多项式的根。

调用格式：

r=roots(b)：计算多项式 b 的根，r 为多项式的根。

四、内容与方法

1．验证性练习

（1）求系统 $y^{(2)}(t)+6y^{(1)}(t)+8y(t)=3x^{(1)}(t)+9x(t)$ 的冲激响应和阶跃响应。

MATLAB 程序：

```
%求系统的单位冲激响应
b=[3 9];a=[1 6 8];
sys=tf(b,a);
t=0:0.1:10;
y=impulse(sys,t);
plot(t,y);
xlabel('时间(t)');ylabel('y(t)');title('单位冲激响应');
```

系统的单位冲激响应曲线如图 5.90 所示。

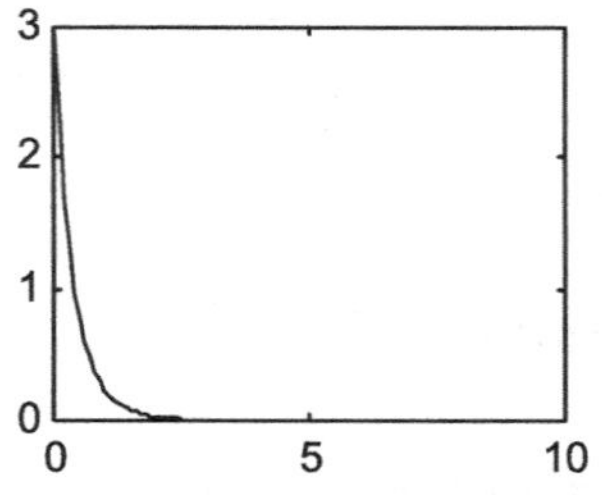

图 5.90　系统的单位冲激响应曲线

MATLAB 程序：

```
%求系统的单位阶跃响应
b=[3 9];a=[1 6 8];
sys=tf(b,a);
t=0:0.1:10;
y=step(sys,t);
plot(t,y);
xlabel('时间(t)');ylabel('y(t)');title('单位阶跃响应');
```

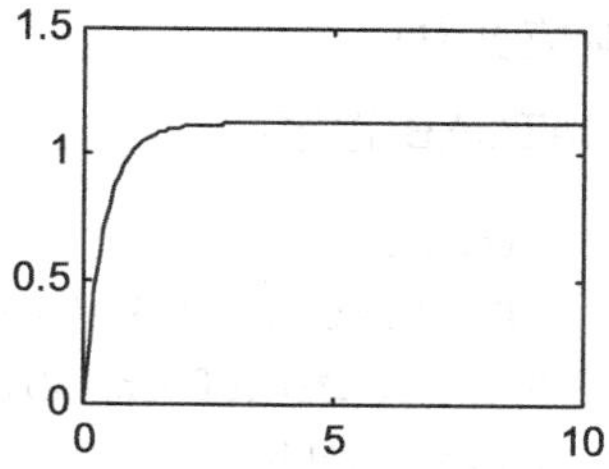

图 5.91　系统的单位阶跃响应曲线

系统的单位阶跃响应曲线如图 5.91 所示。

（2）求系统 $y^{(2)}(t)+y(t)=\cos tu(t)$， $y(0^{+})=y^{(1)}(0^{+})=0$ 的全响应。

MATLAB 程序：

```
%求系统在正弦激励下的零状态响应
b=[1];a=[1 0 1];
sys=tf(b,a);
t=0:0.1:10;
x=cos(t);
y=lsim(sys,x,t);
plot(t,y);
xlabel('时间(t)');ylabel('y(t)');title('零状态响应');
```

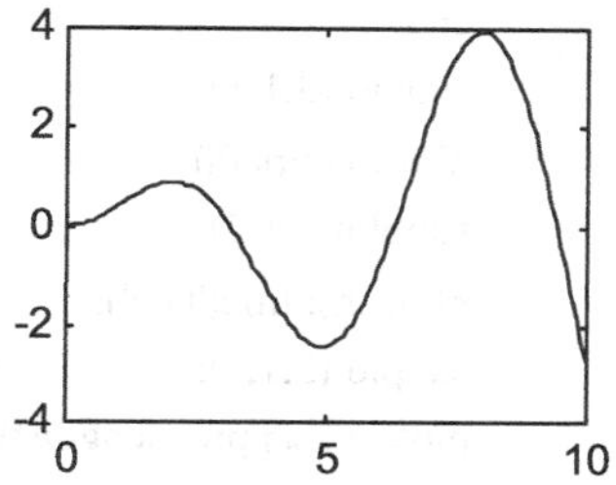

图 5.92　系统的零状态响应曲线

系统的零状态响应曲线如图 5.92 所示。

MATLAB 程序：

```
%求系统的全响应
b=[1];a=[1 0 1];
[A B C D]=tf2ss(b,a);
sys=ss(A,B,C,D);
t=0:0.1:10;
x=cos(t);zi=[-1 0];
y=lsim(sys,x,t,zi);
plot(t,y);
xlabel('时间(t)');ylabel('y(t)');title('系统的全响应');
```

系统的全响应曲线如图 5.93 所示。

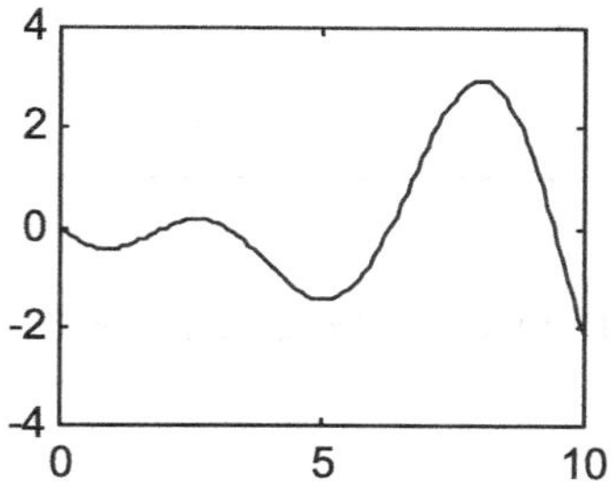

图 5.93　系统的全响应曲线

（3）已知某 LTI 系统的激励为 $f_1=\sin(t)\varepsilon(t)$，单位冲激响应为 $h(t)=t\mathrm{e}^{-2t}\varepsilon(t)$，求系统的零状态响应 $y_f(t)$。

MATLAB 程序：

```
clear all;
 T=0.1 ;t=0:T:10; f=3*t*sin(t);
h=t*exp(-2*t)*;Lf=length(f); Lh=length(h)
for k=1:Lf+Lh-1
    y(k)=0;
    for i=max(1,k-(Lh-1)):min(k,Lf)
        y(k)=y(k)+f(i)*h(k-i+1);
    end
    yzsappr(k)=T*y(k);
end
subplot(3,1,1);              % f(t)的波形
plot(t,f);title('f(t)');
subplot(3,1,2);              % h(t)的波形
plot(t,h); title('h(t)');
subplot(3,1,3);              %零状态响应近似结果的波形
plot(t,yzsappr(1:length(t)));title('零状态响应近似结果)');xlabel('时间');
```

系统的零状态响应曲线如图 5.94 所示。

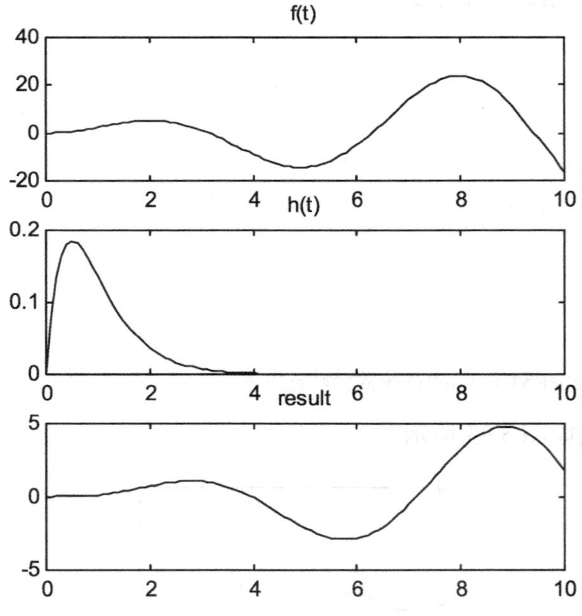

图 5.94　系统的零状态响应曲线

2. 程序设计练习

（1）计算下述系统在指数函数激励下的零状态响应。

$$H(s)=\frac{1.65s^4-0.331s^3-576s^2+90.6s+19080}{s^6+0.996s^5+463s^4+97.8s^3+12131s^2+8.11s}$$

（2）计算系统：

$$y^{(4)}(t)+0.6363y^{(3)}(t)+0.9396y^{(2)}(t)+0.5123y^{(1)}(t)+0.0037y(t)$$
$$=-0.475f^{(3)}(t)-0.248f^{(2)}(t)-0.1189f^{(1)}(t)-0.0564f(t)$$

在冲激、阶跃、斜坡和正弦激励下的零状态响应。

（3）已知某线性时不变系统的动态方程式为:

$$\ddot{y}(t)+4\dot{y}(t)+4y(t)=2\dot{f}(t)+3f(t),\quad t>0$$

系统的初始状态为 $y(\tilde{0})=2$， $\dot{y}(\tilde{0})=1$，求系统的零输入响应 $y_x(t)$ 。

五、项目要求

1. 运行所给程序，分析实验结果。
2. 对于程序设计练习，自行编制实验程序，分析实验结果。
3. 在实验报告中给出完整的自编程序和实验结果。

六、项目扩展

1. 连续时间系统的数学模型有哪些？
2. 线性时不变系统零状态响应为输入信号与冲激响应的卷积，其根据是什么？
3. 为什么说系统的冲激响应 $h(t)$ 既可以认为是零状态响应，也可认为是零输入响应？

七、小结与体会

1. 怎样根据系统的响应曲线，确定系统的动态和静态性能指标？
2. 如何根据系统的响应曲线，分析和比较系统的性能？
3. 利用时域响应，可以分析系统的稳定性吗？

5.13　离散 LTI 系统的时域分析

一、项目目的

1. 熟悉离散时间序列卷积和、离散系统单位序列响应的 MATLAB 实现方法。
2. 掌握函数 conv、impz 的调用格式及作用。
3. 熟悉差分方程迭代解法的 MATLAB 实现方法。
4. 通过该实验，掌握离散 LTI 系统的时域基本分析方法及编程思想。

二、项目原理

1. 离散系统的时域分析

离散时间系统的时域分析与连续时间系统的时域分析方法类似，只是描述系统使用的数学工具不同，可以采取与连续系统对比的方法学习。

线性时不变离散时间系统的数学模型为 n 阶常系数差分方程。已知激励信号和系统的初始状态，可以采用迭代法或直接求解差分方程的经典法得到系统的输出响应。本项目主要研究仅由系统初始状态产生的零输入响应和仅由激励信号产生的零状态响应，对于零输入响应，激励信号为零，描述系统的差分方程为齐次方程，求解齐次方程即可得到零输入响应。

2．零状态响应的求解

单位脉冲序列作用在系统上的零状态响应称为单位脉冲响应。如果已知单位脉冲响应序列作用在系统的响应，利用卷积和即可求得任一系统作用在系统上的零状态响应。系统单位脉冲响应的求解和卷积和的计算是求零状态响应的关键。

3．离散卷积

离散卷积可以表示为：

$$f_1(k) * f_2(k) = \sum_{m=-\infty}^{\infty} f_1(m) f_2(k-m) \qquad -\infty < k < \infty$$

故系统的零状态响应也称作卷积和。

三、MATLAB 函数

1．impz 函数

功能：求离散系统单位序列响应，并绘制其时域波形。

调用格式：

impz(b,a)：绘出由向量 a，b 定义的离散系统的单位序列响应的离散时间波形。

impz(b,a,n)：绘出由向量 a，b 定义的离散系统在 0～n（n 必须为整数）离散时间范围内的单位序列响应的时域波形。

impz(b,a,n1:n2)：绘出由向量 a，b 定义的离散系统在 n1～n2（n1，n2 必须为整数，且 n1<n2）离散时间范围内的单位序列响应的时域波形。

y=impz(b,a,n1:n2)：并不绘出系统单位序列响应的时域波形，而是求出由向量 a，b 定义的离散系统在 n1～n2（n1，n2 必须为整数，且 n1<n2）离散时间范围内的单位序列响应的数值解。

2．filter 函数

功能：对输入数据进行数字滤波。

调用格式：

y = filter(b,a,X)：返回向量 a，b 定义的离散系统在 X 时的零状态响应。

[y,zf] = filter(b,a,X)：带滤波延迟的终止条件的数字滤波。

[y,zf] = filter(b,a,X,zi)：带初始条件的和滤波延迟的终止条件的数字滤波。

3．freqz 函数

功能：计算离散时间系统的频率响应。

调用格式：

[h,w] = freqz(b,a)：返回向量 a，b 定义的离散系统频率响应的值与对应的频率。

四、内容与方法

1．验证性练习

1）采用函数 conv 编程，实现离散时间序列的卷积和运算

完成两序列的卷积和，其中 $f_1(k)=\{1,2,1\}$ ，对应的 $k_1=\{-1,0,1\}$ ； $f_2(k)=\{1,1,1,1,1\}$ ，对应的 $k_2=\{-2,-1,0,1,2\}$ 。

MATLAB 程序：

```
clc;
f1=[1,2,1];f2=[1,1,1,1,1];                              %序列 1 和序列 2
k1=[-1,0,1];k2=[-2,-1,0,1,2];                           %序列的论域
y=conv(f1,f2);
nyb=k1(1)+k2(1);nye=k1(length(f1))+k2(length(f2));  %求卷积的起点和终点
ny=[nyb:nye];                                           %卷积的论域
stem(ny,y); xlabel('ny');ylabel('y');title('离散信号的卷积');
```

离散信号的卷积和如图 5.95 所示。

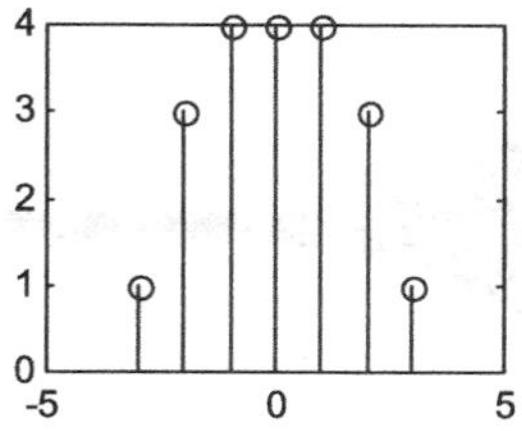

图 5.95　离散信号的卷积和

2）采用差分方程的迭代解法，求离散时间系统的全响应

已知离散 LTI 系统的差分方程为 $6y(k)-5y(k-1)+y(k-2)=\cos(k\pi/4)\varepsilon(k)$，初始条件为 $y(0)=0$，$y(1)=1$，试画出该系统的全响应 $y(k)$ 的波形。

MATLAB 程序：

```
y0=0;                                   % 初值 y(0)=0
y(1)=1;y(2)=5/6*y(1)-1/6*y0+cos(2*pi/4)/6;
for k=3:20;
     y(k)=5/6*y(k-1)-1/6*y(k-2)+cos(k*pi/4)/6;
end
yy=[y0 y(1:20)];                        % 取 y(k)从 y(0)到 y(20)
k=1:21;
stem(k-1,yy);
grid on ;   xlabel('k');ylabel('y(k)'); title('系统全响应');
```

离散系统的全响应波形如图 5.96 所示。

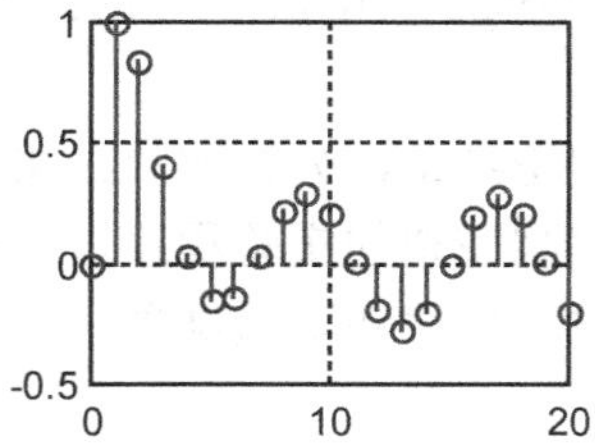

图 5.96　离散系统的全响应波形

3）采用函数 impz 编程，求离散时间系统的单位序列响应

某离散 LTI 系统的差分方程为 $y(k)-y(k-1)+0.9y(k-2)=f(k)$，则对应的向量为 $a=[1,-1,0.9]$，$b=[1]$。试绘出此系统的单位序列响应 $h(k)$ 的波形。

MATLAB 程序：

```
a=[1,-1,0.9];b=[1];
impz(b,a);
```

离散系统的单位序列响应如图 5.97 所示。

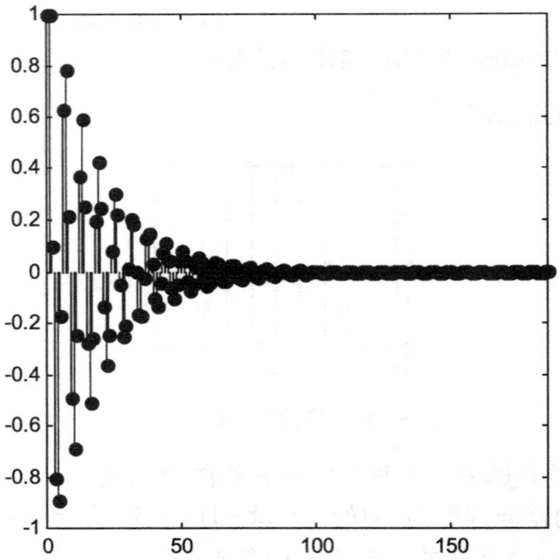

图 5.97　离散系统的单位序列响应

2．程序设计练习

1）已知离散 LTI 系统，激励 $f(k)=3k\varepsilon(k)$，单位序列响应 $h(k)=2^k\varepsilon(k)$，画出系统的零状态响应 $y_f(k)$ 在有限区间的波形。（有限区间自行设定）

2）已知离散序列 $f_1(k)=\begin{cases}2k & -1\leqslant k\leqslant 4\\0 & 其他\end{cases}$，$f_2(k)=\begin{cases}2^k & 1\leqslant k\leqslant 5\\0 & 其他\end{cases}$，试画出两序列的卷积和波形。

3）描述 LTI 离散系统的差分方程为：

$$2y(k)-2y(k-1)+y(k-2)=f(k)+3f(k-1)+2f(k-2)$$

请绘出该系统在 0～50 时间范围内单位序列响应 $h(k)$ 的波形，并求出数值解。

五、项目要求

1．运行所给出的程序，结合理论结论，分析实验结果。

2．对于程序设计练习，自行编制完整的实验程序，分析运行结果。

3．在实验报告中给出完整的自编程序和实验结果。

六、项目扩展

1．用卷积求离散时间系统

$$y(k)-5y(k-1)+6y(k-1)=f(k),y(-1)=0,y(-2)=1$$

的零输入响应和零状态响应。

2．求离散系统的卷积和有哪些方法可供选择？

七、小结与体会

1．如何根据离散系统的响应，确定其性能？

2．比较连续系统与离散系统时域分析的异同。

5.14 连续系统的复频域响应

一、项目目的

1．了解连续系统复频域响应的仿真方法。

2．掌握相关函数的调用格式及作用。

二、项目原理

复频域响应法主要有两种求方法，即留数法和拉普拉斯（拉氏）变换法，下面介绍利用MATLAB进行这两种分析的基本原理。

1．留数法

设LTI系统的传递函数为：

$$H(s)=\frac{B(s)}{A(s)}$$

若$H(s)$的零极点分别为r_1，…，r_n，P_1，…，P_n，则$H(s)$可以表示为：

$$H(s)=\frac{r_1}{s-P_1}+\frac{r_2}{s-P_2}+\cdots+\frac{r_n}{s-P_n}+\sum_{n=0}^{N}K_nS^n$$

利用MATLAB的residue函数可以求r_1，…，r_n，P_1，…，P_n，

2．拉普拉斯变换法

经典的拉普拉斯变换分析方法，即先从时域变换到复频域，在复频域处理后，又利用拉普拉斯反（逆）变换从复频域变换到时域，完成对时域问题的求解，涉及的函数有laplace函数和ilaplace函数等。

三、MATLAB函数

1．residue函数

功能：按留数法，求部分分式展开系数。

调用格式：

[r,p,k]=residue(num,den)：其中num、den分别是B(s)、A(s)多项式系数按降序排列的行向量。

2．laplace函数

功能：用符号推理求解拉氏变换。

调用格式：

L = laplace(F)：其中F为函数，默认为变量t的函数，返回L为s的函数。在调用该函数时，要用syms命令定义符号变量t。

3. ilaplace 函数

功能：符号推理求解反拉氏变换。

调用格式：

L = ilaplace(F)

4. roots 函数

功能：求多项式的根。

调用格式：

r = roots(c)：其中 c 为多项式的系数向量（自高次到低次排列），r 为根向量（注意：MATLAB 默认根向量为列向量）。

四、内容与方法

1. 验证性练习

（1）系统零、极点的求解。

已知 $H(s)=\dfrac{u_o}{u_g}=\dfrac{s^2-1}{s^3+2s^2+3s+2}$，画出 $H(s)$ 的零、极点图。

MATLAB 程序：

```
clear;
b=[1,0,-1];                          %分子多项式系数
a=[1,2,3,2];                         %分母多项式系数
zs=roots(b);ps=roots(a);
plot(real(zs),imag(zs),'go',real(ps),imag(ps),'mx','markersize',12);
grid;legend('零点','极点');
```

系统的零、极点分布如图 5.98 所示。

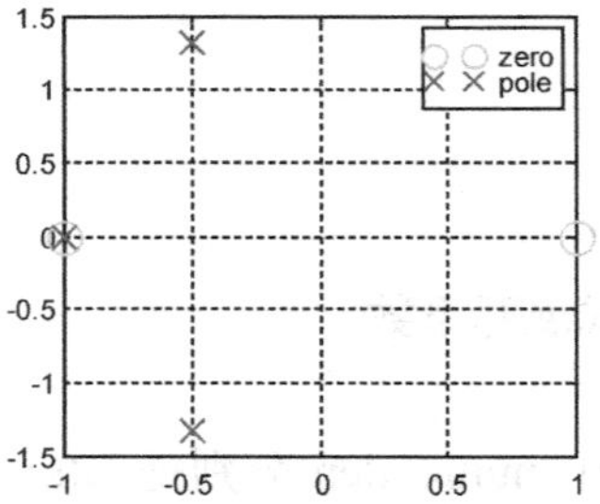

图 5.98　系统的零、极点分布

也可直接调用零、极点绘图函数画零、极点图，但注意圆心的圆圈并非系统零点，而是该绘图函数自带的。

MATLAB 程序：

```
clear all
b=[1,0,-1];                          %分子多项式系数
a=[1,2,3,2];                         %分母多项式系数
```

```
zplane(b,a)
legend('零点','极点');
```

系统的零、极点分布如图 5.99 所示。

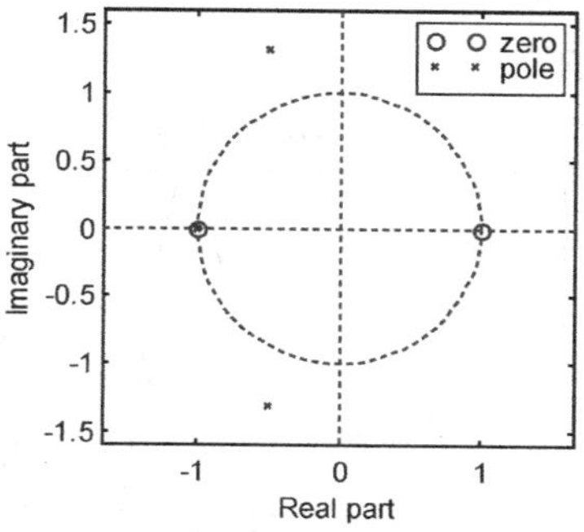

图 5.99　系统的零、极点分布

（2）已知一个线性非时变电路的转移函数为：

$$H(s)=\frac{u_o}{u_g}=\frac{10^4(s+6000)}{s^2+875s+88\times10^6}$$

若 $u_g=12.5\cos(8000t)\text{V}$，求 u_o 的稳态响应。

（a）稳态滤波法求解

MATLAB 程序：

```
w=8000;
s=j*w;
num=[0,1e4,6e7];
den=[1,875,88e6];
H=polyval(num,s)/polyval(den,s);
mag=abs(H)
phase=angle(H)/pi*180
t=2:1e-6:2.002;
vg=12.5*cos(w*t);
vo=12.5*mag*cos(w*t+phase*pi/180);
plot(t,vg,t,vo),grid,
text(0.25,0.85,'输出电压','sc'),
text(0.07,0.35,'输入电压','sc'),
title('稳态滤波输出'))
ylabel('电压'),xlabel('时间(s)');
```

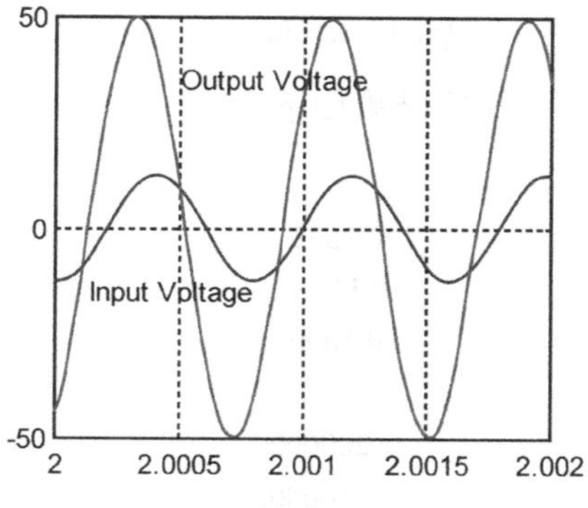

图 5.100　系统的稳态响应

系统的稳态响应如图 5.100 所示。

（b）拉氏变换法求解

MATLAB 程序：

```
syms s t;
Hs=sym('(10^4*(s+6000))/(s^2+875*s+88*10^6)');
Vs=laplace(12.5*cos(8000*t));Vos=Hs*Vs;
```

```
Vo=ilaplace(Vos);
Vo=vpa(Vo,4);                          %Vo 表达式保留四位有效数字;
ezplot(Vo,[1,1+5e-3]);hold on;         %仅显示时稳态曲线
ezplot('12.5*cos(8000*t)',[1,1+5e-3]);axis([1,1+2e-3,-50,50]);
```

系统的稳态响应如图 5.101 所示。

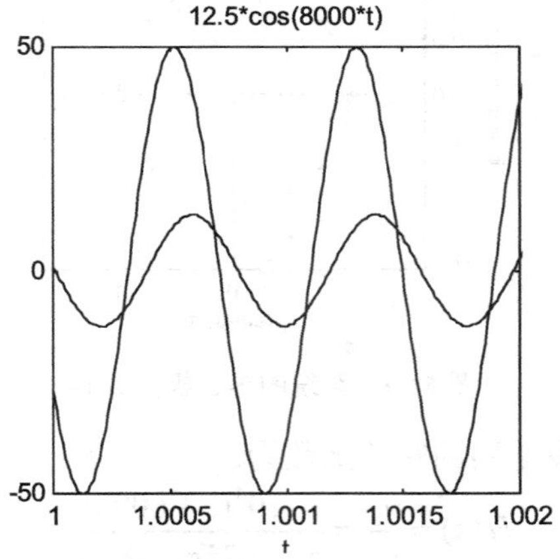

图 5.101　系统的稳态响应

（3）将传递函数

$$I_L(s)=\frac{0.1/s}{\left(\frac{1}{400}+\frac{1}{0.001s}+\frac{s}{10^9}\right)\times 0.001s}=\frac{10^{11}}{s^3+2.5\times10^6 s^2+10^{12}s}$$

展开为部分分式，并求 $i(t)$。

MATLAB 程序：

```
num =[1e11];den =[1,2.5e6,1e12,0];
[r,p,k]=residue(num, den)
```

运行结果如下：

```
r =
     0.0333
    -0.1333
     0.1000
p =
     -2000000
      -500000
            0
k =
     0
```

即 $I_L(s)$ 分解为：

$$I_L(s)=\frac{0.0333}{s+2\times10^6}-\frac{0.1333}{s+5\times10^5}+\frac{0.1}{s}$$

$I_L(s)$ 的原函数为：

$$i_L(t)=0.1+3.335\times10^{-2}e^{-2\times10^6 t}-1.334\times10^{-1}e^{-5\times10^5 t}$$

（4）绘制单位阶跃信号的拉普拉斯变换 $F(s)=\dfrac{1}{s}$ 的曲面图。

MATLAB 程序：

```
x1=-0.2:0.03:0.2
y1=-0.2:0.03:0.2
[x,y]=meshgrid(x1,y1)
s=x+i*y
Fs=abs(1./s)
mesh(x,y,Fs)
surf(x,y,Fs)
title('拉氏变换曲面图')
```

结果如图 5.102 所示。

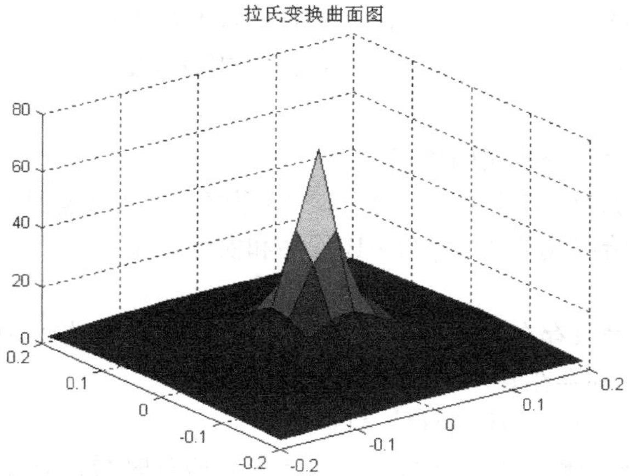

图 5.102　单位阶跃信号拉普拉斯变换的曲面图

2．程序设计练习

（1）若某系统的传递函数为 $H(s)=\dfrac{s+2}{s^2+4s+3}$，试利用拉普拉斯变换法确定：

（a）该系统的冲激响应；

（b）该系统的阶跃响应；

（c）该系统对于输入 $u_g=\cos(20t)u(t)$ 的零状态响应；

（d）该系统对于输入 $u_g=e^{-t}u(t)$ 的零状态响应。

（2）若某系统的传递函数为：

$$H(s)=\frac{2s^5+s^3-3s^2+s+4}{5s^8+2s^7-s^6-3s^5+5s^4+2s^3-4s^2+2s-1}$$

试确定其零、极点，画出零、极点分布图，确定其阶跃响应。

（3）若某系统的微分方程为 $y^{(2)}(t)+5y^{(1)}(t)+4y(t)=f(t)$，求该系统在如图 5.103 所示输

入信号激励下的零状态响应。

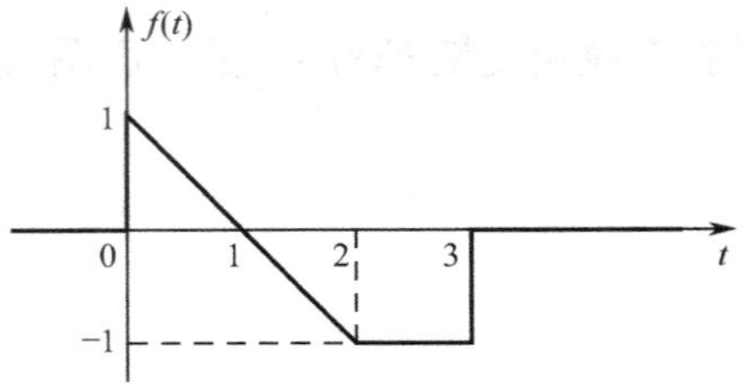

图 5.103 输入信号

（4）若某系统的传递函数为：

$$H(s)=\frac{1.65s^4-0.331s^3-576s^2+90.6s+19080}{s^6+0.996s^5+463s^4+97.8s^3+12131s^2+8.11s}$$

试确定其零、极点，画出零、极点分布图，确定其冲激响应。

（5）分别确定下列信号的拉普拉斯变换，并绘制在 s 平面的三维曲面图。

（a） $f(t)=4\mathrm{e}^{-5t}\varepsilon(t)$ （b） $f(t)=3\cos(5t)\varepsilon(t)$

（c） $f(t)=8\delta(t-5)$ （d） $f(t)=3\mathrm{e}^{-6t}\cos(2t)\varepsilon(t)$

五、项目要求

1．运行所给的程序，分析实验结果。

2．对于程序设计练习，自行编制完整的实验程序，分析实验结果。

3．在实验报告中给出完整的 MATLAB 程序和实验结果。

六、项目扩展

1．什么类型的信号只存在拉普拉斯变换而不存在傅里叶变换？什么类型的信号，其拉普拉斯变换和傅里叶变换都存在？

2．频域分析法和复频域分析法有什么区别？

3．试从对输入信号分解的观点出发，说明系统响应从时域、频域和复频域分析的类同性。

4．试总结说明如何利用 $H(s)$ 的零、极点分布了解系统的时域与频域特性。

七、小结与体会

比较系统分析的时域法和变换域法。

5.15 连续 LTI 系统的根轨迹分析法

一、项目目的

1．直观了解 LTI 系统的根轨迹分析法。

2．加深对连续 LTI 系统根轨迹分析法的理解。

3．了解 MATLAB 相关函数的调用格式及作用。

二、知识提示

根轨迹法是分析和设计线性定常系统常用的图解方法之一，利用它可以了解和分析系统的性能，尤其是对系统进行定性的分析。

三、MATLAB 函数

1. rlocus 函数

功能：计算并画出由 num 和 den 所确定的系统的根轨迹。

调用格式：

rlocus(num,den)：其中 num、den 分别是 B(s)、A(s)多项式系数按降序排列的行向量。

2. printsys 函数

功能：显示或打印输出由 num 和 den 所确定的传递函数。

调用格式：

printsys(num,den,'s')：其中 num、den 分别是 B(s)、A(s)多项式系数按降序排列的行向量。

四、内容与方法

1. 验证性练习

（1）已知一个单位反馈系统的开环传递函数为 $H(s)=\dfrac{K}{s^2(s^2+5s+2)}$，试绘制其根轨迹。

MATLAB 程序：

```
num=[1 1 0];
den=[1 5 2 0 0];
printsys(num,den,'s');
rlocus(num,den);
num/den =
            s^2 +   s
     ------------------
     s^4 + 5 s^3 + 2 s^2
```

系统的根轨迹如图 5.104 所示。

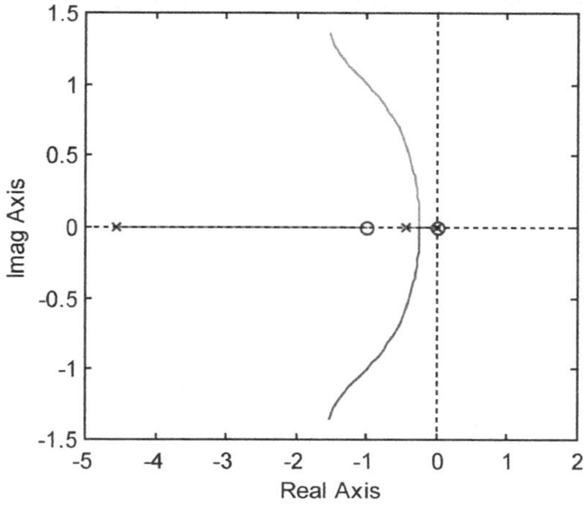

图 5.104 系统的根轨迹

（2）已知一个单位反馈系统的开环传递函数为 $H(s)=\dfrac{k(s+1)}{s(s-1)(s^2+4s+16)}$，试绘制其根轨迹。

MATLAB 程序：

```
num1=[1 1];
den1=[1 -1 0];
num2=1;
den2=[1 4 16];
[num den]=series(num1,den1,num2,den2);
printsys(num,den,'s');
rlocus(num,den);
```

系统的根轨迹如图 5.105 所示。

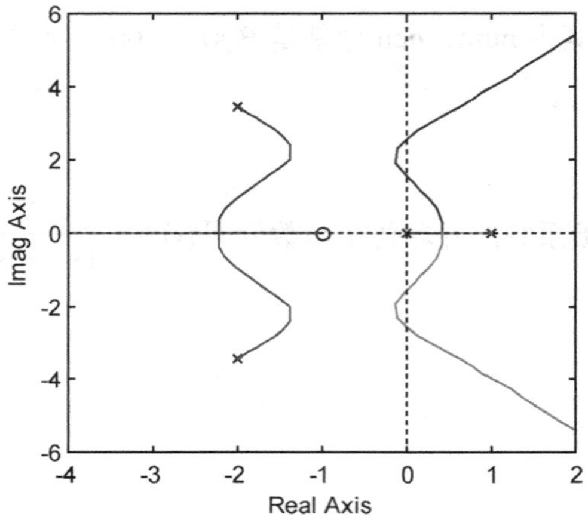

图 5.105　系统的根轨迹

（3）已知一个单位反馈系统的开环传递函数为：

$$H_1(s)=\frac{k}{s(s+1)}，\quad H_2(s)=\frac{k}{s(s+1)(s+2)}，\quad H_3(s)=\frac{k(s^2+3s+2.5)}{s(s+1)}$$

试分别绘制其根轨迹，并比较零、极点增加对系统性能的影响。

MATLAB 程序：

```
num1=[1];
den1=[1 1 0];
rlocus(num1,den1);
num2=1;
den2=[1 3 2 1];
figure;
rlocus(num2,den2);
num3=[1 3 2.5];
den3=den1;
figure;
rlocus(num3,den3);
```

其根轨迹分别如图 5.106，图 5.107 和图 5.108 所示。

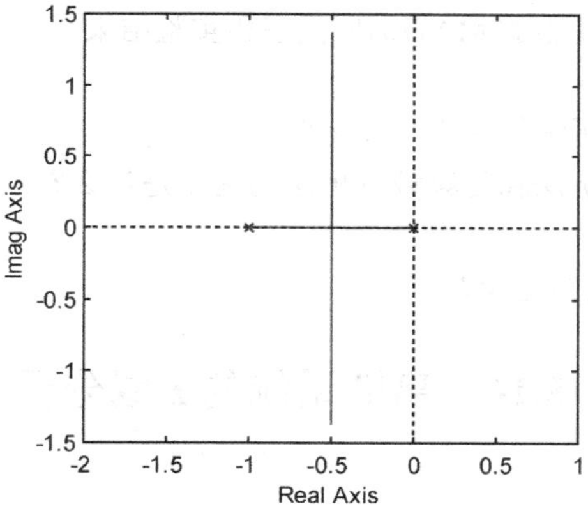

图 5.106　系统 1 的根轨迹

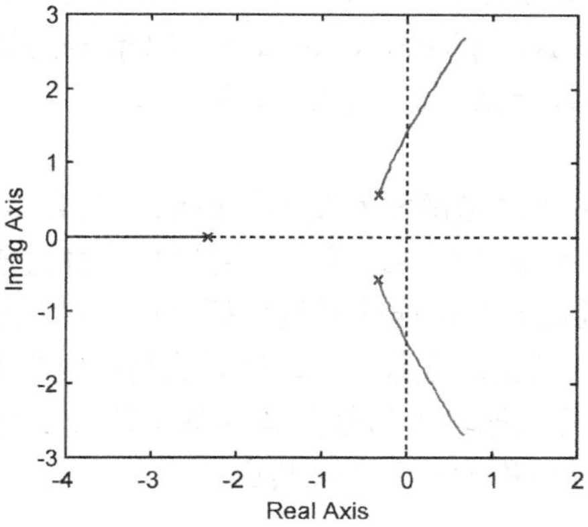

图 5.107　系统 2 的根轨迹

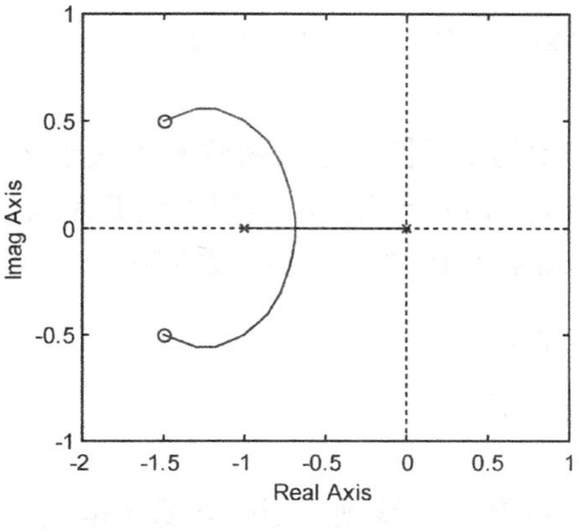

图 5.108　系统 3 的根轨迹

2．程序设计练习

自己找相关例题，确定其根轨迹，并与理论分析结果进行比较。

五、项目要求

1．运行所给的程序，分析实验结果。

2．对于程序设计练习，自行编制完整的实验程序，分析实验结果。

3．在实验报告中给出完整的 MATLAB 程序和实验结果。

六、项目扩展

1．根轨迹法与时域分析法的关系是什么？

2．根轨迹法与频域分析法和复频域分析法的关系是什么？

七、小结与体会

怎样从根轨迹了解系统的性能？

5.16 离散系统的 *z* 域分析

一、项目目的

1．掌握离散时间信号 *z* 变换和逆 *z* 变换的实现方法及编程思想。

2．掌握系统频率响应函数幅频和相频特性，系统函数的零、极点图的绘制方法。

3．了解函数 ztrans、iztrans、zplane、dimpulse、dstep 等的调用格式及作用。

4．了解利用零、极点图判断系统稳定性的原理。

二、项目原理

离散系统的分析方法可分为时域解法和变换域解法两大类。其中离散系统变换域解法只有一种，即 *z* 变换域解法。*z* 变换域没有物理性质，它只是一种数学手段，之所以在离散系统的分析中引入 *z* 变换的概念，就是要像在连续系统分析时引入拉氏变换一样，简化分析方法和过程，为系统的分析研究提供一条新的途径。*z* 域分析法是把复指数信号 $e^{j\Omega k}$ 扩展为复指数信号 z^k，$z=re^{j\Omega}$，并以 z^k 为基本信号，把输入信号分解为基本信号 z^k 之和，则响应为基本信号 z^k 的响应之和。这种方法的数学描述称为 *z* 变换及其逆变换。

三、MATLAB 函数

1．ztrans 变换函数

功能：ztrans 可以实现信号 $f(k)$的（单边）*z* 变换。

调用格式：

F = ztrans(f)：实现函数 f(n)的 *z* 变换，返回函数 F 是关于 z 的函数。

F = ztrans(f，w)：实现函数 f(n)的 *z* 变换，返回函数 F 是关于 w 的函数。

F = ztrans(f，k，w)：实现函数 f(k)的 *z* 变换，返回函数 F 是关于 w 的函数。

2．iztrans 单边逆 *z* 变换函数

功能：实现信号 $F(z)$的逆 *z* 变换。

调用格式：

f = iztrans(F)：实现函数 F(z)的逆 *z* 变换，返回函数 f 是关于 n 的函数。

f = iztrans(F，k)：实现函数 F(z)的逆 *z* 变换，返回函数 f 是关于 k 的函数。

f = iztrans(F，w，k)：实现函数 F(w)的逆 *z* 变换，返回函数 f 是关于 k 的函数。

3．zplane()函数

功能：绘制离散系统零、极点图。

调用格式：

zplane(Z，P)：以单位圆为参考圆绘制 Z 为零点列向量，P 为极点列向量的零、极点图，

若有重复点，在重复点右上角以数字标出重数。

zplane(B，A)：B，A 分别是传递函数 H（z）按 z^{-1} 的升幂排列的分子分母系数行向量，注意当 B、A 同为标量时，B 为零点，A 为极点。

4．dimpulse 函数

功能：离散单位脉冲响应。

调用格式：

dimpulse (B，A)：绘制传递函数 H（z）的单位脉冲响应图，其中 B，A 分别是传递函数 H（z）按 z^{-1} 的升幂排列的分子分母系数行向量。

dimpulse (B，A，N)：功能同上，其中 N 为指定的单位脉冲响应序列的点数。

5．dstep 函数

功能：离散单位阶跃响应。

调用格式：

dstep(B，A)：绘制传递函数 H（z）的单位脉冲响应图，其中 B，A 分别是传递函数 H（z）按 z^{-1} 的升幂排列的分子分母系数行向量。

dstep(B，A，N)：功能同上，其中 N 为指定的单位阶跃响应序列的点数。

6．impz 函数

功能：数字滤波单位脉冲响应。

调用格式：

[h，t]=impz（B，A)：其中 B，A 分别是传递函数 H（z）按 z^{-1} 的升幂排列的分子分母系数行向量。h 为单位脉冲响应的样值，t 为采样序列。

[h，t]=impz（B，A，N)：功能同上，其中 N 为标量时，为指定的单位阶跃响应序列的点数，N 为矢量时，t=N，为采样序列。

7．residuez 函数

功能：极点留数分解函数。

调用格式：

[r，p，k]= residuez(B，A)：其中 B，A 分别是传递函数 H（z）按 z^{-1} 的升幂排列的分子分母系数行向量。r 为极点对应系数，p 为极点，k 为有限项对应系数。

四、内容与方法

1．验证性练习

1）z 变换

求确定信号 $f_1(n)=3^n\varepsilon(n)$，$f_2(n)=\cos(2n)\varepsilon(n)$ 的 z 变换。

```
%确定信号的 z 变换
syms n z%声明符号变量
f1=3^n
f1_z=ztrans(f1)
```

```
f2=cos(2*n)
f2_z=ztrans(f2)
```

运行后在命令窗口显示：

```
f1 =
3^n
f1_z =
1/3*z/(1/3*z-1)
f2 =
cos(2*n)
f2_z =
(z+1-2*cos(1)^2)*z/(1+2*z+z^2-4*z*cos(1)^2)
```

2）z 反变换

已知离散 LTI 系统的激励函数为 $f(k)=(-1)^k\varepsilon(k)$，单位序列响应 $h(k)=\left[\frac{1}{3}(-1)^k+\frac{2}{3}3^k\right]\varepsilon(k)$，采用变换域分析法确定系统的零状态响应 $y_f(k)$。

```
%由 z 反变换求系统零状态响应
syms k z
f=(-1)^k;
f_z=ztrans(f);
h=1/3*(-1)^k+2/3*3^k;
h_z=ztrans(h);
yf_z=f_z*h_z;
yf=iztrans(yf_z)
```

运行后在命令窗口显示：

```
yf =
1/2*(-1)^n+1/3*(-1)^n*n+1/2*3^n
```

计算 $\frac{1}{(1+5z^{-1})(1-2z^{-1})^2}, |z|>5$ 的反变换。

```
%由部分分式展开求 z 反变换
num=[0 1];
den=poly([-5，1，1]);
[r，p，k]= residuez(num，den)
```

运行后在命令窗口显示：

```
r =
   -0.1389
   -0.0278 - 0.0000i
    0.1667 + 0.0000i
p =
   -5.0000
```

```
    1.0000 + 0.0000i
    1.0000 - 0.0000i
k =
     []
```

所以反变换结果为$[-0.1389\cdot(-5)^k-0.0278+0.1667\cdot(k+1)]\cdot u(k)$。

3）离散频率响应函数

已知一个离散 LTI 系统的差分方程为$y(k)-0.81y(k-2)=f(k)-f(k-2)$，试确定：

（a）系统函数$H(z)$；

（b）单位序列响应$h(k)$的数学表达式，并画出波形；

（c）单位阶跃响应的波形$g(k)$；

（d）绘出频率响应函数$H(\mathrm{e}^{\mathrm{j}\theta})$的幅频和相频特性曲线。

MATLAB 程序：

```
%（a）求系统函数 H（z）
num=[1，0，-1];
den=[1 0 -0.81];
printsys(fliplr(num)，fliplr(den)，'1/z')
%（b）单位序列响应 的数学表达式，并画出波形
subplot(221);
dimpulse(num，den，40);
ylabel('脉冲响应');
%（c）单位阶跃响应的波形
subplot(222);
dstep(num，den，40);
ylabel('阶跃响应');
%（d）绘出频率响应函数的幅频和相频特性曲线
[h，w]=freqz(num，den，1000，'whole');
subplot(223);
plot(w/pi，abs(h))
ylabel('幅频');
xlabel('\omega/\pi');
subplot(224);
plot(w/pi，angle(h))
ylabel('相频');
xlabel('\omega/\pi');
```

运行后在命令窗口显示：

```
num/den =
      -1 1/z^2 + 1
   -----------------------
   -0.81 1/z^2 + 1
```

系统的响应与频率响应曲线如图 5.109 所示。

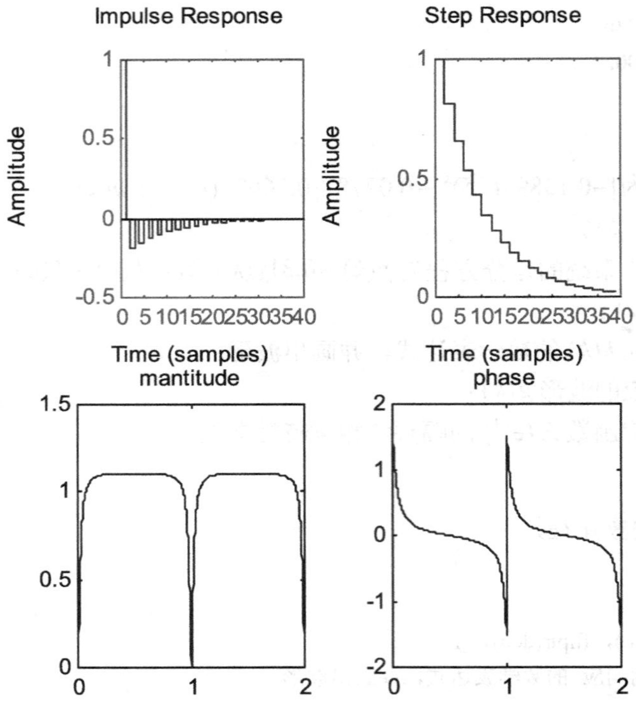

图 5.109　系统的响应与频率响应曲线

4）绘制离散系统的零、极点图

采用 MATLAB 语言编程，绘制离散 LTI 系统函数的零、极点图，并从零、极点图判断系统的稳定性。

MATLAB 程序：

```
%已知离散系统的 H（z），求零、极点图，并求解 h(k)和 H(e^jw)
b=[1 2 1];
a=[1 -0.5 -0.005 0.3];
subplot(3，1，1);
zplane(b，a);
num=[0 1 2 1];
den=[1 -0.5 -0.005 0.3];
h=impz(num，den);
subplot(3，1，2);
stem(h);
%xlablel('k');
%ylablel('h(k)');
[H，w]= freqz(num，den);
subplot(3，1，3);
plot(w/pi，abs(H));
%xlablel('/omega');
%ylablel('abs(H)');
```

系统的响应与零、极点分布如图 5.110 所示。

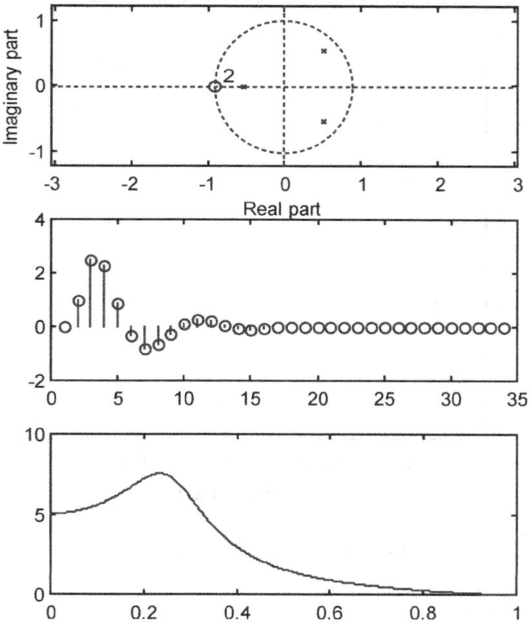

图 5.110　系统的响应与零、极点分布

5）二阶节形式转换

求下列直接型系统函数的零、极点，并将它转换成二阶节形式

$$H(z)=\frac{1-0.1z^{-1}-0.3z^{-2}-0.3z^{-3}-0.2z^{-4}}{1+0.1z^{-1}+0.2z^{-2}+0.2z^{-3}+0.5z^{-4}}$$

MATLAB 程序：

```
num=[1 -0.1 -0.3 -0.3 -0.2];
den=[1 0.1 0.2 0.2 0.5];
[z，p，k]=tf2zp(num，den); m=abs(p); disp('零点');disp(z);
disp('极点');disp(p);    disp('增益系数');disp(k);
sos=zp2sos(z，p，k);   disp('二阶节');disp(real(sos));
zplane(num，den)
```

计算求得零、极点增益系数和二阶节的系数分别为：

零点

0.9615　　-0.5730　　-0.1443 + 0.5850i　-0.1443 - 0.5850i

极点

0.5276 + 0.6997i　0.5276 - 0.6997i　-0.5776 + 0.5635i　-0.5776 - 0.5635i

增益系数

1

二阶节

0.1892	-0.0735	-0.1043	1.0000	1.1552	0.6511
5.2846	1.5247	1.9185	1.0000	-1.0552	0.7679

系统的零、极点分布如图 5.111 所示。

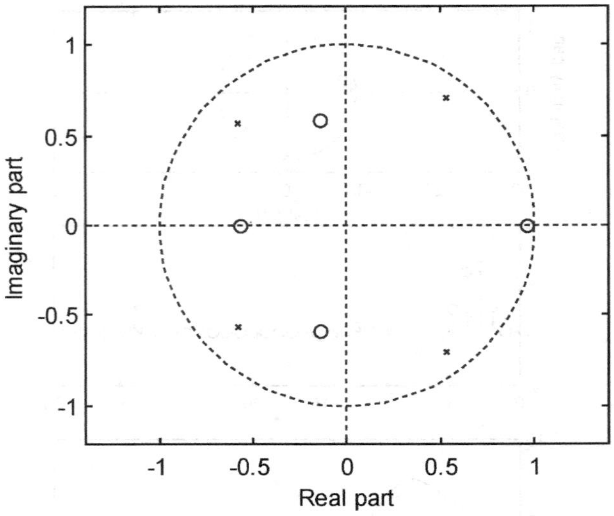

图 5.111　系统的零、极点分布

系统函数的二阶节形式为：

$$H(z)=\frac{1-0.3885z^{-1}-0.5509z^{-2}}{1+0.2885z^{-1}+0.3630z^{-2}}\cdot\frac{1+1.1552z^{-1}+0.6511z^{-2}}{1-1.0552z^{-1}+0.7679z^{-2}}$$

2．程序设计练习

（1）试分别绘制下列系统的零、极点图，并判断系统的稳定性。

（a）$H(z)=\dfrac{3z^3-5z^2+10z}{z^3-3z^2+7z-5}$　　（b）$H(z)=\dfrac{4z^3}{z^3+0.2z^2+0.3z+0.4}$

（c）$H(z)=\dfrac{1+z^{-1}}{4+2z^{-1}+z^{-2}}$　　（d）$H(z)=\dfrac{1-0.5z^{-1}}{8+6z^{-1}+z^{-2}}$

（2）试分别确定下列信号的 z 变换。

（a）$f(k)=\left(\dfrac{2}{5}\right)^k\varepsilon(k)$　　（b）$f(k)=\cos(2k)\varepsilon(k)$

（c）$f(k)=(k-1)\varepsilon(k)$　　（d）$f(k)=(-1)^k k\varepsilon(k)$

（3）已知某 LTI 离散系统在输入激励 $f(k)=\left(\dfrac{1}{2}\right)^k\varepsilon(k)$ 时的零状态响应为 $y_f(k)=\left[3\left(\dfrac{1}{2}\right)^k+2\left(\dfrac{1}{3}\right)^k\right]\varepsilon(k)$，通过程序确定该系统的系统函数 $H(z)$ 以及该系统的单位序列响应 $h(k)$。

（4）分别确定下列因果信号的逆 z 变换。

（a）$F(z)=\dfrac{3z+1}{z+2}$　　（b）$F(z)=\dfrac{z^2}{z^2+3z+2}$

（c）$F(z)=\dfrac{1}{z^2+1}$　　（d）$F(z)=\dfrac{z^2+z+1}{z^2+z-2}$

五、项目要求

1．运行所给的程序，分析实验结果。

2．对于程序设计练习，自行编制完整的实验程序，分析实验结果。

3．在实验报告中给出完整的 MATLAB 程序和实验结果。

六、项目扩展

由于 ztrans 函数为单边 z 变换，且并未给出收敛域，考虑编写双边 z 变换函数，并给出收敛域。

七、小结与体会

比较 z 变换、拉普拉斯变换和傅里叶变换。

5.17 连续系统的状态变量分析

一、项目目的

1．掌握连续时间系统状态方程的求解方法。

2．直观了解系统的状态解的特征。

3．了解系统信号流图的另外一种化简方法。

4．了解 ode23 和 ode45 函数的使用。

二、项目原理

状态变量是能描述系统动态特性的一组最少量的数据。状态方程是描述系统的另外一种模型，它既可以表示线性系统，也可以表示非线性系统，对于二阶系统，则可以用两个状态变量来表示，这两个状态变量所形成的空间称为状态空间。在状态空间中状态的端点随时间变化而描出的路径叫状态轨迹。因此状态轨迹点对应不同时刻的系统，不同条件下的状态，知道了某段时间内的状态轨迹，系统在该时间内的变化过程也就知道了，所以二阶状态轨迹的描述方法是一种在几何平面上研究系统动态性能（包括稳定性在内）的方法。用计算机模拟二阶状态轨迹的显示，方法简单直观，且能很方便地观察电路参数变化时，状态轨迹的变化规律。

三、MATLAB 函数

1．ode23 函数

功能：采用具有自适应变步长的二阶/三阶 Runge-Kutta-Felbberg 法。

调用格式：

[t,y]=ode23('SE',t,x0)：SE 为矩阵形式的状态方程，用函数描述，t 为计算时间区间，x0 为状态变量初始条件。

2．ode45 函数

功能：采用具有自适应变步长的四阶/五阶 Runge-Kutta-Felbberg 法，运算效率高于 ode23。

调用格式：与 ode23 相同。

四、内容与方法

1. 验证性练习

（1）已知连续系统状态方程为 $\dot{\boldsymbol{x}}(t)=\boldsymbol{A}\boldsymbol{x}(t)+\boldsymbol{B}\boldsymbol{f}(t)$，$\boldsymbol{y}(t)=\boldsymbol{C}\boldsymbol{x}(t)+\boldsymbol{D}\boldsymbol{f}(t)$，其中 $\boldsymbol{A}=\begin{bmatrix}2 & 3\\0 & -1\end{bmatrix}$，$\boldsymbol{B}=\begin{bmatrix}0 & 1\\1 & 0\end{bmatrix}$，$\boldsymbol{C}=\begin{bmatrix}1 & 1\\0 & -1\end{bmatrix}$，$\boldsymbol{D}=\begin{bmatrix}1 & 0\\1 & 0\end{bmatrix}$，初始状态 $\boldsymbol{x}(0)=\begin{bmatrix}x_1(0)\\x_2(0)\end{bmatrix}=\begin{bmatrix}2\\-1\end{bmatrix}$，试求该系统在直流信号和指数信号激励下的响应。

MATLAB 程序：

```
%连续系统状态求解
clear;
A=[2 3;0 -1];
B=[0 1;1 0];
C=[1 1 ;0 -1];
D=[1 0;1 0];
x0=[2 -1];
dt=0.01;
t=0:dt:2;
f(:,1)=ones(length(t),1);  %输入信号 1
f(:,2)=exp(-3*t)';          %输入信号 2
sys=ss(A,B,C,D);
y=lsim(sys,f,t,x0);
subplot(2,1,1);
plot(t,y(:,1),'b');
subplot(2,1,2);
plot(t,y(:,2),'b');
```

连续系统状态方程的求解结果如图 5.112 所示。

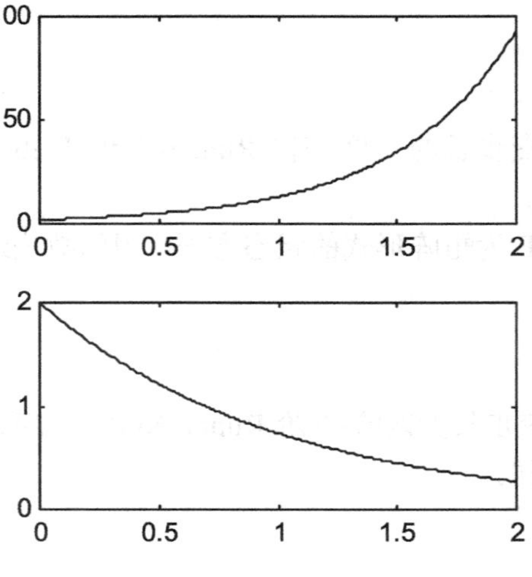

图 5.112　连续系统状态方程的求解结果

（2）已知连续系统状态方程为 $\dot{\boldsymbol{x}}(t)=\boldsymbol{A}\boldsymbol{x}(t)+\boldsymbol{B}\boldsymbol{f}(t)$，其中 $\boldsymbol{A}=\begin{bmatrix}-12 & 2/3\\ -36 & -1\end{bmatrix}$，$\boldsymbol{B}=\begin{bmatrix}1/3\\ 1\end{bmatrix}$，$\boldsymbol{f}(t)=\boldsymbol{\varepsilon}(t)$，初始状态 $\boldsymbol{x}(0)=\begin{bmatrix}x_1(0)\\ x_2(0)\end{bmatrix}=\begin{bmatrix}2\\ 1\end{bmatrix}$，试画出状态变量 $\boldsymbol{x}(t)$ 解的波形。

MATLAB 程序：

```
clear;
x0=[2;1];    t0=0;                % 起始时间
tf=2;                             % 结束时间
[t,x]=ode23('stateequ',[t0,tf],x0);
plot(t,x(:,1),'*b',t,x(:,2),'-b')
legend('x(1)','x(2)');
grid on
xlabel('t')
```

上述程序中调用的函数 M 文件（定义状态方程）如下

```
function xdot= stateequ (t,x)   % 定义状态方程子函数
a=[-12,2/3;-36,-1]
b=[1/3 1]'
xdot=a*x+b
```

连续系统状态方程的求解结果如图 5.113 所示。

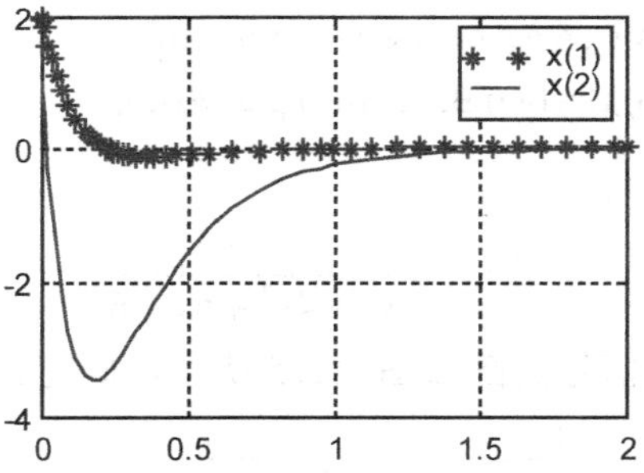

图 5.113　连续系统状态方程的求解结果

（3）已知连续时间系统的信号流图如图 5.114 所示，确定该系统的系统函数。

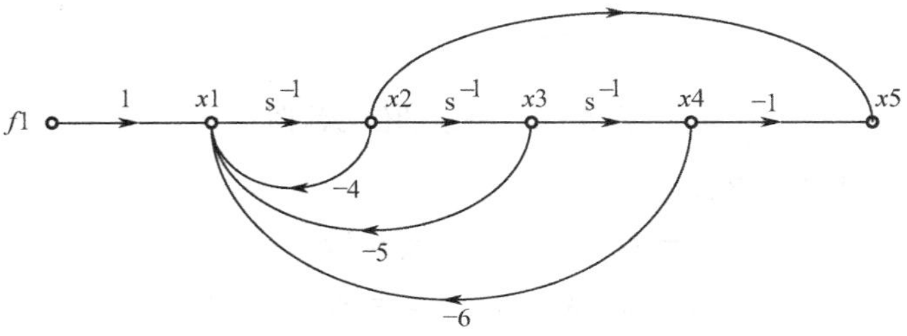

图 5.114　系统的信号流图

通用的信号流图化简，采用梅森公式求解。但若用 MATLAB 辅助分析，则不宜直接用梅

森公式求解，应采用另外规范的易于编程的方法。

设信号流图的每个节点为x_1，x_2，x_3，x_4，x_5，表示为k维状态列向量$\boldsymbol{X}=[x_1 \quad x_2 \quad \cdots x_k]^{\mathrm{T}}$，输入列向量表示为$l$维，即$\boldsymbol{F}=[f_1 \quad f_2 \quad \cdots f_l]^{\mathrm{T}}$，此流图为一维输入列向量$\boldsymbol{F}=[f_1]$。

由信号流图列方程得：

$$x_1 = f_1 - 4x_2 - 5x_3 - 6x_4 \qquad x_3 = s^{-1}x_2 \qquad x_5 = -x_4 + 2x_2$$
$$x_2 = s^{-1}x_1 \qquad x_4 = s^{-1}x_3$$

写成矩阵形式：

$$\boldsymbol{X} = \begin{bmatrix} 0 & -4 & -5 & -6 & 0 \\ s^{-1} & 0 & 0 & 0 & 0 \\ 0 & s^{-1} & 0 & 0 & 0 \\ 0 & 0 & s^{-1} & 0 & 0 \\ 0 & 2 & 0 & -1 & 0 \end{bmatrix} \begin{bmatrix} x_1 \\ x_2 \\ x_3 \\ x_4 \\ x_5 \end{bmatrix} + \begin{bmatrix} 1 \\ 0 \\ 0 \\ 0 \\ 0 \end{bmatrix} f_1$$

或记作：

$$\boldsymbol{X} = \boldsymbol{QX} + \boldsymbol{BF}$$

由于$(\boldsymbol{I}-\boldsymbol{Q})\boldsymbol{X} = \boldsymbol{BF}$

$$\boldsymbol{X} = (\boldsymbol{I}-\boldsymbol{Q})^{-1}\boldsymbol{BF}$$

则$\boldsymbol{H} = \dfrac{\boldsymbol{X}}{\boldsymbol{F}} = (\boldsymbol{I}-\boldsymbol{Q})^{-1}\boldsymbol{B}$为系统传递函数矩阵。

```
syms s;%信号流图简化
Q=[0 -4 -5 -6 0;1/s 0 0 0 0;0 1/s 0 0 0;0 0 1/s 0 0;0 2 0 -1 0];
B=[1;0;0;0;0];I=eye(size(Q));H=(I-Q)\B;H5=H(5);pretty(H5);
```

即该信号流图的系统函数为：

$$H(s) = \frac{2s^2 - 1}{s^3 + 4s^2 + 5s + 6}$$

（4）描述连续时间系统的信号流图如图 5.115 所示，确定该系统的系统函数。

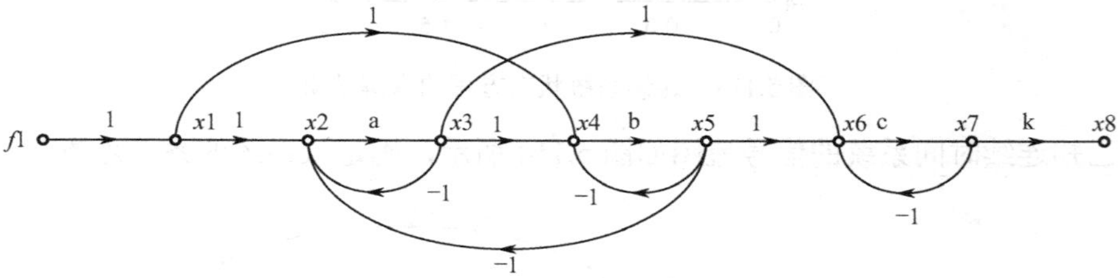

图 5.115 系统的信号流图

分析：由信号流图列方程为

$$x_1 = f_1 \qquad x_5 = bx_4$$
$$x_2 = x_1 - x_3 - x_5 \qquad x_6 = x_3 + x_5 - x_7$$
$$x_3 = ax_2 \qquad x_7 = cx_6$$
$$x_4 = x_1 + x_3 - x_5 \qquad x_8 = Kx_7$$

同上分析，请自行列出矩阵形式。

MATLAB 程序：

```
syms s;                    %信号流图简化
syms a b c K
Q(3,2)=a;
Q(2,1)=1;Q(2,3)=-1;Q(2,5)=-1;
Q(4,3)=1;Q(4,1)=1;Q(4,5)=-1;
Q(5,4)=b;
Q(6,3)=1;Q(6,5)=1;Q(6,7)=-1;
Q(7,6)=c;Q(8,7)=K;
Q(:,end+1)=zeros(max(size(Q)),1);
B=[1;0;0;0;0;0;0;0]
I=eye(size(Q))
H=(I-Q)\B;
H8=H(8);
pretty(H8);

H8 =
 K*c*(2*b*a+b+2+a)/(b+2*b*a*c+b*c+2*b*a+13+18*a*c+13*c+18*a)

                    K c (2 b a + b + 2 + a)
    ---------------------------------------------------------------
    b + 2 b a c + b c + 2 b a + 13 + 18 a c + 13 c + 18 a
```

2．程序设计练习

（1）已知连续系统状态方程为 $\dot{\boldsymbol{x}}(t)=\boldsymbol{A}\boldsymbol{x}(t)+\boldsymbol{B}\boldsymbol{f}(t)$，其中 $\boldsymbol{A}=\begin{bmatrix}1 & 2\\0 & -1\end{bmatrix}$，$\boldsymbol{B}=\begin{bmatrix}0 & 1\\1 & 0\end{bmatrix}$，$\boldsymbol{f}(t)=\begin{bmatrix}f_1(t)\\f_2(t)\end{bmatrix}=\begin{bmatrix}\varepsilon(t)\\2\varepsilon(t)\end{bmatrix}$，初始状态 $\boldsymbol{x}(0)=\begin{bmatrix}x_1(0)\\x_2(0)\end{bmatrix}=\begin{bmatrix}1\\-1\end{bmatrix}$，试画出状态变量 $\boldsymbol{x}(t)$ 的波形。

（2）描述连续时间系统的信号流图如图 5.116 所示，确定该系统的系统函数。

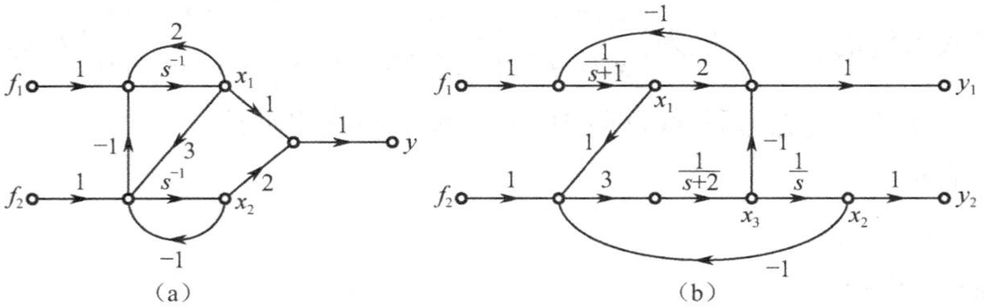

图 5.116　系统的信号流图

五、项目要求

1．运行所给的程序，分析实验结果。

2．对于程序设计练习，自行编制完整的实验程序，分析实验结果。

3．在实验报告中给出完整的 MATLAB 程序和实验结果。

六、项目扩展

1. 状态方程的时域解与复频域解的差异是什么？
2. 怎样进行状态方程与微分方程模型之间的转换？
3. 怎样根据状态方程的解来分析系统的性能？

七、小结与体会

1. 状态方程的解析解与数值解有什么差别？
2. 状态方程的解与微分方程的解有哪些差别？

5.18 离散系统的状态变量分析

一、项目目的

1. 了解离散系统状态方程的求解方法。
2. 了解离散系统信号流图化简的方法。
3. 了解函数 ode45 的调用方法。

二、项目原理

离散系统状态方程的一般形式为：

$$\boldsymbol{x}(k+1)=\boldsymbol{A}\boldsymbol{x}(k)+\boldsymbol{B}\boldsymbol{f}(k)$$

在此只对单输入的 n 阶离散系统的状态方程求解。一般采用递推迭代的方式求解，由初始条件 $\boldsymbol{x}(0)$ 和激励 $\boldsymbol{f}(0)$ 求出 $k=1$ 时的 $\boldsymbol{x}(1)$，然后依次迭代求得所要求的 $\boldsymbol{x}(0),\cdots,\boldsymbol{x}(n)$ 的值。

编程时的注意事项：MATLAB 中变量下标不允许为零，则初始点的下标只能取 1，第 n 步的 $\boldsymbol{x}$ 的下标为 n+1。

三、MATLAB 函数

1. ode23 函数
2. ode45 函数

功能与使用简介略。

四、内容与方法

1. 验证性练习

（1）已知离散系统的状态方程为 $\begin{bmatrix} x_1(k+1) \\ x_2(k+1) \end{bmatrix}=\begin{bmatrix} 0.5 & 0 \\ 0.25 & 0.25 \end{bmatrix}\begin{bmatrix} x_1(k) \\ x_2(k) \end{bmatrix}+\begin{bmatrix} 1 \\ 0 \end{bmatrix}\boldsymbol{f}(k)$，$\boldsymbol{x}(0)=\begin{bmatrix} -1 \\ 0.5 \end{bmatrix}$，$\boldsymbol{f}(k)=0.5\boldsymbol{\varepsilon}(k)$，确定该状态方程 $\boldsymbol{x}(k)$ 前 10 步的解，并画出波形。

MATLAB 程序：

```
%离散系统状态求解
%A=input('系数矩阵 A=')
%B=input('系数矩阵 B=')
%x0=input('初始状态矩阵 x0=')
%n=input('要求计算的步长 n=')
%f=input('输入信号 f=')                %要求长度为 n 的数组
clear all
A=[0.5 0;0.25 0.25];
B=[1;0];x0=[-1;0.5];n=10;
```

```
f=[0 0.5*ones(1,n-1)];
x(:,1)=x0;
for i=1:n
    x(:,i+1)=A*x(:,i)+B*f(i);
end
subplot(2,1,1);stem([0:n],x(1,:));
subplot(2,1,2);stem([0:n],x(2,:));
```

离散系统状态方程的求解结果如图 5.117 所示。

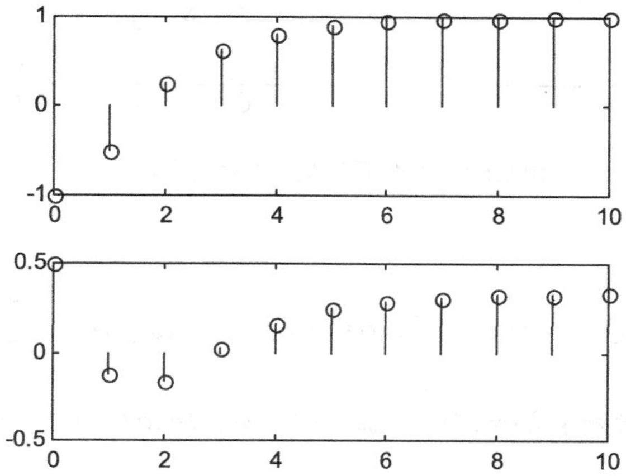

图 5.117　离散系统状态方程的求解结果

（2）离散系统状态求解。

已知离散系统的状态方程为：

$$\begin{bmatrix} x_1(k+1) \\ x_2(k+1) \end{bmatrix} = \begin{bmatrix} 0 & 1 \\ -2 & 3 \end{bmatrix} \begin{bmatrix} x_1(k) \\ x_2(k) \end{bmatrix} + \begin{bmatrix} 0 \\ 1 \end{bmatrix} \boldsymbol{f}(k),$$

$\begin{bmatrix} y_1(k+1) \\ y_2(k+1) \end{bmatrix} = \begin{bmatrix} 1 & 1 \\ 2 & -1 \end{bmatrix} \begin{bmatrix} x_1(k) \\ x_2(k) \end{bmatrix} + \begin{bmatrix} 0 \\ 0 \end{bmatrix} \boldsymbol{f}(k)$，$\boldsymbol{x}(0) = \begin{bmatrix} 1 \\ -1 \end{bmatrix}$，$\boldsymbol{f}(k) = \boldsymbol{\varepsilon}(k)$，求该状态方程的解。

MATLAB 程序：

```
A=[0 1;-2 3];B=[0;1];                %方程输入
C=[1 1;2 -1];D=zeros(2,1);
x0=[1;-1];                           %初始条件
N=10;f=ones(1,N);
sys=ss(A,B,C,D,[]);
y=lsim(sys,f,[],x0);
k=0:N-1;
subplot(2,1,1);
stem(k,y(:,1),'b');
subplot(2,1,2);
stem(k,y(:,2),'b');
```

离散系统状态方程的求解结果如图 5.118 所示。

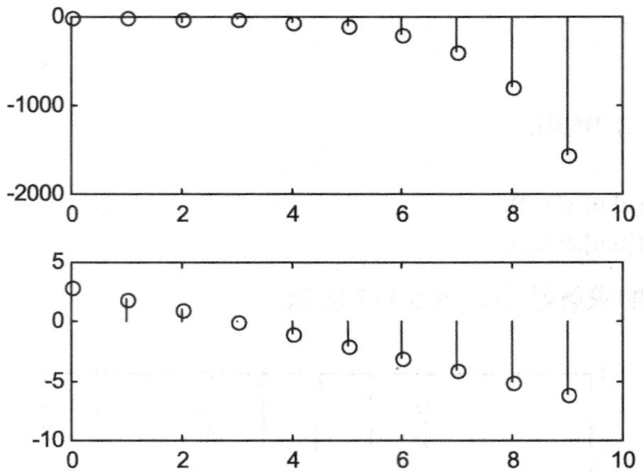

图 5.118　离散系统状态方程的求解结果

2．程序设计练习

（1）离散系统状态方程为 $\boldsymbol{x}(k+1)=\boldsymbol{A}\boldsymbol{x}(k)+\boldsymbol{B}\boldsymbol{f}(k)$，其中 $\boldsymbol{A}=\begin{bmatrix}0.5 & 0\\ 0.25 & 0.25\end{bmatrix}$，$\boldsymbol{B}=\begin{bmatrix}1\\ 0\end{bmatrix}$，初始状态 $\begin{bmatrix}x_1(0)\\ x_2(0)\end{bmatrix}=\begin{bmatrix}0\\ 0\end{bmatrix}$，激励 $\boldsymbol{f}(k)=\boldsymbol{\delta}(k)$，确定该状态方程 $\boldsymbol{x}(k)$ 前 10 步的解，并画出波形。

（2）描述离散时间系统的信号流图如图 5.119 所示，确定该系统的系统函数。

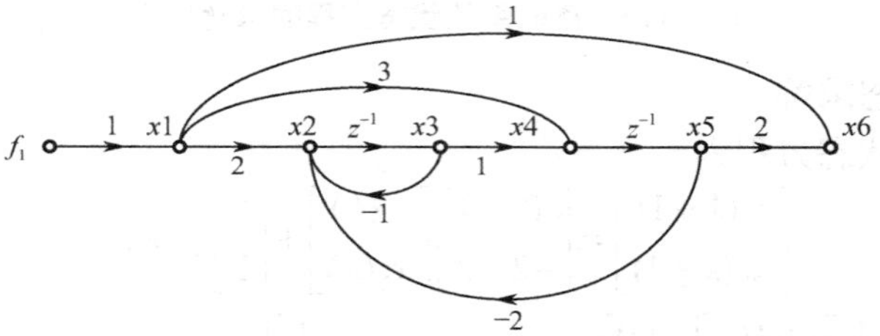

图 5.119　系统的信号流图

五、项目要求

1．运行所给的程序，分析实验结果。

2．对于程序设计练习，自行编制完整的实验程序，分析实验结果。

3．在实验报告中给出完整的 MATLAB 程序和实验结果。

六、项目扩展

1．离散系统与连续系统状态变量分析的异同是什么？

2．离散系统状态方程的解与变换域分析的结果有差异吗？

七、小结与体会

离散系统与连续系统仿真的差异是什么？

5.19 数字滤波器设计初步

一、项目目的

数字滤波器是信息处理中常采用的技术，其性能直接影响信息处理的效果。在了解滤波器和数字滤波器特点与工作原理的基础上，利用 MATLAB 函数，根据相关要求和指标，独立完成利用数字滤波器的设计和验证。

二、项目内容

对于数字信号滤波来说，要模拟它的过程，就是通过将输入数值序列和代表滤波器本身性质的信号冲激响应的序列做卷积。根据冲激响应序列有限长或无限长，分为有限冲激响应（FIR）滤波器和无限冲激响应（IIR）滤波器。

FIR 的差分方程：

$$y(n)=\sum_{m=0}^{N-1}h(m)x(n-m)$$

IIR 的差分方程：

$$y(n)=\sum_{k=0}^{M}b_k x(n-k)+\sum_{k=1}^{N}a_k y(n-k)$$

三、项目任务

1．设采样周期 T=250μs（采样频率 f_s=4kHz），用脉冲响应不变法和双线性变换法设计一个三阶巴特沃兹滤波器，其 3dB 边界频率为 f_c=1kHz。

2．用凯塞窗设计一 FIR 低通滤波器，低通边界频率 $\omega_c=0.3\pi$，阻带边界频率 $\omega_\gamma=0.5\pi$，阻带衰减不小于 50dB。

四、MATLAB 函数

在 MATLAB 中，可用[b,a]=butter(N,Wn)等函数辅助设计 IIR 数字滤波器，也可用 b=fir1(N,Wn,'ftype')等函数辅助设计 FIR 数字滤波器。

充分利用 MATLAB 的帮助系统，了解这些函数以及相关函数的特点及应用。

五、项目要求

独立完成从查找资料、制定方案、编写和运行程序，到结果分析和报告撰写的全过程。

六、小结与体会

1．总结项目实施过程的得与失，查找不足。

2．了解不同结构滤波器的设计。

5.20 音频信号的采样与重构

一、项目目的

音频信号是一种连续变化的模拟信号，现在有许多场合需要利用声音信号来交流。计算机只能处理和记录二进制的数字信号，由自然音源得到的音频信号必须经过采样、量化和编码，变成二进制数据后才能送到计算机进行再编辑和存储，通过本项目的练习，了解模拟信号采样和重构的完整过程，加深对采样定理的理解。

二、项目内容

1．借助声卡等设备，选择不同的采样率，产生 wav 文件。

2．采用 MATLAB 进行分析和重构。

3．试听回放效果，做出比较。

三、项目任务

1．掌握用声音编辑工具软件录制 Wav 文件的方法。

2．并对 wav 波形进行分析、认识。

3．以不同的采样率（44.1kHz，22.05kHz，11.025kHz）采样生成 wav 文件，并试听回放效果，做出比较。

四、MATLAB 函数

在 MATLAB 中，主要有两个涉及声音信号处理的函数。

[x,fs,bits]=waveread('filename')：读取 wav 文件数据的函数。其中 x 表示一长串的数据，一般是两列（立体声）；fs 是该 wav 文件在采集时用的采样频率；bits 是指在进行 A/D 转化时用的量化位长（一般是 8bits 或 16bits）。

sound(w,fs,bits)：参数与 wavread 的定义相同，它将数列的数据通过声卡转化为声音。

五、项目要求

了解声音处理的原理与 MATLAB 相关函数的功能，编写完整的实验程序，用话筒录一段声音存为 wav 文件，对其进行采样和回放，分析结果，形成报告。

1．比较不同采样频率下的回放结果，分析其结果。

2．比较不同音源在相同采样频率下的回放效果，分析其结果。

六、小结与体会

1．总结项目实施过程的得与失，查找不足。

2．与数字滤波器结合起来，设计一个对音频信号采样与滤波的项目。

5.21　线性系统稳定性分析

一、项目目的

稳定性是系统的重要指标，也是系统存在的前提。在了解各种判定和分析系统稳定性的理论方法的基础上，制定合理的方案，利用仿真工具判定系统的稳定性。

二、项目内容

稳定性是系统固有的特性，与激励信号无关。系统稳定性的判定，可从时域或变换域两个方面进行。从实现手段来说，既有利用特征根或特征多项式系数的方法，也有根据各种响应曲线或特征曲线的方法。从稳定性考虑，因果系统可划分为稳定系统、不稳定系统、临界稳定（边界稳定）系统三种。

三、项目任务

1．利用求系统响应或特征曲线的方法，判定系统的稳定性。

2．利用求系统特征根的方法，判定系统的稳定性。

四、MATLAB 函数

略。

五、项目要求

了解稳定性分析的各种方法，制定项目实施方案，借助 MATLAB 相关函数编写程序，分析结果，比较各种方法的特点，形成报告。

六、小结与体会

借助仿真工具，直观展示系统稳定、不稳定和临界稳定的三种状态。

5.22　无失真传输系统

一、项目目的

失真是信号传输与处理过程中必须面临的问题，而无失真则是一直追求的目标。以信号传输过程为背景，了解无失真的概念与要求，制定方案，利用仿真工具直观判定，加深对无失真概念的了解。

二、项目内容

所谓失真就是系统的响应波形和激励波形不相同，即信号在传输过程中产生了失真。

线性系统所产生的失真有两个原因，其一是系统对信号中各频率分量幅度产生了不同程度的衰减，使响应各频率分量的相对幅度产生了变化，引起了所谓的幅度失真；其二是系统对各频率分量产生的相移不同，引起了相位失真。

线性系统的幅度失真与相位失真都不产生新的频率分量。而对于非线性系统则由于其非线性特性对于所传输信号产生非线性失真，非线性失真可能产生新的频率分量。

所谓无失真是指响应信号与激励信号相比，只是大小与出现的时间不同，而无波形上的变化，即：

$$r(t)=Ke(t-t_0)$$

其中，$e(t)$ 为激励信号，$r(t)$ 为响应信号，K 是一常数，t_0 为滞后时间。

无失真条件的复频域表达式为：

$$H(\mathrm{j}\omega)=\frac{R(\mathrm{j}\omega)}{E(\mathrm{j}\omega)}=K\mathrm{e}^{-\mathrm{j}\omega t_0}$$

欲使信号在通过线性系统时不产生任何失真，必须在信号的全部频带内，要求系统频率响应的幅度特性是一常数，相位特性是一通过原点的直线。

三、项目任务

对图 5.120 所示系统，利用理论分析和实验仿真的方法，确定其无失真传输条件。

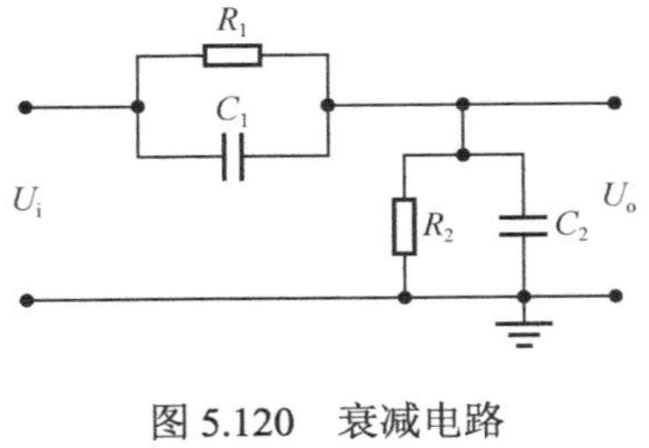

图 5.120　衰减电路

四、MATLAB 函数

略。

五、项目要求

1．绘制各种输入信号失真条件下的输入输出信号（至少三种）。

2．绘制各种输入信号无失真条件下的输入输出信号（至少三种）。

3．编制出完整的实验程序，进行验证，绘制滤波器的频率响应曲线，形成实验报告。

六、小结与体会

1．总结项目实施过程的得与失，查找不足。

2．借助仿真工具，可否直观展示系统失真的状况？

附录　MATLAB 符号运算简介

MATLAB 的符号运算以加拿大 Waterloo Maple 公司的 Maple V4 作为基本的符号运算引擎，借助于 Maple 已有的数据库，开发了实现符号运算的工具箱（Symbolic Math toolbox），该工具箱有一百多个 M 文件，并且在 MATLAB 中可以通过 Maple.m 直接调用 Maple 的所有函数实现符号运算。

MATLAB 具有的符号数学工具箱与其他所有工具不同，它用途广泛，而不是针对一些特殊专业或专业分支。MATLAB 符号数学工具箱与其他工具箱的区别还在于它使用字符串进行符号分析，而不是基于数组的数值分析。

符号数学工具箱是操作和解决符号表达式的符号数学工具箱集合，包括复合、简化、微分、积分以及求解代数方程和微分方程的工具。

1. 符号表达式和符号方程的创建

符号计算的整个过程中，所运作的是符号变量。因此，要想掌握符号运算，首先必须弄清楚什么是符号变量，什么是符号表达式，如何创建它们，如何生成符号函数。

在符号计算中创建了一个新的数据类型：sym 类，即符号类，该类型的实例就是符号对象，在符号计算工具箱内，用符号对象表示符号变量和符号矩阵等，并构成符号表达式和符号方程。

符号表达式是数字、函数、算子和变量的 MATLAB 字符串或字符串数组，不要求变量有预先确定的值，符号方程式是含有等号的符号表达式。符号算术是使用已知的规则和给定符号恒等式求解这些符号方程的实践，它与代数和微积分所述的求解方法完全一致。符号矩阵是数组，其他元素是符号表达式。

符号计算中出现的数字也都是当符号处理的。MATLAB 在内部把符号表达式表示成字符串，以便与数字变量或运算相区别；否则这些符号表达式几乎完全类似于基本的 MATLAB 命令。

符号表达式和符号方程式的区别在于前者不包含等号，而后者必须带等号。但这两种对象的创建方式相同，它们最简单和最常用的创建方式与 MATLAB 创建字符串变量的方式几乎相同。下面的几个例子给出了符号表达式和符号方程的赋给变量。

```
g='1/(2*x^n)'          % 所创建的函数 1/(2x^n) 赋给变量 g
f='b*x+c=0'            % 所创建的方程 bx+c=0 赋给变量 f
si='sin(x)=0.02'       % 所创建的方程赋给变量 si
```

符号表达式和符号方程对空格都非常敏感。因此，在创建符号表达式时，不要在字符间任意加修饰性空格符。

2. 符号变量、符号矩阵的创建和修改

MATLAB 提供了 sym 函数来创建符号变量和符号矩阵，其使用格式有以下几种。

- S=sym(A)　由 A 创建符号类对象 S，如果 A 是数值矩阵，则 S 用数值的符号表示。
- x=sym('x')　创建符号变量 x。

- x=sym('x','real')　设定 x 为实变量。
- s=sym('x','unreal')　unreal 设定符号变量 x 没有附加属性。
- s=sym(A,flag)　此处参数 flag 可以是'f'、'r='、'e'、'd'，分别代表浮点数、有理数、机器误差和十进制数。

当要说明的符号变量较多时，可以使用 syms 函数，该函数的调用格式有以下几种：

- syms　var1 var2…　　　同时说明 var1、var2 等为符号变量。
- syms　var1 var2…real
- syms　var1 var2…unreal

其中，参数 real 和 unreal 说明这些变量是否为纯实变量。

与函数 sym 相反，numeric 函数可以把符号常数转化为数值进行计算，恰好是函数 sym 的逆运算，例如：

```
r=sym('(1+sqrt(5))/2')          % 黄金分割比
fun=r^2+r+1
numeric(fun)
```

3．符号函数

只有符号变量还不能解决复杂的问题，很多时候还需要符号函数。MATLAB 提供了以下两种生成符号函数的方法。

（1）直接用符号表达式生成符号函数

直接用含有符号变量的符号表达式生成函数，一旦建立了符号函数就可以对其进行符号运算。

（2）用 M 文件生成符号函数

对于复杂的或者常用的符号函数，可以用 M 文件生成。

4．符号函数运算

在符号计算中，所有涉及符号计算的操作都要借助于专用函数来进行。

参 考 文 献

[1] 党宏社. 控制系统仿真. 西安：西安电子科技大学出版社，2008.

[2] 党宏社. 信号与系统实验（MATLAB 版）. 西安：西安电子科技大学出版社，2007.

[3] 徐利民，等. 基于 MATLAB 的信号与系统实验教程. 北京：清华大学出版社，2010.

[4] 邵玉斌. MATLAB/Simulink 通信系统建模与仿真实例分析. 北京：清华大学出版社，2008.

[5] 徐守时. 信号与系统. 北京：清华大学出版社，2008.

[6] 余成波，等. 数字信号处理及 MATLAB 实现. 北京：清华大学出版社，2008.

[7] 曾喆昭. 信号与线性系统. 北京：清华大学出版社，2007.

[8] 孙亮. MATLAB 语言与控制系统仿真. 北京：北京工业大学出版社，2001.

[9] 黄文梅，等. 系统仿真分析与设计：MATLAB 语言工程应用. 长沙：国防科技大学出版社，2001.

[10] 梁虹，等. 信号与系统分析及 MATLAB 实现. 北京：电子工业出版社，2002.

[11] 李国勇，谢克明. 控制系统数字仿真与 CAD. 北京：电子工业出版社，2003.

[12] 陈在平. 控制系统计算机仿真与 CAD：MATLAB 语言应用. 天津：天津大学出版社，2001.

[13] 黄忠霖. 控制系统 MATLAB 计算及仿真（第二版）. 北京：国防工业出版社，2004.

[14] 张晋格. 控制系统 CAD——基于 MATLAB 语言. 北京：机械工业出版社，2004.